世界の橋並み
地域景観をつくる橋

世界の橋並み
地域景観をつくる橋

松村 博 Hiroshi MATUMURA

鹿島出版会

まえがき

世界の様々な地域の橋を概観しますと、橋は多様かつ多彩であると感じます。

橋の目的は人々を此岸から彼岸へと導く道具であるということは間違いのないことですが、そこに加えられた付加価値によって利用する人々にとって貴重な存在となり得ているのだと思えます。

本書で試みたのは、まずその地域の橋の発展が歴史とどのように関連しあっているかを知るために、橋の歴史的進展を把握することでした。そして、橋の群としてのデザインや景観的な特徴がどのような背景によって生まれたのかを探ることもテーマとなりました。

それぞれの場所における橋の形態やデザインは、設計者の意図のみによって成り立っているわけではなく、歴史的な背景によって制約されているものであると同時に、その空間的背景、すなわち環境にも影響を受けているはずです。それをその地の風土と言い換えることも可能でしょう。

例えば、ロンドンの橋とパリの橋を比べてみますと、デザインや色彩は大きく異なっているように感じます。パリの橋が比較的地味なデザインと色が選ばれているのに対してロンドンの橋は総じて目立つデザインと派手な塗装が施されています。その違いは、河岸に建てられた主要な建築物の様式、デザインに影響を受けているはずです。パリならルーブル宮やノートルダム寺院、ロンドンではロンドン塔や国会議事堂を意識して橋のデザインが選ばれることもあったでしょう。そして、霧の街といわれるロンドンでは橋の存在を強調するために強く目立った色が選択されたのではないかという推論も成り立つかもしれません。つまり、自然環境の違いによって選択されるデザインに違いが出るのではないかという仮の推論です。しかし、いくつかの橋についてそのような推論が当てはまる場合もあるかも知れませんが、橋梁群として見ますとそのような推論は成り立ちにくいようです。

現在ヨーロッパの主要都市を彩っている橋はほとんどが 19 世紀以降に架けられたものです。そこに適用されている技術は橋が架けられた時代のものから逸脱したものではない以上、これほどの違いが出てくるのは説明がしづらいでしょう。その違いを説明する言葉として、それこそが「風土」の違いであると思い当たるようになりました。

東京の隅田川の橋と大阪の旧淀川の橋を群として見るとどこか違っているように感じます。個々の橋に適用されている技術にほとんど違いはなさそうですので、その背景や環境によって生じているかも知れません。それぞれの地域の橋は、たどってきた時間的経過と空間的特徴によって規定され、独自の形態、デザインを生み出してきたと考えられます。

個々の橋について、構造形式やデザイン様式で分類して解説することは可能でしょう。しかし、それらが群として作っている雰囲気のようなものを分析して論理的に説明することは私の手に負えませんので、読者の皆さんにお任せするしかありません。

川に沿って形成された橋梁群の中に新しい橋を建設しようとした場合、担当者は既設の橋とのデザインや色調などとの調和は意識するでしょう。一方、そこに新しい技術なり、デザインを持ち込みたいと考えるのは当然のことです。市民や地域の人々は斬新な変化を求めているでしょう。それは批判と受容の中でやがて定着していき、それも含めて橋の風土を形成していきます。

伝統や風土を打破しようと試みて作り出された物が、いつしか風土と調和していくことが繰り返される中で、歴史的景観が更新されていくことは有りうることです。その土地の人々の鋭意の積み重ねが風土という安定感を育んできたのではないでしょうか。

橋の風土とは、その土地の自然条件、すなわち気候、地質、地形などの空間的条件、また民族や時々の政治体制などそれらを取り巻く社会的条件、そして多くの橋が架けられてきた時間的変化、すなわち歴史的条件から成り立っていると考えられます。それらは渾然一体となって独自の雰囲気を醸し出します。それが「橋並み」として具現していると云うことも可能でしょう。

橋並みは、一人の設計者はもちろん、一時代の為政者によって作り出すことは不可能です。橋の景観づくりは設計者の意図が重要であることは言うまでもありませんが、時代的経過の中で作り上げられてきたものは、その地域の人々によって支持され、受容されてきた総意の表象なのではないでしょうか。

本書をまとめるにあたって、どうしても解けなかった疑問があります。それは、技術やデザインがどのように伝播するのかという問題です。情報伝達が比較的緩やかな時代であっても、優れた技術は技術者の移動などによって伝播してきたことは間違いなさそうです。しかし人や情報の移動が比較的容易であったヨーロッパにおいてもなお、地域ごとに技術やデザインの独自性が保たれているのは、技術伝播論では説明しきれない問題をはらんでいることが指摘できるでしょう。

まして、地勢や民族が複雑なアジアの状態を見ますと、技術伝播論が適用できない事象にぶつかります。本書で取り上げたアンコールの橋、紹興の橋、風雨橋がその例です。

アンコール王朝時代の橋もそうですが、あの壮大な寺院や宮殿の建物にも真のアーチは見当たりません。ヒンズー教や仏教の神々を受け入れて、寺院などが建設されているにもかかわらず、アーチの技術は伝わっていません。インド発祥の文化を受け入れながらアーチの技術はなぜ採用されなかったのでしょうか。また、中国ではアーチの技術はかなり南の方まで伝えられているはずなのですが、インドシナ半島までは南下しなかったようです。

また、紹興の橋で見られるように、多辺形の石橋がアーチ形石橋と併存しているのも謎です。中国における石造アーチの技術は、趙州橋のように7世紀初めにはすでに確立していたにもかかわらず、全国に普及した証拠は見つかっていません。受け入れることができなかった理由があるはずですが、解明するのは難しそうです。

さらに、トン族が生み出した風雨橋という独特のデザインの橋は驚異というほかありません。このような形態の橋がいつ頃から始まったのか、いつ頃確立したのか、その理由と経緯についていくつかの論考がありますが、納得のいく説明はなされていないようです。イラン・エスファハーンの橋の上に何のために二重の壁が設けられたのか、その効用は、などについても十分な説明はなされていないようです。これらは少なくともデザインや技術の伝播論によって説明することはできないでしょう。

このように明快な答えを何一つ提示できないことに歯がゆさを感じていますが、これ以上の愚論は呈しないことにします。本書でお示しした写真なり、拙文の中から「橋並み」の豊かさの一端を感じ取っていただければ幸いです。

写 真 編

世界の橋並み　カラー写真編 ／ 目次

コラム

1　風雨橋　解説：pp.43-47

写真-1　程陽（永済）橋

写真-2　合龍橋

写真-3　普済橋

写真-4　巴団橋

写真-5　鞏福橋

写真-6　賜福橋

写真-7　八江橋

2 紹興の橋 解説：pp.48-52

写真-1　八字橋

写真-2　光相橋

写真-3　林新橋

写真-4　拜王橋

写真-5　迎恩橋

写真-6　茅洋橋

写真-7　泗龍橋

写真-Ⅰ　趙州橋（解説：p.47）

3　アンコール時代の石橋　解説：pp.53-57

写真–1　プラプトゥス橋－南東ルート

写真–2　プラプトゥス橋（橋詰の石像）

写真–3　トゥモ橋

写真–4　タ・オン橋：下流側

写真–5　トップ橋中央：上流側

写真–6　トップ橋中央：下流側

写真–7　スレン橋

写真–8　トゥモ橋（勝利の門の東）

4　ソウル・漢江の橋　解説：pp.58-62

写真–1　漢江鉄橋　右側（上流側）から B, A, D, C 線

写真–2　楊花大橋

写真–3　潜水橋ー上は盤浦大橋

写真–4　漢江大橋、左岸側

写真–5　城山大橋

写真–6　銅雀大橋

写真–7　聖水大橋

写真–8　オリンピック大橋

5　シンガポール川の橋　解説：pp.63-66

写真-1　カヴェナ橋

写真-2　オード橋

写真-3　アンダーソン橋

写真-4　エルギン橋

写真-5　エスプラネード橋

写真-6　ロバートソン橋

写真-7　アルカフ橋

写真-8　ヘリックス橋

6　エスファハーン・ザーヤンデ川の橋　解説：pp.67-70

写真−1　シャフレスターン橋

写真−2　マルナン橋

写真−3　スィ・オ・セ橋

写真−4　スィ・オ・セ橋　橋畔のチャイハネ

写真−5　ハージュ橋全景

写真−6　ハージュ橋：下流側

写真−7　ジューイー橋

7　イスタンブールの橋　解説：pp.71-75

写真-1　ファーティフ・スルタン・メフメット橋

写真-2　ボスポラス（ボアジチ）橋

写真-3　ガラタ橋

写真-4　スルタン・シュレイマン橋（ビュユクチェクメチェ橋）

写真-5　ハラミデレ橋（カピアース橋）

写真-6　ウズン水路橋

写真-7　エーリ水路橋

写真-8　ギュゼルジェ水路橋

8　サンクト・ペテルブルクの橋　解説：pp.76-80

写真-1　ライオン橋

写真-2　銀行橋

写真-3　エジプト橋

写真-4　ロモノソフ橋

写真-5　アニチコフ橋

写真-6　第一エンジニア橋

写真-7　小コニュシェニー橋

写真-8　トロイツキー橋

9　ブダペストの橋　解説：pp.81-84

写真-1　セーチェニ鎖橋夜景

写真-2　鎖橋とライオン像

写真-3　マルギット橋

写真-4　橋脚上の女神像

写真-5　アールパード橋：西

写真-6　自由橋

写真-7　ペテーフィ橋

写真-8　エルジェーベト橋

10　プラハの橋 解説：pp.85-89

写真−1　カレル橋

写真−2　カレル橋橋上

写真−3　パラツキー橋

写真−4　軍団橋

写真−5　チェフ橋

写真−6　フラーフカ橋

写真−7　マーネス橋

写真−8　シュテファーニク橋

11　ウィーンの橋 解説：pp.90-94

写真–1　シェメレル橋

写真–2　U6 高架橋

写真–3　フリーデンス橋

写真–4　アウガルテン橋

写真–5　ドゥブリンゲル歩道橋

写真–6　マリエン橋

写真–7　ライヒス橋：ドナウ川上

写真–8　ラデツキー橋

12 ベルリン・シュプレー川の橋 解説：pp.95-99

写真-1 ユングフェルン橋

写真-2 シュロス橋（王宮橋）

写真-3 フリードリッヒ橋

写真-4 インセル橋

写真-5 ゲルトラウデン橋

写真-6 モンビジュウ橋（左）

写真-7 モルトケ橋

写真-8 ルター橋

写真−9　モアビター橋

写真−10　ゲーリック歩道橋

写真−11　ヴァイデンダム橋

写真−12　オーバーバウム橋

写真−13　クロンプリンツェン橋

写真−14　カンツレラムツ歩道橋

写真−15　マリー・エリザベス・ルーダース歩道橋

写真−16　ラートハウス橋

13　ライン川中流域の橋　解説：pp.100-105

写真-1　ホーエンツォレルン橋

写真-2　ウルミッツ鉄道橋

写真-3　ローデンキルヘン橋

写真-4　ケネディ橋

写真-5　テオドール・ホイス橋

写真-6　クニー橋

写真-7　オーバーカッセル橋

写真-8　ゼフェリン橋

写真-9　レバークーゼン橋

写真-10　フリードリッヒ・エバート橋（ボン・ノルト橋）

写真-11　ライフェイゼン橋

写真-12　フレー橋

写真-13　フルーハーフェン橋

写真-14　ツォー橋

写真-15　コンラッド・アデナウアー橋（ボン・ズート橋）

写真-16　コブレンツ・ズート橋

14　アムステルダムの橋　解説：pp.106-110

写真-1　マヘレ橋（No.242）

写真-2　スローテルデイケル橋（No.321）

写真-3　ドメル橋（No.148）

写真-4　トーレン橋（No.6）

写真-5　レッケレ橋（No.59）

写真-6　ムント橋（No.1）

写真-7　No.30

写真–8　ワールセイラント橋（No.283）

写真–9　ブルー橋（No.236）

写真–10　ホーヘ橋（No.246）

写真–11　トロント橋（No.350）

写真–12　ニューアムステル橋（No.101）

写真–13　ピトン橋：愛称・大蛇橋（No.1998）

写真–14　エネウス・ヘールマ橋（No.2001）

写真–15　ネスシオ橋（No.2013）

15　ブリュージュの橋　解説：pp.111-115

写真−1　スリューテル橋

写真−2　フラミン橋

写真−3　アウフスティネン橋

写真−4　ミー橋

写真−5　ネポムセヌス橋

写真−6　フルートフース橋

写真−7　ベギンホフ橋

写真−8　カナダ橋

16 ヴェネチアの橋 解説：pp.116-120

写真–1　筋違橋（ベッカリエ運河）

写真–3　アカデミア橋（大運河）

写真–2　リアルト橋（大運河）

写真–4　ためいき橋（パラツォ運河）

写真–5　げんこつ橋（セント･バルナバ運河）

写真–6　3アーチ橋（カンナレージョ運河）

写真–7　パラディーソ橋（アルセアーレ運河）

写真–8　ヴェネタ･マリーナ橋（ターナ運河）

17　ローマ・テヴェレ川の橋　解説：pp.121-125

写真−1　壊れた橋

写真−2　ファブリチオ橋

写真−3　チェスティオ橋

写真−4　シスト橋

写真−5　聖天使橋

写真−6　ミルヴィオ橋

写真−7　ノメンターノ橋

写真−8　ガリバルディ橋

写真−9　マルゲリータ王妃橋

写真−10　ウンベルトⅠ世橋

写真−11　カヴール橋

写真−12　ヴィットリオ・エマヌエルⅡ世橋

写真−13　マッツィーニ橋

写真−14　リソルジメント橋

写真−15　フラミニオ橋

18　セビーリャとコルドバの橋　解説：pp.126-131

写真−1　ローマ橋（紀元１世紀頃創架）

写真−2　ペドゥロチョス川のローマ橋（紀元前後創架）

写真−3　イサベルⅡ世橋

写真−4　アルコレア橋

写真−5　アラミーリョ橋

写真−6　バルケタ橋

写真−7　サンテシモ・クリスト・デ・ラ・エスピラシオン橋

写真−8　アッバス・イブン・フィルニャス橋

19　ニューキャッスル・タイン川の橋　解説：pp.132-134

写真−1　ゲーツヘッド・ミレニアム橋

写真−2　タイン橋

写真−3　旋回橋

写真−4　ハイレヴェル橋

写真−5　エリザベスⅡ世橋

写真−6　レッドヒューフ橋

写真−7　エドワードⅦ世橋

写真−Ⅱ　フォース鉄道橋（解説：p.131）

20　ロンドン・テムズ川の橋　解説：pp.135-140

写真−1　リッチモンド橋

写真−2　キングストン橋

写真−3　ランベス橋

写真−4　アルバート橋

写真−5　キュー鉄道橋

写真−6　ウェストミンスター橋

写真−7　ブラックフライアーズ橋

写真−8　ハマースミス橋

写真-9　タワーブリッジ

写真-10　ハンプトンコート橋

写真-11　サザーク橋

写真-12　チェルシー橋

写真-13　ウォータールー橋

写真-14　ロンドン橋

写真-15　ミレニアムブリッジ

写真-Ⅲ　アイアンブリッジ（解説：p.140）

21　パリ・セーヌ川の橋　解説：pp.141-146

写真–1　ポンヌフ：左岸側

写真–2　ポンヌフ：右岸側

写真–3　ロワイヤル橋

写真–4　コンコルド橋

写真–5　サン・ミッシェル橋

写真–6　シャンジュ橋

写真–7　ポン・デザール

写真–8　シュリー橋

写真-9　ミラボー橋

写真-10　アレキサンダーⅢ世橋

写真-11　オーステルリッツ高架橋

写真-12　トゥールネル橋

写真-13　シャルル・ド・ゴール橋

写真-14　レオポール・セダール・サンゴール橋

写真-15　シモーヌ・ド・ボヴォワール歩道橋

写真-Ⅳ　ガール水道橋（ポン・デュ・ガール）（解説：p.146）

22 マンハッタンの橋 解説：pp.147-151

写真-1 ブルックリン橋

写真-2 マンハッタン橋

写真-3 ウィリアムズバーグ橋

写真-4 クイーンズボロー橋

写真-5 ルーズベルト島橋

写真-6 ロバート・F・ケネディ橋（昇降式）

写真-7 手前からハイ・ブリッジ、アレキサンダー・ハミルトン橋、ワシントン橋

写真-8 ジョージ・ワシントン橋

写真-9 ヴェラザノ・ナロース橋

23　隅田川の橋　解説：pp.152-156

写真-1　永代橋

写真-2　清洲橋

写真-3　駒形橋

写真-4　言問橋

写真-5　吾妻橋

写真-6　厩橋

写真-7　白鬚橋

写真-8　勝鬨橋

24　大阪湾の橋　解説：pp.157-162

写真-1　神戸大橋

写真-2　六甲大橋

写真-3　港大橋

写真-4　かもめ大橋

写真-5　天保山大橋

写真-6　東神戸大橋

写真-7　西宮港大橋

写真-8　岸和田大橋

写真−9　関西国際空港連絡橋

写真−10　明石海峡大橋

写真−11　新木津川大橋

写真−12　なみはや大橋

写真−13　此花大橋

写真−14　夢舞大橋

写真−V　通潤橋（解説：p.162）

写真−VI　錦帯橋（解説：p.168）

25　旧淀川の橋　解説：pp.163-168

写真−1　難波橋

写真−2　堂島大橋

写真−3　桜宮橋（旧）

写真−4　天満橋

写真−5　天神橋

写真−6　淀屋橋

写真−7　千本松大橋

写真−8　川崎橋

解　説　編

世界の橋並み　解説編 ／ 目次

コラム

1　侗族の芸術作品──風雨橋

風雨橋の由来

中国西南部の山岳地域に立派な屋根が付けられた橋がいくつも架けられている地域があります。それらの屋根付橋を架けたのは、侗（トン）族という少数民族の人達です。侗族は人口約 300 万人で、中国西南部の広西チワン族自治区の北部から貴州省、湖南省などにかけての広い地域に居住しています。谷あいに農地を開き、山の恵みも利用しながら生活を営んでいます。

この地方の屋根付橋は一般的に「風雨橋」と呼ばれ、村のシンボルになっています。「風雨橋」という名称は、その目的である「避風遮雨」、つまり、人を風雨から守ることに由来すると説明されます。また、風水の考えで全てのことが順調にいくという意味の「風調雨順」から生まれたともいわれますが、「風雨橋」という言葉自体は比較的新しく作られたようです。

風雨橋の構造を大まかに見ますと、上部工は基本的に刎橋（カンチレバー）構造で、石積の下部工の上に 2 ～ 3 段の刎木が置かれ、その上に並べられた主桁が屋形部を支えています。屋形部は、橋脚、橋台の上に建つ多層の屋根をもつ「亭」部と、それをつなぐ「廊」部からなっています。

集落の中を流れる渓流を 1 径間で越える、長さ 10m ほどの小規模なものが多いのですが、中には 80m にも達するような橋まで、さまざまな規模のものがあります。

以下では三江県にある風雨橋を紹介しますが、三江県の中だけでも 100 橋を超える風雨橋があるようです。主要な橋は主に 3 つの谷に沿って分布する集落周辺にあります。そして侗族居住地全体では 300 を超える風雨橋があるとされています。

谷筋に分布する橋

（林渓郷の橋）

それらの中で規模、デザインともに、最も優れた橋は、林渓郷程陽、平岩村の近くにある程陽（永済）橋（写真−1：p.9）でしょう。橋長は約 78m、4 径間からなり、橋脚、橋台の上に 5 つの亭部がつくられ、その間は 1 層屋根の廊部で結ばれています。中央の亭は 3 層の屋根が重ねられ、その頂部には六注（六角錐形）の屋根がそびえています。その頂までの高さは橋面から 7m を越えます。

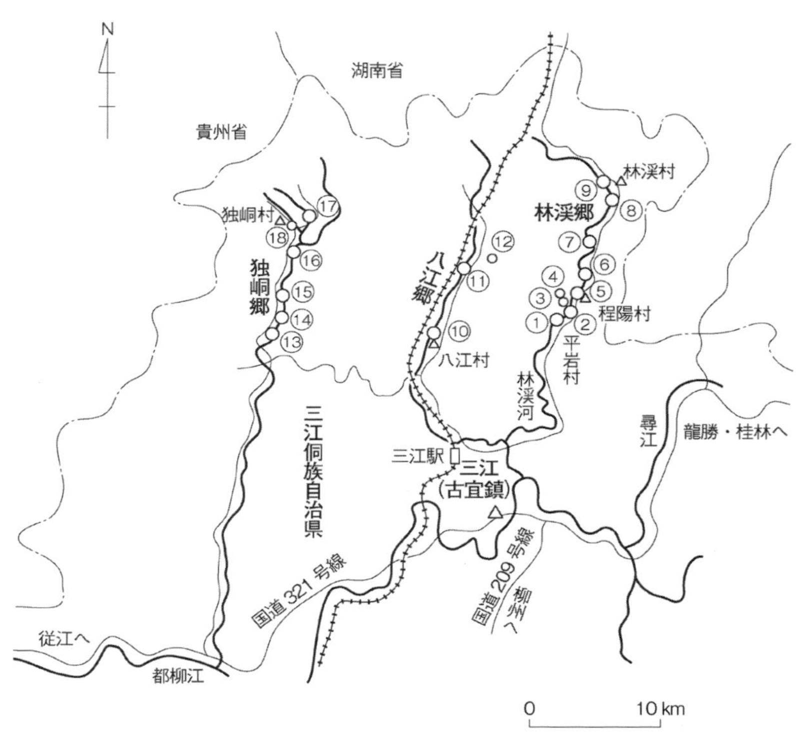

三江風雨橋地図

番号	橋名	完成年	橋長
①	程陽(永済)橋	1924（1983修復）	78m
②	合龍橋	1920	53m
③	萬壽橋	1996再建	14m
④	頻安橋	明末 1984修復	18m
⑤	普済橋	清末 1989修復	48m
⑥	冠洞橋	?	60m
⑦	無名	?	
⑧	亮寨橋	1910（1937移設）	50m
⑨	安済橋	?	
⑩	八江橋	1979（1996移設）	41m
⑪	八斗橋	?	
⑫	関帝橋	1870（1985改造）	27m
⑬	犟福橋	1908（1988再建）	66m
⑭	賜福橋	清代（1951再建）	66m
⑮	培風橋	1875	65m
⑮	巴団橋	1910	50m
⑰	盤貴橋	清代	43m
⑱	独峒橋	1883	13m

両側の亭の頂部は四角錐形（方形）になっており、橋台上のふたつは、入母屋型になっています。

重い屋形部を支える主桁には、径 40cm ほどの杉丸太が上段に 5 本、下段に 6 本並べられています。橋脚部、橋台部ともに主桁を支える 2 段の刎木が入れられており、上段が 8 本、下段は 10 本からなっています。それぞれの亭は刎木を安定させる重しの役割を果たしているといえるでしょう。

刎木の上にはそれぞれ数本の横梁が入れられていますが、構造的に曲げに対して抵抗力が増すように工夫されているのかも知れません。これらの主構造を風雨から守るように横には庇が付けられています。

下部工は切石が丁寧に積み上げられ、橋脚は水の抵抗を軽減するように、断面が扁平な六角形になっています。

橋の内側の幅は 4m ほどあり、亭部では両側に 1m ほど広くなっています。手摺の内側に沿ってベンチが作り付けられています。亭部には神龕（しんがん）が設えられている所もあります。ここには関帝などの神像が祀られていたようですが、今は見ることができません。

亭、廊の屋根の下には天井は張られておらず、頂部までその構造が見通せます。これらの構造の結合には金属製の材料は一切使われていないということです。

屋根には瓦が葺かれていますが、板や丸太の垂木の上に直接乗せられており、土は入れられていません。平瓦と丸瓦の区別はなく、反りの大きな瓦が凹凸交互に重ねられています。屋根はかなり大きな反りが入れられ、棟の先端には大きく反った鴟尾（しび）のような飾りが付けられています。

程陽橋の建設は 1912 年にスタートして 1924 年に完成したとされています。また 1916 年に初めて架けられたとする説明もあります。程陽や馬安など 8 つの村の長老 50 人が発議し、お金、材料、労働などの奉仕を呼びかけて 10 年以上の年月をかけて完成させました。建設に当たっては三江県だけではなく、湖南省の通道県などの技術者も参加したようです。

その後、1937 年と 1983 年には洪水で一部が壊れ、修復されました。そして 1982 年には全国重点文物保護単位（国の重要文化財）に指定されました。

林渓郷には、この他にも合龍橋、普済橋、冠洞橋、亮寨橋などの長さがおおむね 50m になる橋があります。構造的には程陽橋とほぼ同じ形です。

程陽橋から馬安村を回り込んだところにある平岩村に架けられた合龍橋（写真–2：p.9）は長さ約 53m の素朴な印象の風雨橋です。橋の上には線香の匂いがただよい、厨子の前には赤いロウソクも手向けられていました。かつては関帝像なども飾られていましたが、文化大革命のときに壊されてしまったということです。

普済橋橋上

普済橋（写真–3：p.9）は程陽村の中心部にあり、長さが 50m 弱、幅は 5m 近くある大きな橋です。私たちが訪れたときには、橋の中では大勢の人が、昼下がりのひと時をのんびりと過ごしていました。暑い夏の午後には川面を吹き渡る風が何よりの贈り物です。

冠洞橋は全長 60m の長い風雨橋です。3 つの亭がありますが、中央は六注屋根、両端は方形屋根になっています。橋脚の配置が不規則で、一部の桁がコンクリートになっていることから、近年に洪水の被害などを受けて

冠洞橋

冠洞橋内部の神龕

亮寨橋

培風橋

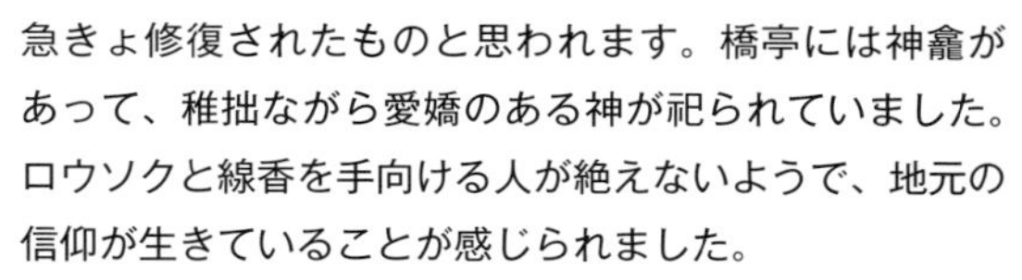

急きょ修復されたものと思われます。橋亭には神龕があって、稚拙ながら愛嬌のある神が祀られていました。ロウソクと線香を手向ける人が絶えないようで、地元の信仰が生きていることが感じられました。

亮寨橋は1910年代に初めて架けられたとされています。1937年の洪水で流され、再建されました。全長は45m、幅員は3.5mで、上層が入母屋形になった4層屋根の3つの亭をもつ重厚な印象の橋です。1987年に県の重要文化財に指定されています。

（独峒郷の橋）

西側の谷、独峒郷では犟福橋、賜福橋、巴団橋、培風橋などの特色のある橋を見ることができます。

巴団橋（写真−4：p.9）は巴団村の深い谷を渡る橋で、まさに風景に溶け込んだ橋であるといえます。全長50mの規模を持ち、橋脚、橋台上に3つの入母屋造の亭があります。この橋の特徴は通路が二段に分けられていることで、下の方が幅2m弱の家畜専用の通路で、上の方が幅約4mの人専用の通路になっています。人用通路の横には、通路面から1mほど高くなった舞台のような空間がありますが、休憩場所以外の使われ方があるように思われます。

巴団橋の主構造

亭部の屋根はいずれも3層からなり、大きさ高さともほとんど同じです。屋根はいずれも反りが大きく、4つの先端部にはつる草をモチーフにしたような飾りが付けられています。

犟福橋（写真−5：p.9）は洗練されたデザインの風雨橋です。全長は66m、3径間で、橋脚上の亭は4層屋根、頂部は六注形になっています。内部には瑞祥を表す絵が掲げられ、柱や梁には色鮮やかな彩色が施されています。清末に初めて架けられたようですが、現在の橋は1988年に再建されたものです。建設費は20万元かかりましたが、そのほとんどは周辺5カ村3千人以上の住民からの寄付に拠ったようです。

賜福橋（平流橋）（写真−6：p.9）も清代の創架とされ、現在の橋は1947年に焼けたものを1951年に再建したものです。全長は66m、幅員は4mで、3つの入母屋造の亭を持つ雄大な風雨橋で、街道沿いの入口部分には側亭が設けられています。

培風橋の歴史も清代にさかのぼるとされています。全長65m、幅員約4mの規模をもち、4つの亭にはいずれも4層の入母屋造の屋根が乗せられています。

（八江郷の橋）

八江郷には八斗橋、八江橋などがあり、上流部には三江地域では最大規模の鼓楼（後述）、馬胖鼓楼があります。

八江橋（写真−7：p.9）は1979年に初めて架けられた比較的新しい橋で、全長は42m、幅員は3mで、中央に頂部が六注型になった6層の屋根を持つ亭があり、橋の独自性が強調されています。両端には頂部が方形になった4層の屋根を持つ亭があり橋の安定感を高めています。さらに入口部分には他の橋に見られない入母屋造の屋根を持つ小規模な亭が配置されています。八江橋の亭は橋の上に鼓楼を建てたものと解釈してもよいでしょう。

風雨橋の構造的特徴と効用

風雨橋の構造的な特徴を簡単にまとめると、スパンは 15 ～ 25m、有効幅員は 3 ～ 5m、主構造は刎橋式で、径 30 ～ 40cm の丸太材が用いられ、刎木は 2 ～ 3 段、主桁は 2 段で、格段に 5 ～ 10 本が配置されています。橋台上の刎木は背後の土中に埋め込まれていません。

主構造の各層間には細い横木が入れられていますが、桁や刎木との結合はそれほど緊密ではなさそうです。そして上段の主桁の上に横、縦 2 段の丸太を並べた床組を整え、その上に橋板が敷かれています。

高欄の手摺はかなり高く、1.5m ほどで、側面には縦格子状に角材や飾り加工された丸棒が並べられています。その前に高さ 40 ～ 50cm のベンチが作り付けになっています。

亭や廊を支える柱は、桁や床板の上に立てられています。柱どうしは上の方に入れられた貫材で連結されており、筋違材は見られません。亭部の構造は、柱の上に入れられた貫の上に柱をかみ合わせて次々と上方へ組み上げられています。廊部の小屋組は、両側の柱とそれに入れられた貫の上に建てられた短い柱によって支えられています。柱の頂部に橋軸方向の丸太の梁が乗せられ、その上に垂木にあたる板が並べられています。

瓦はその板の上に直接乗せられており、瓦は平、丸の区別はなく、反りの大きな瓦が凹凸交互に葺かれています。これは風雨橋だけでなく、民家の屋根にも共通の方法です。

侗族の各集落には鼓楼と呼ばれる多層の塔があります。多いものでは 10 層を越える屋根をもち、そのデザインは方形、六角錐型や八角錐型の宝形など多彩で、それぞれの鼓楼によってその組み合わせが異なっています。この建物の上には大きな太鼓が置かれ、異常事態を村人に知らせる望楼の役割を持っていたようです。天井や床は張られておらず、中央に火床があり、主に村人の集会などに使われるなど、憩いの場ともなっています。

普済橋亭部小屋組

鼓楼の前には石敷きの広い広場があり、そこでは冠婚葬祭に村人が集い、盛大な宴が催されます。演劇の舞台のような作りの高床の建物もあり、劇が演じられるほか、多目的に利用されていると思われます。また、涼亭という旅人のための休息施設もあります。このように侗族の村は豊かな共用空間をもっているのです。

風雨橋の意義

風雨橋の効用としては、屋根があることで木材の寿命が長くなること、渡る人々を風雨から守ってくれることは当然ですが、さらに次のようにまとめられています。

・交通性：大規模な風雨橋は、街道筋から各集落の入口となる場所に架けられ、村落間や生産活動の場への移動など、交通手段として重要な役割を果たしています。

・娯楽性：風雨橋は村人に交流の場を提供しています。雨を避け、納涼、休息や遊びの場となっています。老若男女が集い、昔を語り、今を論じる。また芦笙による音楽を合奏することもあります。そして、村へ賓客がある時は、盛装した女性が歓迎の歌を歌い、酒をふるまって、歓迎する重要な場所でもあります。風雨橋は、また「花橋」とも呼ばれますが、これは若い男女の語らいの場という粋な意味も含まれています。

・標志性：村落の外観的シンボルであり、民族の誇りともなっています。鼓楼も同様の役割をもっていますが、鼓楼は村落内の姓族のシンボルであるのに対して、風雨橋は村落のシンボルで、宗教的色彩が強いと指摘されています。

・鑑賞性：風雨橋はそれ自身が鑑賞にたえるものです。橋の遠景も、また橋の内部の装飾も鑑賞対象となっています。また橋からの眺めも貴重です。

風雨橋は侗族の人々の宗教観や共同体観に深く根ざしています。現在でも地元の祖先神が祀られているところが多くありますが、文化大革命の前まではもっと多くの神像などが祀られ、橋が信仰の場として息づいていたようです。風雨橋は祖先の霊魂が通るところで、祖先神が橋を通ってやってきて子孫に転生する、集落の子孫繁栄を約束する場であるとされています。そのために毎年「敬橋節」が催されます。そして橋を架け換えるときには、お金、材料、労力を提供して、奉仕をすることになるのです。

風雨橋は風水にのっとって架けられているとされています。大地が持つ自然の「気」を人間の営為の上に活用する実践であると解釈されます。

風雨橋は、かつては風水橋とも呼ばれました。兼重努氏は、侗族の人たちは風水を断つ位置に風雨橋を建設していると指摘し、橋は川にそって流れ去る財（気、風水）をせきとめ、集落内に残す役割をもつと説明しています。

風水の考え方は新中国になってからは迷信として否定され、橋上に祀られていた神像も多くが破棄されました。風水橋という呼称も使われなくなり、風雨橋と呼ばれるようになりました。

近年では風雨橋の文化財としての価値や観光資源としての役割が評価されて保存策がこうじられるようになっています。一方、民間信仰の場としての役割も取り戻しつつあるようです。

風雨橋は普通の木橋よりは寿命は長いとはいえ、数十年に一度は大きな修復工事が必要です。それらの工事にあたっては寄付が募られ、近隣の村々からの労働奉仕も得て、実施されます。完成後には寄進の事実を記した紙を焼いて天上の神に伝える儀式が行われます。そして橋上には寄進者の名前が書かれた奉加額が掲げられます。

兼重氏は、「架橋修路」のような「公益事業」は、地元の人たちにとって「いいことをする（現地ではウエスーと呼ばれる）」行為の代表的なもので、「橋や道路の修理・建設に関して、自発的に金品を捧げたり、労働を提供したりするといったかたちで、公益に資することにより、陰功（功徳）を積むことである。その結果、超自然的な存在（神）が、現世の子宝や長寿、来世のよい生まれ変わりという見返りをくれるのである。」と解説しています。その見返りとは仏教的な来世の考え方ではなく、かなり現世的利益に近いものであると理解されます。

風雨橋を創造したエネルギーは人間が根源的にもつ活動の原点に発する奥深い課題であると感じます。

参考文献

1） 松村博：中国・侗（トン）族の風雨橋について、土木史研究講演集 Vol.30、2010 年 6 月
2） 出田肇『中国木造屋根付橋』1998 年 8 月
3） 張澤忠編『侗族風雨橋』2001 年 2 月、華夏文化芸術出版社
4） 李長杰編『桂北民間建築』1990 年
5） 兼重努：人びとに吉凶禍福をもたらす水－西南中国トン族村落社会における風水知識と実践－、秋道、小松、中村編『人と水 2　水と生活』2010 年 2 月、勉誠出版
6） 兼重努：西南中国における功徳の観念と積徳行、林行夫編著『〈境域〉の実践宗教－大陸部東南アジア地域と宗教のトポロジー』2009 年 2 月、京都大学学術出版会
7） 張柏如『侗族建築芸術』2004 年 2 月、湖南美術出版社

Column-I　趙州橋：中国・河北省趙県（写真-Ⅰ：p.10）

趙州橋は、隋代の大業年間の 605 年に完成したと推定される石造アーチ橋で、現存する中国最古の橋として、国の重要文化財に指定されて大切に保存されています。この橋の建設の主導したのは李春という技術者で、李通という石工もその名を残しています。橋の全長は約 51m、橋上の最大幅は約 10m、中央部は単径間石造アーチで、その純径間は約 37m、アーチ内面の頂上までの高さ、アーチライズは約 7.2m とかなり扁平な欠円アーチになっており、スパン・ライズ比は 1/5 弱になります。アーチ端にかかる大きな水平力は、5 層、1.5m 強の石積からなる橋台と取付部の石積の重量によって抑え込まれていると考えられます。

このアーチ橋はその後の経年変化や洪水、地震、戦火などで表面部が損傷することはありましたが、中心部分はほとんど変化することなく、存続してきたと考えられています。その要因は構造の巧みさと施工のち密さにあるといえるでしょう。まず、オープンスパンドレル、すなわち主構造のアーチと橋床の間に両側 2 つずつの小さなアーチを入れて空間が作られており、主アーチにかかる荷重が軽減されています。

主アーチは 28 枚の薄いアーチが縦方向に並べられていて、それぞれの幅が 25 ～ 40cm、縦方向すなわちアーチの厚さ方向が 1m、横方向が 70 ～ 110cm の大きさの石、43 個によって構成されています。このような形式にするとひとつのアーチを造る際に建てる支保工の規模を小さくできるほか、船の通航を妨げる範囲も少なくできるなどの利点があります。ただ、1 本ずつが独立していますので、外側のアーチほど倒れやすい傾向があります。

その弱点を補うためにいくつかの工夫が施されています。アーチ石相互には腰鉄、日本では千切と呼ばれる蝶型の鉄具が入れられ、隣接の石どうしの摩擦抵抗を増すために、表面に斜め線が刻まれています。アーチ石の上には護拱石と呼ばれる巾の広い石が乗せられ、その間に 6 カ所、鉤石という長さ 1.8m ほどで、外側にかけかぎのある石が置かれ、さらに 5 本の鉄拉杆（らかん）という丸い頭を外に出した鉄の棒がはめ込まれています。

スパン 37m を超えるアーチ橋は中国では新中国になるまで実現しませんでしたし、石橋の多い江南地方へこの技術が伝播した形跡は見当たりません。ヨーロッパでもこのスパンを超えるアーチ橋が架けられたのは 14 世紀中頃で、ライズ・スパン比が趙州橋より小さい橋が実現したのは 16 世紀後半のことです。

欄干には蛟竜（こうりゅう）の浮彫がほどこされた飾り板が建てられ、その間の柱にも精巧な彫刻が見られます。この稀有の石橋はその後に、仙人が架けたという伝説を生み、各時代の詩人や文人によって賞賛を受けてきました。そして現在は橋の修復を終え、周辺が公園化され、誰もが気軽に見学できるようになっています。

2　アーチへの発展過程を示す石橋群――紹興の橋

水郷、酔郷、橋郷の紹興

中国の江南地方は、「南船北馬」という言葉の通り、縦横に運河が巡らされた水郷の町が連なっています。そのひとつ、紹興も水路の発達した町で、かつては船が主な交通手段となっていました。その水路に架けられる橋は橋面を高くする必要があり、どれもがいわゆる「太鼓橋」になっていて、道を行く人たちには随分使い勝手の悪い橋が並んでいました。

紹興は、「臥薪嘗胆」や「呉越同舟」などの言葉で知られるように、春秋時代の越(えつ)の国の都として栄えた紀元前5世紀にさかのぼる古い歴史をもった町です。橋の歴史としても、その時代に架けられたとされる「霊汜橋」が後の時代まで伝承されています。

良質の黄酒の産地として有名な紹興市は、かつての府城を核とした越城区を中心にして、紹興県や上虞市など1区、2県、3市からなる広域市で、8,000km^2 を越える面積をもっています。そこには1万橋を越える橋が架けられており、その内、清代以前に架けられた石橋が約

番号	橋　名	主要形状	文化財
[城内]			
1	八字橋	板橋	国
2	広寧橋	七辺形	省
3	東双橋	アーチ	
4	迎恩橋	七辺形	市
5	光相橋	アーチ	省
6	謝公橋	七辺形	市
7	古小江橋	アーチ	市
8	題扇橋	アーチ	市
9	大木橋	アーチ	市
10	宝珠橋	七辺形	市
11	府橋	アーチ	
12	凰儀橋	アーチ	市
13	拝王橋	五辺形	
14	大慶橋	アーチ	
15	咸寧橋	木・石板橋	
[城外]			
16	涇口大橋	アーチ	県
17	茅洋橋	アーチ	県
18	永嘉橋	五辺形	
19	縴道橋	板橋	国
20	太平橋	アーチ	省
21	安昌鎮・三枚橋	板橋	県
22	三江閘橋	桁橋	省
23	東浦鎮・新橋	アーチ	
	馬園橋	アーチ	
24	雲洋橋	三辺形	県
25	柯橋大橋（融光橋）	アーチ	県
26	永豊橋	アーチ	
27	接渡橋	アーチ	県
28	泗龍橋	アーチ	市
29	西跨湖橋	アーチ	県
30	浪橋	桁橋	
31	古虹明橋	桁橋	県
32	洞橋	三辺形	
33	栖鳧村・三接橋	板橋	市
	徐公橋	アーチ	市
34	福慶橋	アーチ	市
35	寨口橋	アーチ	県
36	林新橋	三辺形	

紹興の石橋地図

600 橋あり、宋代の橋が 3 橋、元明代の橋が 41 橋も残されています。ただし以下で紹介する石橋は越城区と紹興県の範囲に限られます。

かつて城壁で囲まれていた紹興府城内には、清の光緒癸巳（1893 年）の『紹興府城衢路図』によりますと 229 の橋が架けられていたようです。そのほとんどが太鼓橋のように描かれていて、舟運を優先した町の造りになっていたことがうかがえます。それが近代都市へと変貌する中で、幹線道路が整備され、多くの石橋がなくなってしまい、現在では 20 橋ほどしか残されていません。

現存する紹興の石橋の中で最も古いのが、府城内の東に位置する八字橋（写真–1：p.10）です。橋本体はスパン約 5m、幅員約 3m、桁下高 4m 強の規模をもつ桁橋です。桁橋というより、橋軸方向に 6 本の棒状の石が並べられた板橋形式になっています。橋台は長さ 4m ほどの 9 本の石柱からなり、その上に梁を置いて桁が並べられている単純な構造です。東西両岸に 2 カ所ずつの、長さ 15 ～ 20m の階段状のスロープが付けられており、南側へは両岸にスロープが伸びていて、その形から八字橋といわれるようになりました。西側の石柱に刻まれた年号から、この橋が南宋の宝祐丙辰（1256 年）に架けられたことがわかります。その後何度も大きな修復が施されて今日に至っています。

城内の西北、環状公路（国道 104 号の一環）の越王橋のすぐ横にある光相橋（写真–2：p.10）は橋長 20m、幅員 5m、スパン 8m 強の規模を持つ単孔アーチ橋です。アーチは、縦方向に長い輪石が各層ごとに噛み合わせをずらせるように積まれています。このアーチが完成したのは宋、元の時代と推定されています。橋名はかつて橋の近くに光相寺という寺があったことから付けられたようです。アーチ石に蓮華座が彫られ、南無阿弥陀仏の彫字も見られることが、そのことを裏付けています。

このふたつの橋が紹興の石橋の変遷のメルクマールになるのか、疑問があります。

多辺形石橋

紹興の石橋にはさまざまな構造形の橋が見られます。前述のふたつの橋のように板橋とアーチ橋が多いのですが、その中間の形式としての擬似アーチ構造に興味が引かれます。

橋台部の石柱を少し川側に倒してその上に梁を置き、板石や棒状の石を並べると、π 型の三辺形石橋になります。さらにその間に石柱の数を増やしていくと、五辺形や七辺形の構造が生まれます。そして、その改良形としてアーチ形式が生み出されたと想像してみました。

中国のアーチ橋技術は、石家荘市郊外の趙県にある趙州橋（写真–Ⅰ：p.10）が隋代（7 世紀初）にスパン 30m を越える欠円アーチとして完成するほどの技術水準に達していたことを考えますと、紹興の擬似アーチ構造の石橋がもっと古い時代からあると考えることもできますが、それぞれの地域に独自の発展パターンがあったと考えれば、その地域特有の発展経過を考証してみることも可能なように思われます。

その根拠となる史実を把握するのは難しいことですが、以下では石橋の変遷を構造形式の違いに注目して推論してみたいと思います。

石橋の数では八字橋のような、板橋が最も多いのですが、中には咸寧橋のように石桁の下に木梁が入れられているものがあります。木梁は構造部材ではなさそうで、『紹興石橋』（文献 [1)]）ではその役割を、石桁が突然破壊したときに下を通る船に直接落下することがないようにする保険の役割、石桁を架ける際の支保の役割、石壁式の橋台にかかる土圧を分散する役割などと推定しています。

橋台の石柱を内側に倒すと、橋台の間隔をその分広くすることが可能になります。そのような三辺形石橋をいくつか見ることができます。紹興県の蓬山村・洞橋、張溇村・雲洋橋、夏澤村・林新橋（写真–3：p.10）などがあります。

咸寧橋

雲洋橋

永嘉橋

五辺形石橋としては、府城内西側の拝王橋（写真−4：p.10）や越城区の大皋埠村・永嘉橋が残されていますが、いずれもスパンが5mほどの小規模な橋です。永嘉橋は、かつては取付が階段になっていましたが、現在では自動車が通れるようにかさ上げ、拡幅されたため、橋の外観も変わり、その重みのために基礎がかなり沈下して痛々しい感じになっています。

これらの橋の構造は、橋軸方向に並べられた直線部材が、その角度に合わせて加工された水平方向部材を介して積まれており、それぞれの部材はその間の摩擦抵抗によってその形状が保たれることになります。そのため横方向の安定は背後の石積に依存しており、不安定な構造であるといえるでしょう。

五辺形を一段複雑にした七辺形の石橋は、府城内外に4基見ることができます。八字橋の近くにある広寧橋は、南宋高宗時代以前の創建とされ、明の万暦2年（1574）に再建されています。主構造部はスパン6m強の半円に近い形状になっています。両側の取付階段の勾配が緩やかで、全長は約60mになります。主構の頂部（龍門石）の裏側に三爪の龍などの6つの彫刻があり、橋の古さを示しているとされています。

府城内の南西部、西小路に面する謝公橋は晋代（10世紀中）の創建とされ、清康熙24年（1685）に再建されています。橋の全長は30mほど、橋面幅は3mほどで、スパンは7m強になっています。

広寧橋

府山の東裾にある宝珠橋には、明代嘉靖期と清代乾隆期に再建された記録があります。橋の規模は謝公橋より少し大きめですが、両橋ともよく似たプロポーションになっており、主構の七辺形は円に当てはめると、劣弧になり、最下段の石が鉛直線に対してかなり角度を持っています。

府城西南隅にある迎恩門（西門）のすぐ外側にある迎恩橋（写真−5：p.10）は、明天啓6年（1626）に再建されています。橋長は約20m、幅は3m弱ですが、スパンは10m近くになっています。主構を円弧に当てはめますと、上記2橋よりもさらに角度の浅い、欠円になっています。

角度の浅い欠円では基礎部に水平力が発生して、それに抵抗できる基礎構造が必要になりますが、どのような構造になっているのか興味が持たれます。後述のようにこの地方のアーチ構造の橋は半円か、馬蹄形で、欠円アーチはほとんど見ることができません。その意味でも3基の七辺形石橋は特異なものといえるでしょう。

アーチの構造

紹興には多辺形石橋をそのまま発展させたと考えられるアーチ形状の橋が数多く見られます。円弧に合わせて加工された縦長の部材を並べ、水平部材を介して積んでいく工法は、多辺形石橋で見られるものと同じです。比較的規模の大きなアーチでは7段、規模の小さな橋では5段で構成されており、これも多辺形石橋とほぼ同じ構成になっています。

城内北東にある題扇橋はこの形のアーチになっています。題扇橋の名は、この付近で扇を売っていた老婆の扇に王羲之が書を書いてやったという言い伝えから名が生まれました。橋は東晋時代からあったとされ、現在の橋は道光8年（1828）に架け換えられたものです。橋は草木に覆われていて主構がよく見えませんが、7段構成の石積みになっているようです。

この他、城内では凰儀橋、大木橋、大慶橋などがこの形式のアーチですが、いずれも5段構成になっています。

文献[1]では、紹興で見られるアーチ構造を4つのタイプに分類しています。これを筆者なりに翻案分類してみますと、次のようになります。

① 分節縦列積
② 交互縦列積
③ 交互横列積
④ 枠付横列積

福慶橋

縴道橋

上で紹介した①のパターンが圧倒的に多く、後述の城外の規模の大きなアーチはほとんどこの形式になっています。例えば、融光橋、太平橋、西跨湖橋、涇口大橋、泗龍橋、接渡橋などです。

②の形式は城内の光相橋をはじめ、古小江橋、東双橋に適用されており、紹興県の蓮増村にある寨口橋が③の形式になっています。この橋は橋長 30m、高さ 10m で、スパンは十数 m あり、紹興では最大級のアーチ橋です。

④の形式は府橋に見られ、この川筋にある比較的新しい石橋、石門橋や龍門橋などは枠付縦列積になっています。

馬蹄形アーチ、すなわち優弧、180 度以上の円弧が適用されたアーチ橋もかなりの数が見られます。紹興県の柯橋街道の永豊橋、鑒湖鎮王家葑村の福慶橋、東浦鎮の馬園橋、新橋、東湖の秦橋などがあります。石積の方法は①の方式が適用されています。

石橋構造の発展

紹興市の北部は典型的な水郷地域です。現在では多くの工業団地が開発されていますが、なお豊かな農村風景が広がっています。水路は交通路としての役割を果たしていましたから、郊外に架けられた橋はそれと共存できるような形態、構造を持っていました。

紹興と杭州を結ぶ運河、蕭紹運河は幹線路の役割を果たしていました。現在もその運河に沿って国道 104 号と鉄道が通っていることから紹興にとって重要な役割を持っていたことがわかります。かつて、船は人によって牽かれていました。その施設が今でも残されています。

紹興県の蕭紹運河の中に縴道橋と呼ばれる長い石橋があります。縴道とは船曳道のことです。延長は 386m、幅は 1.5m ほどで、ほとんどがスパン 2m ほどの板橋からなっていますが、途中に桁下を高く、広くしたところがあって、天候が荒れた時に小舟がそこをくぐって避難できるように配慮されています。

太平橋

運河は紹興中心部からさらに東の方にも伸びていて、浙東運河と呼ばれますが、陶堰鎮茅洋村の茅洋橋（写真–6：p.10）がその運河に沿った船曳道をつなぐ役割を果たしています。

このような運河を越える橋の架設は難しいことで、通行する船の規模に合わせてクリアランスとスパンを確保する必要がありました。蕭紹運河を跨いで架けられた太平橋と融光橋（柯橋大橋）はいずれも 10m ほどを一跨ぎし、桁下も 5m ほどが確保されています。

茅洋橋の東側、現在は上虞市に属する涇口大橋は、主

涇口大橋

接渡橋

浪橋

要部がスパン 7 ～ 8m の 3 径間の馬蹄形アーチになっていて、南側は板橋が続いています。現在は横に自動車橋が架けられていますが、地元の人々の通路として利用されています。

柯橋街道中澤村の接渡橋もほぼ同じ規模、形態を持っています。橋上高欄に獅子像が並んでいます。

東浦鎮魯東村の泗龍橋（写真−7：p.10）も 3径間のアーチと板橋からなる長い石橋です。アーチ部のスパンは 5 ～ 6m とやや小ぶりですが、延長は 100m にもなります。また、高欄側壁などに精巧な彫刻が施されているのが特徴です。

国道 104 号の南側には鑒湖と名付けられた長い水面が続いています。その周辺に集落を連絡する長い石橋が架けられています。画橋、浪橋、古虹明橋などが現存しています。一部のスパンが少し高く、広く、舟の行き来に配慮された造りになっています。浪橋は、平面的に大きく湾曲しており、古虹明橋は鉤型に架けられているのは、地形に合わせたためでしょう。

水郷地域の特徴を色濃く残している村をいくつか見ることができます。安昌鎮や東浦鎮では水路を軸にして町並が造られた状態がよくわかります。そこには太鼓橋が多く残され、生活路として利用されているとともに、これらの古鎮の風景に欠かせないものになっています。

また、鑒湖鎮栖凫村もそうした村のひとつですが、村の中の水路の合流点にＹ字型の三接橋があり、隣には半円アーチの徐公橋が残されているのも貴重です。

考察と提案

紹興の石橋をその構造的特徴に注目してまとめますと、まず古い時代には簡易な板橋が架けられましたが、比較的大きな船を通すために、八字橋のように石柱で桁下を高くする工夫がなされました。また、木桁を入れて、安全性を高める工夫がなされた橋もありました。

柱を少し倒すとスパンを長くすることができ、三辺形の石橋が考案され、次に五辺形、七辺形と発展し、分節縦列積のアーチに到達しました。その後、石材に合わせたり、横方向の強度を高める必要などからさまざまな形式のアーチが考案されていったと考えることができます。

橋の架け換えにあたっては前の橋の形式が尊重されたでしょうし、地形的な条件にあった形式が選択されたでしょう。また、地域の技術集団が得意にしていた構造形式もあったはずですから、上記のように時代とともに一律に構造形式が変化していったわけではないでしょうが、変化の方向性を示す試案としたいと思います。

近年の急速な都市開発によって近郊地域も大きく変貌し、紹興の石橋の本や紹興市のホームページで紹介されている橋でも、昌安橋、洋江大橋、高橋、阮社橋などが壊されてしまっていました。ロマンを秘めた春波橋なども見ることができません。

また、文化財に指定されている橋もその保存状態は芳しくありません。石積に草木が根付き、橋を覆い尽くしているものもありました。植物の根によって石積が損傷することが考えられますので、対策が必要です。また、周辺の住民への文化財を守る意識の浸透もたいせつです。紹興の石橋は群として保存していく必要があると思います。適切な保存、管理がなされることを期待して止みません。

参考文献

1） 陳从周、潘洪萱編著『紹興石橋』1986 年 4 月、上海科学技術出版社
2） 武部健一編訳「紹興の橋」『中国名橋物語』pp.259−276 1987 年 10 月、技報堂出版
3） 羅関洲『紹興古橋文化』2004 年 9 月、中華書局出版

3　王道の橋――アンコール時代の石橋

石橋の分布

カンボジア・シェムリアップの郊外、クメール王朝の王宮であったアンコール・トムから半径 100km ほどの範囲に、その最盛期に建設されたと考えられる石橋が数多く残されています。その大半は長さが 20m ほどの小さなものですが、中には 100m を越える長大橋もあります。

これらの橋はフランスの植民地時代から紹介されていましたが、近年広範囲な調査が可能になって、石橋がアンコールの王都から四方へ延びる道路上に分布しており、王朝の地方支配や軍の遠征に大きな役割をはたしていたことがフランス極東学院の B. ブルギエなどの調査によって明らかになってきました。

橋は 5 つのルートに分布しています。アンコールの王宮を中心に東方向へは 3 本、すなわち現在の国道 6 号線に沿った南東ルート、ベンメリアを通って国道 66 号線に沿った東ルート、ベンメリアから分岐して北北東に向うルート、そして西方向には北北西と北西にタイ方面へ伸びる 2 本のルートです。

これらの道路は、11 世紀前半のスールヤヴァルマンⅠ世の時代や 12 世紀前半にアンコール・ワットを建設したスールヤヴァルマンⅡ世の時代に整備されたと考えられていますが、当時の橋は主に木橋であったようです。1177 年にヴェトナムのチャンパ軍が侵攻してきた際に多くの木造の橋が焼き落とされたために、その後に王位に就いたジャヤヴァルマンⅦ世によって石橋で復旧されたと考えられています。石橋の近くにジャヤヴァルマンⅦ世が建設したとされる宿駅や施療院などの施設が存在することもその根拠とされています。

ルート	番号	橋　名
1. 東南ルート	1	プラプトゥス橋
	2	クポス橋
	3	キロウ･タ･チハエン橋
	4	スヴァイ橋
	5	クモチ･タ･ハン橋
	6	フューム･オ橋
	7	タ･メアス橋
	8	トゥマ橋
2. 東ルート ベンメリアより東へ	1	トゥノット橋
	2	テアップ･チェイ橋
	3	クメン橋
	4	タ･オン橋
	5	バク橋
	6	クヴァオ橋
3. 北北西ルート	1	トップ橋（中央）
	2	クメン橋
4. 北西ルート	1	スレン橋
	2	ストゥン･スレン橋
	3	メマイ橋
5. アンコール内	1	北門の橋
	2	トゥマ橋

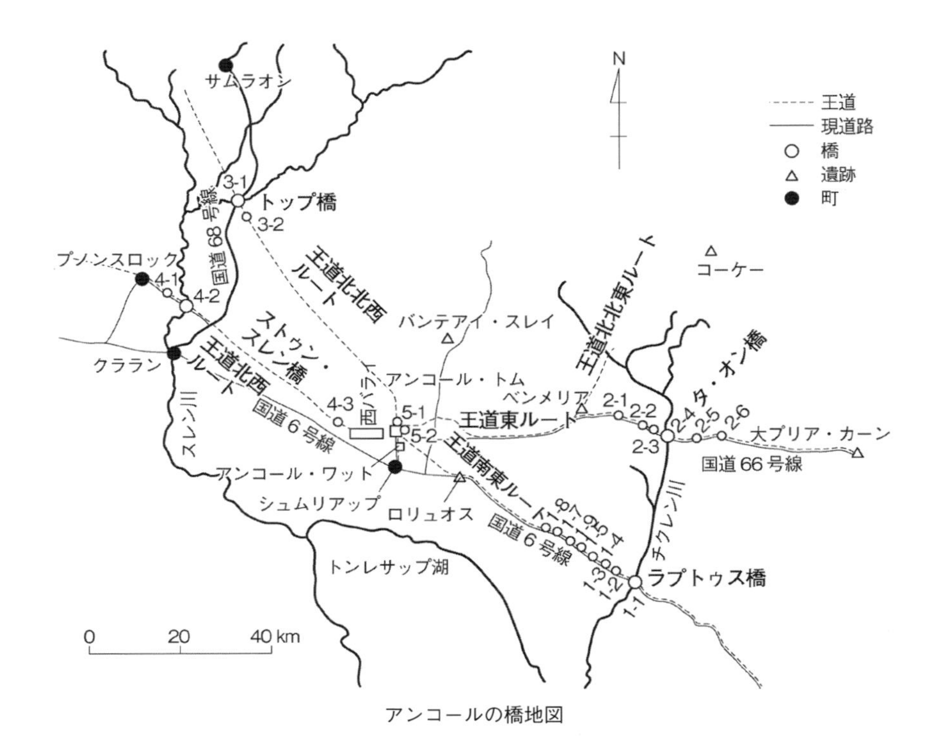

アンコールの橋地図

南東ルートの橋

シェムリアップからプノンペン方面へ向う国道６号線を進みますとアンコール王朝初期の王都があったとされるロリュオス遺跡群を過ぎた辺りからコンポン・クデイの間に、次々と10橋ほどの石橋を見ることができます。いずれも長さが20m程度、幅は６～7mで、高さは2m未満の小さなものです。ただ橋脚の基部が土に埋まっているため本当の高さはよくわかりません。

シェムリアップからおよそ50km離れたコンポン・クデイにはスピアン・プラプトゥス（プラプトゥス橋）（写真−1：p.11）という石橋があり、近年までカンボジアの最重要幹線の一環としての役割を果していました。この橋は地元ではスピアン・コンポン・クデイと呼ばれているようです。スピアンとは橋のことで、コンポンとは船の着く所という意味があり、プラプトゥスとは方向を示すという意味を持っているようですから、この位置はまさに水上と陸上の交通の結節点であるといえるでしょう。

プラプトゥス橋の構造体は全てラテライトのブロックが空積みされたものと考えられます。ラテライトは、紅土とも呼ばれる多孔質の石材で、固く成形しにくいため主として建物の基盤材として使われています。

この橋の長さは約85m、21径間からなり、橋脚幅は1.5mほど、流水幅は2mほどで、橋台部の石積みを加えますと、全体の流水幅は50%ほどしかなく、極めて河積阻害率の大きい橋です。それは構造的な制約に要因があります。上部の橋体を支える構造はラテライトのブロックを徐々に迫り出して頂部で両側からもたれかからせるようにした、せり持ち構造、すなわちコーベルアーチで構成されています。

アンコールの建築には真のアーチは使われていません。あの壮大なアンコール・ワットやバイヨン寺院も全てせり持ち構造で作られています。このため大きなスパンを構成することができず、膨大な量の石を積み上げてボリューム感あふれる構造体ができあがったのです。芸術作品としては見る人を圧倒する迫力を生み出していますが、構造としては未発達な状態であったといえます。

カンボジアの気候は雨季と乾季がはっきりしていて、シェムリアップ周辺のトンレサップ湖へ流れ込んでいる川は乾季にはほとんど水の流れがありませんが、雨季には流水孔頂部まで水位が上がることがあるようです。

これほど河積阻害率が大きいと大雨の時には橋の上下流でかなりの水位差が生じるはずです。ちなみに筆者の試算では流水孔頂部の近くまで水が上がると1m弱の水位差が生じることになります。橋面が周辺道路や宅地よりかなり高くつくられているのは、流水断面を確保するためであると考えられます。

キロウ・タ・チハエン橋－南東ルート

プラプトゥス橋の幅は全幅で16mほど、有効幅で15m弱になっています。同じ道筋に架かる小規模な橋の幅が全幅で7mほど、有効幅は6mほどで、その間の道路幅も同じような状態ですから、この橋が異常に広い幅を持っていることになります。

このように流水幅の狭い橋では大雨の時などには上下流の水位差が大きくなり、その分の水圧が橋にかかることになりますから、それに耐えるためには橋の上部の重量を重くして、石どうしの摩擦抵抗を大きくする必要があります。このため水量が大きく、橋の高さが高い橋ほど橋の幅を広くする必要があったと考えられます。いくつかの橋を比べてみますと、川底からの高さが大きい橋ほど橋の幅が広くなっている傾向が窺えます。

プラプトゥス橋の橋台部にそって上下流へ10mほどにわたって階段状の石積みが見られますが、ブルギエは、橋の所では意識的に川幅を拡げ、川の流れを固定させるために石積みを造ったと説明しています。一方この石積みは川へ接近するための施設でもあったと考えられます。橋のたもとは船着場で、荷揚場があったはずですし、川で沐浴するための場所であった可能性もあります。

プラプトゥス橋には砂岩でつくられた立派な高欄があります。地覆石の上に石台が置かれ、その上に高さ40～50cmのかまぼこ型の石が並べられていますが、これはナーガという蛇の神の胴を表しており、橋の４隅に九つ頭の蛇の頭部の彫刻が据えられています。この彫刻の中央には瞑想する仏の姿が彫られていたはずですが、削り取られてしまっています（写真−2：p.11）。

プラプトゥス橋以外の南東ルートの橋（写真−3：p.11）もラテライトを積んだ河積阻害率の大きな構造になっています。当時の王道は雨季においても水没することがないような高さに盛土をして造られたはずですから、上流側に溜まった水を一定量、下流側へ抜く必要があることから乾季には水はなくても雨季には顕在化してくる小さな川にも橋が架けられたと考えられます。結果として道路盛土によって一定の水が上流側に貯留されることになったはずですが、これらの道路や石橋がダムや堰の役割を果たすように意図的に造られたとは考えにくいと思われます。

東ルートの橋

ベンメリアからコンポン・スヴァイの大プリア・カンまでほぼ真東へ向う、現在の国道 66 号線に沿ったルートには十数橋が残されています。その中で最大の橋がタ・オン橋（写真-4：p.11）で、プラプトゥス橋が渡るチクレン川の上流にあたっています。

橋長はおよそ 65m、幅員は全幅で約 13m、高さは 7m 強の規模をもっています。径間数は 14、橋脚幅と流水幅はともに 2m 弱で、河積阻害率は 50%に達するでしょう。

この橋では特に下流側に、水切りのような、橋脚の基部を流れの方向に階段状に突き出していく構造が造られていますし、橋下と橋脚から 5m 以上の範囲の河床に石敷きが設けられています。また橋のたもとに造られた石の階段からさらに下流側にラテライトのブロックを積んだ施設があります。これは橋でせき止められた川の流れが急流となって河岸に当たるためにそれを守る護岸の役割をもたせた施設であると考えられます。

プラプトゥス橋ではこのような施設は見られませんでしたが、上流のタ・オン橋では雨季の急流による橋脚周りの洗掘を防止することや河岸を防護することが必要であると考えられます。さらに橋脚の上下流を見比べてみますと、上流側の橋脚の下の部分がかなり削られて、すり減っています。雨季にはかなりの水位差と急流が発生すると推測されます。

ベンメリアからタ・オン橋までは 10km 余ですが、その間に 3 つの比較的大きな橋があります。中でもタ・オン橋に最も近いクメン橋と呼ばれる橋は保存状態がよく、そのまま国道の橋としての役割を果たしています。橋長は 35m ほど、幅員は全幅で 9m ほどあり、砂岩製のナーガの高欄が付けられています。親柱の位置に九つ頭のナーガの彫刻があり、その中央に仏の姿がはっきりと残っています。タ・オン橋の橋詰にも同じ石像があり、そこからひとつ東のバク橋とクヴァオ橋にもこのナーガ仏の断片があり、これらの橋の建設年代が特定できる貴重な史料であるばかりでなく、美術品としても価値の高いものです。

タ・オン橋－東ルート：上流側

クメン橋

クメン橋の仏像

タ・オン橋の仏像

クヴァオ橋－東ルート

クメン橋ー北北西ルート

メマイ橋ー北西ルート

北北西ルートの橋

アンコールの王宮から北北西へ直線距離にしておよそ70km のところにトップ橋（写真-5、6：p.11）という大きな石橋があります。この橋は現在も国道 68 号線の橋として使われています。シェムリアップからは国道 6 号線で北西へ、クラランから分岐してサムラオンへ通じる 68 号線で 40km ほど北上した地点にあります。

幅が 16m ほどあり、3 カ所に分かれていて、その長さを合わせますと 200m 近くになり、アンコールの橋としては最大のものです。ここはスレン川の上流部にあたり、蛇行しながら流れる広い河川敷を一定の高さを確保しながら渡っています。

他の橋と同様に頂部を持ち送りにされた橋脚が橋体を支える構造で、河積阻害率の大きい橋です。ブルギエはこのような構造上の欠点を、流水部分をできるだけ分散することによって水の抵抗を緩和したと解説しています。上流側の橋脚の石積みの角が、下流側に比べて、相当にすり減って丸くなっていることから、砂まじりのかなり激しい水流が想像されます。

橋の高欄が部分的に残っています。石材はラテライトですが、かまぼこ型の断面形になっていることからナーガの胴部を形取った欄干が続き、橋端に石像があったと想像されますが、石像は見つけられませんでした。

このルートには、他にもいくつかの橋の存在が報告されていますが、現在、道は分断されていて、隣の橋へいくのも容易ではありません。

北西ルートの橋

アンコールの北門を出て、西へ進み、西バライの北西角辺りから北西へ進む王の道もありました。西バライから少し離れたところにメマイ橋と呼ばれる石橋が残っています。全長は確認できませんでしたが、少なくとも50m は越えています。高さは 3m ほどで、幅は 6m ほどです。

このルートを北西へ延ばしたところにストゥン・スレン橋と呼ばれる大きな橋があります。ポル・ポト政権時代に下流側に道路兼用の堰堤が築かれたため、現在その全容を見ることはできませんが、上流側の石組みの一部と橋上の石敷きを確認することができます。かつては100m を越える長さと 15m ほどの幅があり、高さも 8m ほどの大きな橋であったようです。この橋の欄干も残された石材からラテライト製であったと考えられます。

この橋の少し北西にスレン橋（写真-7：p.11）と呼ばれる橋も残っていました。橋長は約 30m、幅員は全幅で7m 強、地覆石の上にラテライト製のかまぼこ断面の細長い石が残っており、同じ形の石が橋の下にも散らばっていて、かつてはナーガの欄干があったと考えられます。

王宮の橋

アンコールの王宮に隣接したところにも石橋があります。アンコールの東側、勝利の門から少し東にトゥモ橋（写真-8：p.11）と呼ばれる、全てが砂岩で造られた石橋の遺構があります。古くはこの橋のところにシェムリアップ川の本流があり、川の流れが変わったために放棄されることになったと説明されることが多いのですが、シェムリアップ川が千年足らずでこれほど深く掘られたとは考えにくく、深い谷には大きな木橋が架けられていたと考えた方が良さそうです。

アンコール・トムの北門を出たところにも石橋が架けられています。東西南北の門前では唯一流水を渡る橋です。現在の橋を見ますと、成形されたラテライトのブロックが整然と積まれた丁寧なつくりの橋に見えます。しかし詳しく見ますと、橋の本体はコンクリートで造られ、表面に板石を張っただけの、まさに「張りぼて」の石橋なのです。アンコールの保存修復には、いろいろな国が協力していて、その方法をめぐってもいろいろな考え方、手法があるようですが、北門の橋の復元は文化財修復の悪例であるといえるでしょう。

アンコール・トム北門の橋

参考文献
1） 松村博「アンコール時代の石橋の形態的、構造的特徴」土木史研究論文集 Vol.29、2010 年 6 月、土木学会
2） ブリュノ・ブルギエ「古カンボジアの石橋」フランス極東学院報告書 87 編 2 巻、2000 年
3） 三輪悟他「アンコール時代の古代橋について」日本建築学会学術講演梗概集（関東）、2003 年 9 月
4） 片桐正夫他「王道調査とその現状について」など（カンボジアのアンコール王国時代の王道と橋梁と駅舎に関する総合学術調査 (1)−(4))、日本建築学会学術講演梗概集（関東）、2006 年 9 月
5） 石澤良昭『アンコールからのメッセージ』pp.127−140、2002 年 5 月、山川出版社

石橋の役割と特徴

アンコールの石橋群がダムの役割を持っていたとする説もあります。堰として使われたのなら上流側に堰板をはめ込む施設が必要ですが、そのような痕跡は見当たりません。またダムアップした水を誘導する水路が付属していなければなりませんが、それもなさそうで、ダムとしての役割が意図されていたようには思えません。

恒常的な道路を確保することは王国の統治には不可欠なことでした。また対外的な遠征にも必要でした。当時の象の軍団を通すために強固な石橋を架けたと説明されることもありますが、これほどの石の重量のある橋本体を支えているわけですから、体重 4 ～ 5 トンの象を通すことはたいした負担ではありません。木橋のように寿命の短いものより、メンテナンスが少ない石橋を選んだと考えた方がよさそうです。

石橋の建設には莫大な資金が必要だったはずですから、アンコール王朝の絶頂期の王にしかできなかった事業であったといえるでしょう。石橋の分布は王宮からほぼ 100km 以内に限られているとされていますが、これが当時の王権の財政力と支配力の限界を示していると考えることもできるでしょう。

石橋の建設はジャヤヴァルマンⅦ世の時代に行われたとされていますが、その例証のひとつが橋の 4 隅に据えられた、九つ頭のナーガに守られた仏像の存在でしょう。プラプトゥス橋では削り取られていますが、東ルートではタ・オン橋など数橋にその姿が残っており、これらの橋の建設が仏教によって国を治めようとした王の時代のものであることを示唆しています。そして、2 代後のジャヤヴァルマンⅧ世の時代に行われた廃仏毀釈が東ルートにまで及ばなかったことになり、その意味でも東ルートの橋の仏像は貴重な歴史の証人であるといえます。

4 漢江の奇蹟の軌跡──ソウル・漢江（ハンガン）の橋

橋の始まり

現在のソウル特別市の中央を西から東へ流れる漢江は、延長 500km に及ぶ朝鮮半島（韓半島）第 2 の大河で、河口に近いソウルの辺りでは川幅は 1,000m にも達します。その漢江には 19 世紀末までは 1 本の橋も架かっていませんでした。しかし漢江は当時重要な輸送路になっており、沿岸には多くの港が開かれ、渡し場が賑わっていました。また、朝鮮王朝時代、漢江には臨時の船橋が架けられたこともありました。国王が、国内の巡覧や祖先の墓への参拝に出かけるためなどで、馬 5、6 頭が横に並んでも渡れるほどの幅があったようです。

漢江がソウル市域を流れる距離は、40km 強になり、その範囲に架けられている橋は、数え方にもよりますが、2014 年に開通した九里岩寺（クリアムサ）大橋を加えると 26 橋になります。これらの橋は、ほとんどのものが 1,000m を越える長大橋で、形態別では、道路橋が 19 橋、鉄道橋が 3 橋、鉄道・道路併用橋が 4 橋となっています。

漢江に初めて橋が架けられたのは 1900 年のことで、現在の漢江鉄橋の A 線の場所に架けられた単線の鉄道橋でした。

長年鎖国を続けていた朝鮮国（李氏朝鮮）は、日本をはじめ、欧米諸国に開国を強要される情勢の中で、近代化の象徴でもある鉄道建設に着手することになります。最初に計画されたのは、ソウルと仁川（インチョン）を結ぶ京仁鉄道で、その敷設権はアメリカ人、J.R. モースに与えられます。同時に漢江鉄橋の架設の権利も認められています。出遅れた日本政府は、モースと交渉し、敷設権を譲り受けることになりました。

漢江鉄橋は、1897 年に起工されていましたが、設計が見直された結果、改めて造り直し、ようやく 1900 年 7 月に完成しました。架設当初の橋長は 629m で、スパン長 61m のシュエドラータイプのプラットトラス 10 連が採用されましたが、すべてアメリカ製でした。

さらに、1912 年には上流側、現在の B 線の位置に同タイプのトラス 10 連が架設され、複線が完成しました。

未曽有といわれた 1925 年の漢江の洪水の直後、橋の本格的な改造が行われ、1928 年には全長 1,113m の鉄橋になりました。

日本は 1910 年に大韓帝国を併合、朝鮮総督府による支配の時代が始まります。このころから漢江への道路橋の架橋が検討されるようになりました。現在の漢江大橋の場所に架橋工事が始められたのは 1916 年 3 月で、1917 年に完成しました。

この橋は当初、漢江橋（漢江人道橋）と呼ばれ、幅員も車道が 4.5m、両側の歩道が 1.6m ずつとずいぶん狭いものでした。この橋の完成はソウル市民にはもの珍しかったようで、夜には派手な電飾も施され、市民には格好の夕涼みの場になり、夏に催された花火大会では見物人が鈴なりになったそうです。

架設 10 年後には、自動車交通をさばき切れなくなり、また 1925 年の大洪水の際に橋が危険にさらされたこともあって、狭い旧橋が撤去され、1936 年 10 月には幅員 20m の新橋が完成します。左岸側の上部工にはスパン 63.55m のタイドアーチが用いられました。同じ年の 10 月には上流部の広津（クァンジン）橋が漢江 3 番目の橋として新しく架けられています。

第二次大戦中の 1944 年に、漢江鉄橋にもう 1 本、複線の橋（現在の C 線）が架けられました。この橋の主要部は、支点上の構高が高くなった鋼製ワーレントラス 3 組で構成され、リズミカルな景観を創り出しています。

戦争による破壊と復旧

1945 年 8 月 15 日は、日本の無条件降伏によって、占領から解放された記念日、光復節となりました。しかし、それから間もなく、国を二分して戦う戦争が勃発、国の発展を長年にわたって阻害することになります。

1950 年に始まった内戦によって、当時漢江に架けられていた 3 本の漢江鉄橋と漢江人道橋、広津橋が徹底的に破壊されました。1950 年 6 月、北の朝鮮人民軍が一方的に南下を開始、ソウル撤退を余儀なくされた韓国軍は 6 月 28 日に漢江に架けられていた 3 つの橋を爆破して、北朝鮮軍の進路を阻もうとします。漢江人道橋も人為的な爆破によって 3 連のアーチが落とされましたが、この時、橋を渡って避難しようとしていた人達に多くの犠牲者が出たと伝えられています。

ソウルが韓国軍によって奪還されると、ただちに臨時の鉄橋が架けられると同時に A、B 線の復旧工事が始められ、1952 年 7 月には完成しました。そして C 線の復旧が完成したのは 1957 年のことです。

A、B 線の本格的復旧を後押ししたのが対日請求権第一次借款でした。その資金で 1967 年に着工され、1969 年 6 月に完成しました。この時、単純平行弦ワーレントラスが架けられ、今日の姿になりました。そして、

1994年にはA線とC線の間にD線が新たに架けられ、現在の漢江鉄橋（写真−1：p.12）が完成します。植民地時代や朝鮮戦争の苦難を乗り越えて韓国国民の手に戻った漢江鉄橋の歴史を顕彰するため、A、B、C線が2006年に近代文化遺産として登録され、保存がはかられています。

また、広津橋が1952年に米軍の手で応急的に復旧され、漢江人道橋の方は9月28日の国連軍によるソウル奪還後、ただちに1車線だけを仮復旧して車両通行が再開されましたが、本格的な復旧は遅れ、1958年5月にようやく元の姿を取り戻しています。

漢江の奇蹟の始まり

戦争によって経済的な発展が阻まれていた韓国は1960年代に入って目覚ましい経済発展を遂げることになります。人口が1千万人を超え、漢江の北側にしか都市形成がなかったソウルでは、南側の地域の都市開発が一気に進み、南北を結ぶ橋の建設が不可欠になりました。

戦後、新しい橋が完成したのは1965年のことで、当初第2漢江橋と呼ばれた楊花（ヤンファ）大橋の完成によって韓国の橋の近代化が始まったといってもいいでしょう。楊花大橋（写真−2：p.12）は国産初の長大橋といえる橋で、橋長が1,048m、幅員は17m、上部工には3径間連続の鋼鈑桁やRC箱桁が適用されました。その後、1982年に上流側に新しい橋（橋長1,053m、幅員16.1m）が架設され、幅員はほぼ2倍になりました。さらに、新旧の橋は補強工事が行われ、2002年に完了しています。

1970年代に入ると新しい橋が次々と完成していきました。70年代前半には、漢南（ハンナム）大橋（1970年）、麻浦（マポ）大橋（1970年）、蚕室（チャムシル）大橋（1972年）、永東（ヨンドン）大橋（1973年）が完成、後半には千戸（チョンホ）大橋（1976年）、幸州（ヘンジュ）大橋（1978年）、聖水（ソンス）大橋（1979年）、蚕室鉄橋（1979年）などが毎年のように完成します。

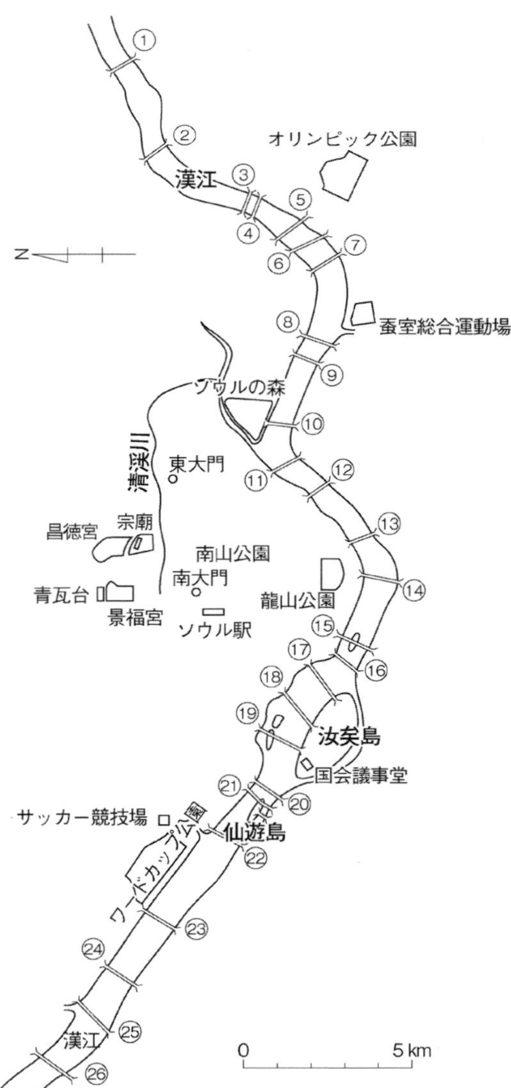

番号	橋　名	完成年
①	江東(カンドン)大橋	1991
②	九里岩寺(クリアムサ)大橋	2014
③	広津(クァンジン) 橋	2003
④	千戸(チョンホ)大橋	1976
⑤	オリンピック大橋	1990
⑥	蚕室(チャムシル)鉄橋	1979
⑦	蚕室(チャムシル)大橋	1972
⑧	清潭(チョンダム)大橋	2001
⑨	永東(ヨンドン)大橋	1973
⑩	聖水(ソンス)大橋	1979 (1997復旧)
⑪	東湖(ドンゴ)大橋	1985
⑫	漢南(ハンナム)大橋	1970 (2001拡幅)
⑬	盤浦(バンポ)大橋	1982
	潜水(チャムス)橋	1976
⑭	銅雀(トンジャク)大橋	1984
⑮	漢江(ハンガン)大橋	1936 (1958復旧, 1982拡幅)
⑯	漢江(ハンガン)鉄橋 A	1900 (1952復旧)
	漢江(ハンガン)鉄橋 B	1912 (1969復旧)
	漢江(ハンガン)鉄橋 C	1944
	漢江(ハンガン)鉄橋 D	1994
⑰	元暁(ウォニョ)大橋	1981
⑱	麻浦(マポ)大橋	1970 (後拡幅)
⑲	西江(ソガン)大橋	1999
⑳	堂山(タンサン)鉄橋	1983 (1986修復)
㉑	楊花(ヤンファ)大橋	1965 (1982拡幅)
㉒	城山(ソンサン)大橋	1980
㉓	加陽(カヤン)大橋	2002
㉔	麻谷(マゴク)鉄橋	2010
㉕	傍花(バンファ)大橋	2000
㉖	新幸州(シネンジュ)大橋	1995

ソウル・漢江の橋地図

漢南大橋

漢南大橋は漢江では第4番目の道路橋で、橋長970m、幅員27m（6車線、両側歩道）の規模を持っていましたが、やがて交通容量不足となり、下流側に同規模の新橋が2001年に架けられ、12車線をもつ幹線道路となりました。

同じ年に開通した麻浦大橋は1968年から始まった漢江開発計画の中核事業のひとつとして進められ、汝矣島（ヨイド）の都市開発を促進する足掛りをつくりました。全長1,400m、幅員25m（6車線）の広い橋でしたが、後に全面的に拡幅されました。

つづく蚕室大橋と永東大橋を含めて、1970年代前半に架けられた橋は、いずれも25mほどの幅員を持っており、主要部には支間長40～50mの鋼プレートガーダーが適用されています。これらは漢江の奇蹟の先駆けとなるもので、韓国の橋梁技術の揺籃期の作といってもいいでしょう。

また、朝鮮戦争中に漢江を渡る橋が途絶したという、苦い経験から、復旧し易い橋として潜水橋（写真–3：p.12）が企画され、1976年に完成しました。現在、盤浦大橋の下に位置する橋は、橋長795m、幅員は18mで、スパン15mの簡易なRCスラブが連ねられ、船が通る区間はスパン30mの鋼床版桁を持つ昇開橋になっています。

漢江人道橋は1982年2月に8車線への拡幅が完了、1984年には漢江大橋（写真–4：p.12）と改名されました。

都市発展と架橋の拡がり

ソウルの市街地が漢江に沿って東西に拡大するのにしたがって、新しい橋が必要になりました。幅も狭く、老朽化していた広津橋のすぐ下流に千戸大橋が1976年に架けられました。全長1,150m、幅員25.6mの規模を持ち、上部工は4径間の鋼箱桁（全長400m）とスパン30mのPC桁（全長750m）より成っています。この橋は100%国内産の材料が使われた記念すべき橋であるとされています。

1974年に開業したソウルの地下鉄は、漢江鉄橋を渡り、国鉄の路線を使って水原（スウォン）や仁川への運行を始めました。その後順調に路線が拡大され、1979年には地下鉄の橋としては初めて、漢江を渡る2号線の蚕室鉄橋が架けられました。

1979年に開通した聖水大橋は、江南の新都市開発を促進する目的で、架けられました。戦後新しく架けられた漢江の橋の上部工の形式は桁橋ばかりでしたが、この橋には最大スパン120mをもつ鋼ゲルバートラスが適用されました。

1980年代はソウルにとって、目覚ましい発展が約束された10年になりました。1986年のアジア大会、そして1988年のソウルオリンピックに向けてインフラ整備が加速され、漢江にも多くの橋が架けられました。

1982年に着工されたオリンピック大路はオリンピックのメイン会場と金浦空港を結ぶ42kmにおよぶ幹線道路として漢江南岸に沿って建設され、その後ソウルの経済活動になくてはならない道路になりました。一方、漢江の北岸に沿って高速道路・江辺北路が建設され、漢江の橋は南北両岸でこのふたつの高速道路に接続するためのランプがつくられ、これらがソウルの陸上交通路の背骨とろっ骨を兼ねたような役割をはたしています。

80年代には、城山（ソンサン）大橋（1980年）、元暁（ウォニョ）大橋（1981年）、盤浦（バンポ）大橋（1982年）、堂山（タンサン）鉄橋（1983年）、銅雀（トンジャク）大橋（1984年）、東湖（ドンゴ）大橋（1985年）が完成しました。

城山大橋（写真–5：p.12）は、ソウル中心部から南西方面へ向かう交通を処理する目的で、楊花大橋の下流側に建設され、橋の両側で高速道路とフルランプで接続されています。上部工の形式は桁高を大きく変化させた鋼トラスですが、側面に三日月型の飾りを加え、リズミカルな景観を創り出そうとしています。

元暁大橋は都市計画道路の一環となる橋で、全長は1,470m、幅員20m（4車線＋2歩道）の規模を持っています。橋の工事費を施工者が負担し、当初は有料橋として運用されましたが、市民の反発が強く、3年後には市へ献納されることになりました。

銅雀大橋（写真–6：p.12）、東湖大橋は、中央に地下鉄の専用橋、両側に道路橋が併設された複合橋になっています。銅雀大橋の河川上部分はスパン80mが12連よりなり、鉄道橋にはランガー桁が、道路橋には鋼床版箱桁が用いられています。

1990年に完成したオリンピック大橋（写真–7：p.12）

東湖大橋

は、1988年のソウルオリンピックを記念して架けられた象徴性の高い橋ですが、事故のため開催時には間に合いませんでした。橋の全長は1,470m、幅員は30m、設計に先立ってデザインの懸賞募集が行われ、中央部に4本の柱で支えられた径間長約150mの2径間連続のPC斜張橋が採用されました。塔の4本の柱は、宇宙の根源を象徴する年、月、日、時と春夏秋冬、東西南北を表し、24本のケーブルは24回目、88本のケーブルは88年のオリンピックを記念するものと説明されています。

80年代に架けられた橋は、それ以前の橋と比べて、スパンも拡大され、さまざまな形式が適用されて漢江の橋の景観はずいぶん多様になったといえるでしょう。

急速な発展の陥穽と再出発

1991年にはソウル外環状高速道路の一環となる江東（カンドン）大橋が開通しましたが、1990年代にはこれまで順調に進められてきた漢江の橋の建設を根本的に見直すきっかけになった重大な事故を経験することになりました。

1994年10月、建設中の新幸州（シネンジュ）大橋が崩壊しました。中央部の320mが3径間の斜張橋として設計され、工事も終盤に差し掛かっていましたが、補剛桁のPC箱桁部が突然崩れ、塔も折れて傾きました。設計、施工が一から見直され、PC桁を鋼合成桁に変更して主塔の負担を減らし、1995年に完成しています。

1994年10月に起きた聖水大橋の落橋事故は国内外に大きな衝撃を与えました。橋の中央部、ゲルバートラスの48mの吊桁部が落下、通行中のバスや乗用車が川へ転落して、35人もの犠牲者を出す大惨事になりました。主な原因は鋼製トラスから吊桁を吊っていた吊り材の溶接不良であるとされましたが、この他にも手抜き工事が見つかり、日常の維持管理や点検の不備も指摘され、施工業者はもちろん、管理者への信頼も大きく揺らぐことになりました。

これらの事故をきっかけにして、1995年度には公共施設の安全管理に関する法令が整備され、既設の橋も安全点検が行われましたが、1983年に完成した堂山鉄橋では、安全上問題があることがわかり、地下鉄の運行を中止して、足掛け3年をかけて工事がやり直されています。この他の橋でも大規模の補強工事が行われました。

復旧後の聖水大橋（写真–8：p.12）は外見的には旧橋に似たトラス橋になっていますが、各部の安全性は高められ、外部機関による工事現場の安全チェックも行われ、約3年の工事の末、1997年に通行が再開されました。

90年代後半には新設の橋は途切れることになりましたが、2000年代前後になると、西江（ソガン）大橋（1999年）、傍花（バンファ）大橋（2000年）、清潭（チョンダム）大橋（2001年）、加陽（カヤン）大橋（2002年）などの新橋が完成、広津橋の架け換え工事も2003年に完了しています。

西江大橋は北側の新村と汝矣島を結ぶ橋ですが、渡り鳥の飛来地のバムソムを越えることになるため、議論をよびました。島の北側にスパン150mのニールセンローゼ型のアーチが用いられています。

広津橋

西江大橋

傍花大橋

ソウルと仁川空港を結ぶ高速道路の一環となる傍花大橋は民間資本を導入して建設された初めての橋です。全長が 2,560m、6 車線をもつ長大橋で、川の中央部に採用された長さ 540m、センタースパン 180m のブレースドリブバランスドアーチが印象的です。

清潭大橋は二階橋で、上層は幅員 27m の自動車専用道路橋、下層は地下鉄 7 号線の鉄道橋になっています。川の中央の 6 径間の径間長は 80m ですが、上層の鋼桁がＶ字型の柱によって支えられたラーメン構造になっています。

清潭大橋

加陽大橋

加陽大橋は全長 1,700m で、中央部に最大スパン 180m の 3 径間連続の鋼床版箱桁が用いられていますが、これは韓国内では最大の桁橋です。

90 年代末から 2000 年代に新設された橋は、韓国橋梁技術の実験場となった感があります。漢江には多様な形式の橋が架けられ、2002 年を機に多くの橋にはライトアップがなされ、夜の景観を楽しめるようになりました。

ただ、漢江の橋を間近に見るために町側から近づくのがとても難しく、両岸の高速道路をくぐって川辺に接近する通路は少なく、極めてわかりにくいのです。交通の利便性のために失ったものも大きいように感じます。

参考文献

1) http://search.naver.com/search.naver?where=nexearch&query=%C7%D1%B0%AD%B1%B3%B7%AE&sm=top_hty&fbm=1&x=28&y=20
2) http://kin.naver.com/detail/detail.php?d1id=8&dir_id=814&docid=3229676&qb=x9GwrbGzt64
3) 『京城府史第 1 巻』pp.676 ～ 682、昭和 9 年 3 月
4) 『土木建築工事画報』第 3 巻 7 月号 pp.5 ～ 7、昭和 2 年 7 月
5) 国島正彦「韓国ソウル聖水大橋の崩落事故」http://www.sozogaku.com/fkd/hf/HD0000144.pdf
6) 姜在彦『ソウル』1998 年 11 月
7) https://namu.wiki/w/%EB%B6%84%EB%A5%98:%ED%95%9C%EA%B0%95%EC%9D%98%20%EA%B5%90%EB%9F%89

5　19 世紀と 21 世紀が共存——シンガポール川の橋

シンガポールの始まりと架橋

シンガポールの都市としての歴史は、イギリス東インド会社の社員であった T.S. ラッフルズの一行がシンガポール川の河口部に上陸した 1819 年 1 月 28 日から始まるとされています。

その後、島の領有権を得たイギリスは、自由貿易港としての整備を目指し、シンガポール川の河口付近に都市開発のマスタープランを作り、実行に移しました。マレー人の小さな漁村があったに過ぎなかったシンガポールは急速に都市化が進展しました。そして、都市建設の労働力としてマレー人、インド人、ブギス人、多くの中国人などさまざまな民族がやってきて、今日の多民族国家の基がつくられました。

シンガポール川を挟んで、北側には植民地政府の官庁街とヨーロッパ人居住区を、南側には商業地区を設定して、その周辺に各民族別の居住区が指定されました。

シンガポールはシンガポール川の河口部を核として発展していくことになりましたが、当然両岸を行き来する交通手段が必要になります。1819 年に作られたとする地図にシンガポール川に‘The Great Bridge’という橋が描かれていますが、確かな裏付けはなさそうです。

記録上ほぼ確実なのは、現在のエルギン橋のあたりに木製の跳ね橋が 1822 年に架けられたのが最初のようです。エルギン橋の通りは、北側が‘North Bridge Road’、南側が‘South Bridge Road’と呼ばれていますが、この通りが古い都市計画の軸として設定されていたことを示しています。

この跳ね橋は狭く、脆弱な造りで、急激に増加した通行には不便であったために、1843 年には木製の歩道橋に架け換えられました。その少し前の 1840 年には少し上流部に、9 つのレンガアーチから成る橋が架けられ、設計者の建築家 G.D. コールマンの名を取ってコールマン橋と名付けられました。一般にはニューブリッジと呼ばれ、それが現在も通りの名前として残されています。

シンガポール川は物資輸送路として重要でしたから、陸上輸送のための橋の架設は、橋の高さやスパンなどを含め、双方のバランスを勘案して実行されたのでしょう。

最初の橋は、1862 年に鉄橋に架け換えられ、同時のインド総督の名前を取ってエルギン橋と名付けられました。当時の写真を見ますと 1 径間の下路式のラチス桁が使われたようです。コールマン橋も 1865 年に鉄橋になり、この頃にシンガポール川の橋の近代化が実現したことになります。

19 世紀後半になると、東南アジア地域はヨーロッパ諸国の植民地経営によって農業生産が拡大したため、シンガポールの自由貿易港としての意義が高まり、イギリスは 1858 年にこの地を東インド会社から国のインド省が直接統治することにし、1867 年からは植民地省の管轄下の直轄植民地としました。その頃のシンガポールの人口は 10 万人を越え、都市開発も大いに進展します。

1869 年には河口部にカヴェナ橋（写真–1：p.13）が架けられました。この橋が原型を留めているシンガポール最古の橋です。外観上は吊橋に見えますが、両岸の塔から 2 本のケーブルが張り出され、両側に配置された桁に連結されており、斜張橋の形態を併せ持った構造になっています。ケーブルはピンで結合された細長い鉄板で構成されています。ケーブルに支えられた桁のスパンは約 61m、ケーブル碇着部間の長さは約 79m、幅員は約 9.5m になっています。この吊橋は、高欄部にはめ込まれた銘板からイギリス・グラスゴーの P&W Maclellan Engineer 社によって 1868 年に製作されたことがわかります。

橋は自重の 4 倍までの荷重に耐えられるように設計されていましたが、増加する交通量を制限せざるを得なくなり、およそ 150kg を超える車や牛馬の通行を制限することになりました。それを通告する標識が現在も橋の両側に立っています。

カヴェナ橋の製作板

都市の拡大と架橋の増加

19 世紀後半にはシンガポール川をさかのぼった流域の開発が進みます。川が蛇行し、湿地帯や島状になっていた土地を埋め立て、河道を整備して船着場が整備されますと、沿岸には倉庫や工場などが建てられていきました。

同時に道路整備にともなって新しい橋も次々と架けられました。1886 年にはオード橋（写真–2：p.13）、1889 年にはリード橋、1890 年にはプラウ・サイゴン橋が、いずれも鉄橋で完成しています。

オード橋は建設当時イギリスの海峡植民地の知事であったS. オードにちなんで名付けられましたが、それ以前からオードナンス橋と呼ばれた橋があり、それを簡略化した名前でもありました。橋の形式は下路式のトラス橋で、ほぼ原形を留めていると考えられます。

リード橋は当時政財界で活躍した商人W.H.M. リードの名前から命名されました。古い写真を見ますと、2径間で、主構造はポニー型のボーストリングトラスであったようですが、現在は下路式の桁橋のように見えます。リード橋もオード橋とともに現在は歩行者専用の橋となっており、保存対象になっていますから少なくとも主桁は元の状態が保たれているのでしょう。

プラウ・サイゴン橋は現在のクレメンソー橋のすぐ上流部に架けられました。当時この部分にあった川中の島の名前が橋名になりました。形式は1径間の下路式のポニー型のボーストリングトラスでした。この橋は

リード橋

1989年に中央高速道路の建設の邪魔になるため撤去されましたが、上流部のサイブー通りの橋としてその名前が復活されています。

公共ゾーンと商業ゾーンを結ぶカヴェナ橋の耐荷力不足と交通への容量不足を解消するため、1910年にアンダーソン橋（写真–3：p.13）が架けられました。橋長は約70m、主構造はプラット型の曲弦トラス3列よりなっており、その上弦材がアーチ状の横材で結ばれているのが特徴です。また橋端には石造りの大きな橋門構が据えられており、橋の重厚なデザインを強調しています。

交通量の増加にともなって川を横切る幹線道路が整備され、1920年にはクレメンソー橋が新しく架けられました。コンクリートの桁橋で、シンガポール川の橋では最も簡素なデザインです。完成時、この地を訪問していたフランスの首相から名前をもらって通りと橋の名前が付けられました。

エルギン橋（写真–4：p.13）が現在の姿になったのは1929年のことです。橋長はおよそ46mで、3列のコンクリートアーチで支えられた白い橋の姿は、ボートキー

シンガポール川の橋地図

番号	橋　名	完成年
①	キムセン橋	1954
②	ジャックキム橋	1999
③	ロバートソン橋	2000
④	プラウ·サイゴン橋	1997
⑤	アルカフ橋	1999
⑥	クレメンソー橋	1920
⑦	オード橋	1886
⑧	リード橋	1889
⑨	コールマン橋	1990
⑩	エルギン橋	1929
⑪	カヴェナ橋	1869
⑫	アンダーソン橋	1910
⑬	エスプラネード橋	1997
⑭	ヘリックス橋	2010
⑮	マリーナベイフロント橋	2009
⑯	ベンジャミン·シェアーズ橋	1981
－	タンジョン·ルウ吊橋	1998
－	ヘンダーソン·ウェーブ	2008

の風景になじんでいます。アーチ端部の台座の上に建てられた鋳鉄製の照明灯はイタリア人彫刻家のデザインによるものです。

川のクリーンアップ作戦と斬新な橋

1930 年以降、1965 年の都市国家としての独立までの間は、日本による占領時代も含めて政治的苦難の時代が続いたため、橋に関してみると、目立ったニュースはありません。おそらく本格的なインフラ整備は停滞していたのでしょう。

1 国として生きる覚悟を決めたシンガポールは、強力な政治的リーダーシップのもとに工業化と貿易港の整備、住環境の改善に力を注ぎます。その後、金融、貿易立国を目指し、目覚ましい発展を遂げます。さらに観光の分野でも成功を収めていきます。

シンガポール川の沿岸は河口部の一部を除くと、倉庫、工場、周辺の粗末な住宅が立ち並び、それらを対象にした飲食店、屋台などが無秩序に営業しており、川には、はしけや団平船のような運搬船がひしめき合っていて、活気に溢れていましたが、アメニティーに乏しく、非衛生な場所でした。

政府の強い指導によってシンガポール川とカラン湾のクリーンアップ作戦が 1977 年に開始され、約 10 年で沿岸の環境は一変することになりました。この計画では、単に川の水質を改善させるだけではなく、川に沿った波止場の機能の全面移転、工場の集団移転、新規住宅建設とスラムの解消、無秩序な露店の禁止と集約化、下水の整備とダムによる水位と水質のコントロールなどが総合的に行われました。

こうしてシンガポール川沿岸には倉庫群を改造したレストラン街、エンターテイメントスポットなどが誕生し、新しい商業ゾーン、観光施設、文化施設、清潔な住宅地などに変身を遂げることになりました。

シンガポール川は、公式的にはキムセン橋より下流を指し、川の全長は 3.2km に過ぎません。沿岸は上流からロバートソンキー、クラークキー、ボートキーと呼ばれる 3 つのゾーンに分けられ、それぞれに異なる雰囲気を持っています。

川のクリーンアップの後、ここに架かる橋は 1990 年以降に半数ほどが架け換え、新設されました。現在キムセン橋を含めてそれより下流には 13 橋がありますが、うち 7 橋が車道橋です。このうちのコールマン橋が 3 径間のコンクリート桁橋に架け換えられましたが、高欄と照明灯はそのまま使われています。

ベイエリアの交通路を強化するため、最下流部にエスプラネード橋（写真−5：p.13）が 1997 年に新しく架けられました。橋長は約 260m、コンクリートアーチが 7 径間連ねられていますが、アーチ側面が斜めの壁のようになっていて、微妙な陰影を生み出しています。橋上の歩車道境界には大きな植桝が設けられ、ブーゲンビリアの花が歩行者の目を楽しませてくれています。

コールマン橋

歩道橋では上流部のロバートソンキーに 3 つの橋が新しく架けられました。ジャックキム橋（1999 年）とロバートソン橋（2000 年）（写真−6：p.13）はともにニールセン型のアーチ橋ですが、構面が倒れていたり、アーチ形が非対称であるなど特異な形状になっています。

アルカフ橋（1999 年）（写真−7：p.13）は、アーチを逆さにして両側の支柱で支えた形状もさることながら、極彩色の塗装が人目を惹きます。塗装のデザインはフィリピンの女性アーチスト、パチータ・アバドに任され、2004 年にでき上がりました。商業施設やホテルなどと住宅地の複合を目指したこの地域の再開発を象徴した芸術橋であるといえるでしょう。

このようにシンガポール川の橋梁群は、19 世紀後半から 20 世紀初に架けられた橋を保存活用する一方、1990 年代以降に架けられた斬新なデザインの橋が共存し、再開発が進められた水辺空間を彩っています。

ジャックキム橋

マリーナベイの新しい橋

シンガポール川の東側一帯には広大な埋立地と水面が生み出されています。そこでは野心的な都市開発が進められています。シンガポール川からマリーナベイとカラン湾は2008年に完成したマリーナ水門によって水位と水質がコントロールされ、貴重な水面がつくられました。

埋立地では新しい住宅、スポーツ施設、劇場、ギャラリー、ホテル、ショッピングセンター、種々の観光施設が配置され、内外の人々を引きつけています。

その土地の軸となり、ビジネスセンターのシェントンウェイとチャンギ空港を直結する高速道路が1981年に完成しましたが、マリーナベイを渡る部分は、当時の大統領の名前を取ってベンジャミン・シェアーズ橋と名付けられています。延長は1,855mあり、V字型の橋脚に支えられたPC橋が連ねられています。

北側のマリーナスクェア地区と南側のマリーナベイサンズを結ぶ車道橋、マリーナベイフロント橋が2009年に架けられ、2010年には歩道橋、ヘリックス橋（写真-8：p.13）が完成しました。

ベイフロント橋は橋長が約300m、6車線と両側歩道を持っており、上部工は5径間のPC橋です。ヘリックス橋の上部工は名前の通り、左、右廻りのふたつのらせん構造を結び付けた、非常に斬新な構造で、そのデザインはDNAの分子構造からイメージを得たと説明されています。ほとんどの部材にステンレススチールが使われていることも特筆すべきことです。全長は280mで、平面的にも湾曲していて、中央でベイフロント橋の歩道と行き来ができるようになっています。また4カ所の橋脚部にはバルコニーが設けられていて、マリーナベイの風景を一望できるようになっています。

らせんの外側にはLEDによる色が変化するイルミネーションが付けられています。夜、ベイサンズでは建物の壁面をスクリーンにした光のショーも行われており、大勢の人々を集めています。マリーナベイ地区では水辺をネットワークするプロムナードの整備も進んでおり、ヘリックス橋は昼夜を分かたずシンガポールのベイエリア観光の節点になっていくことでしょう。

この他にもシンガポールの中心部ではユニークなデザインの歩道橋を見ることができます。カラン湾には、北側のスポーツ施設と南側の新しい住宅地を結んでタンジョン・ルウ吊橋が1998年に架けられました。橋長は130m、幅員4mで、3径間の斜めハンガーの吊橋です。両側の塔が外側へ傾いているのが特徴ですが、構造的効果のほどは定かではありません。

また、シンガポールの港湾地域を見渡せる位置に小高い丘が連なっていますが、その尾根筋を結ぶサザン・リッジ遊歩道が整備されており、切通しの道路の上にヘンダーソン・ウェーブやアレキサンドラアーチという歩道橋が架けられています。前者は2008年に完成、道路上36mの高さを長さ274mで越えており、ウッドデッキの通路の横に大きくうねるように飾りが付けられていて、その下にはベンチが設けられています。

タンジョン・ルウ吊橋

ヘンダーソン・ウェーブ

シンガポールは面積700km^{2}の小さな島国ながら、この200年間で人口380万人、滞在外国人を含めると520万人が活動する大都市に成長し、東南アジアの経済を牽引する地位を確固たるものにしています。そこで展開されるインフラ整備には今後とも注目する必要があるでしょう。

参考文献

1） 岩崎育夫『アジア二都物語』2007年11月
2） http://en.wikipedia.org/wiki/List_of_bridges_in_Singapore
3） http://www.asiaexplorers.com/singapore/bridges.htm
4） http://www.archdaily.com/185400/helix-bridge-cox-architecture-with-architects-61/

6　小さな楽園の橋——エスファハーン・ザーヤンデ川の橋

エスファハーンは世界の半分

イランには「エスファハーンは世界の半分」という言葉があるそうです。エスファハーンは16世紀末にサファヴィー朝の首都となって以来、エマーム広場のような広い共用空間が整備され、その時代に建設された壮麗な宮殿やモスクなどの多彩な建築群が今も残り、それらを称えた言葉だと思われますが、この町の美しさには町の中心部を流れるザーヤンデ川の豊かな水や緑とそこに架けられた橋が織り成す美しい風景が寄与していることはまちがいないでしょう。

ザーヤンデ川は4,000m級の山々が連なるザグロス山脈の一画に発して、ほぼ南東方向に流れて盆地の湿地に消えていく全長約400kmの川ですが、この川の水がエスファハーンに大きな恵みをもたらしています。ただ、近年は水量が減って枯れ川になることがあるようです。

現在、エスファハーン市域には11本の橋が架かっていますが、それらのうち5本が17世紀以前にさかのぼる古い歴史を持っています。いずれも石橋で、ザーヤンデ川の水理機構と深い関わりを持つ構造になっています。

シャフレスターン橋（写真-1：p.14）

これらの橋の中で最も古い歴史を持つのが、市街地の東端に位置するシャフレスターン橋で、その起源はササン朝（3世紀前半～7世紀中頃）にまでさかのぼるとされ、セルジュク朝やサファヴィー朝時代にも修復されたと伝えられています。

橋長は100m強、幅員約5mの規模を持ち、主構は幅の広い積石の橋脚に支えられた13の尖頭アーチによって構成されています。それぞれのアーチは、幅の広いレンガを縦方向に2段に積んで造られています。

橋脚の総幅は川幅の1/3から1/4ほどになっているように見えます。流水幅を補うために8基の橋脚の上にアーチ状の水抜き穴がつくられており、水位が上がるとそこからも水が流下するようになっています。

この橋を一目見てわかるように、上流側へかなり湾曲して造られています。文献[1)]には、この橋の特徴は、縦断方向だけではなく、水平方向にもパラボラ曲線が入れられていることであると説明されています。その理由として、単位面積あたりの水圧が減少することと単純梁への荷重とは反対方向に予め曲げを与えておく効果を

番号	橋　名	完成年
①	ヴァヒド橋	1976
②	マルナン橋	17c前半
③	フェレッチ橋	1950s
④	アザー橋	1976
⑤	スィ･オ･セ橋 (アラーヴェルディ･カーン橋)	16c末
⑥	フェルドウスィ橋	1980s
⑦	ジューイー橋	1654
⑧	ハージュ橋	1655
⑨	ボゾルメー橋	1970s
⑩	ガディア橋	2000
⑪	シャフレスターン橋	3c～7c？(11c修復)

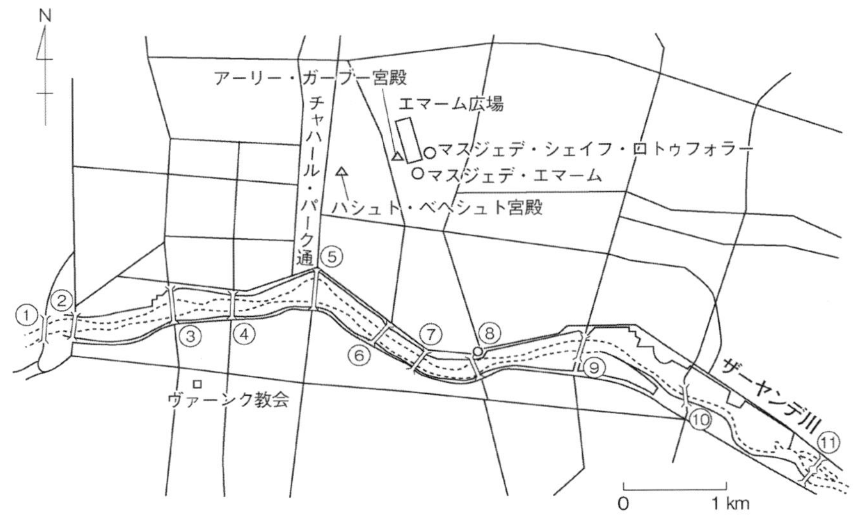

エスファハーン・ザーヤンデ川の橋地図

狙ったものであると説明されていますが、どれほどの効果があるのかはわかりません。

曲面に水圧がかかると橋軸方向に軸力が加わりますからアーチ効果が生じて小さなレンガを積んだ構造体が安定する効果が少しは生まれているかも知れません。その分、両端の橋台と堤防に水平力が加わることになります。左岸すなわち北側の橋台部に設けられたレンガ造りの建物がその重量によって橋台の安定に一定の役割を果たしているといえるでしょう。このアルコーブをもった建物は、王が祭り見物をする場所であり、キャラバンから通行税を徴収する施設としても使われたようです。

現在では川の本流が南側に変わっているため、ほとんど流れのない池の中に、近年、文化財としての修理を施された姿を横たえています。

マルナン橋（写真-2：p.14）

市街地の西端に近いマルナン橋も同じようなアーチの配列になっています。粘土と石灰で固められた石積の橋脚は流水圧を緩和するために楕円形になっていますが、その断面積が大きいため、上下流で数十 cm の塞き上げ効果が見られます。橋の全長は 186m で、橋の平面は直線になっていて、幅員は 5m 足らずです。

平常時の流水路 17 カ所は、レンガ積の尖頭アーチが跨ぎ、橋脚上の流水孔 14 カ所は上心アーチで支えられています。アーチはレンガの長短の小口を交互に数段ずつ積んで、レンガどうしのかみ合わせがよくなるように工夫されています。アーチの様式について、シャフレスターン橋の方はササン朝時代の様式で、この橋はサファヴィー朝時代の様式であるとしている文献もありますが、具体的な違いは分かりかねます。

マルナン橋の創建年は分かりませんが、アルメニアの行政官であったハージ・サルファラズが再建したと伝えられており、工事は 1636 年直後に始められたようです。

橋脚の幅は大きく、河積阻害率が大きくなっていますが、橋の数 m 下流に高さ 3m ほどの堰が設けられていて、橋から上流へは大量の水が貯留されているため橋の下の流速は緩和されています。堰と橋は一体で計画されたと考えられます。

スィ・オ・セ橋（写真-3、4：p.14）

5 つの石橋の中で最も長いのがスィ・オ・セ橋です。スィ・オ・セとは数字の 33 の意味で、川の流れを跨ぐアーチが 33 あることから橋の名が生まれました。33 という数字に関しては、宗教的な意味からいくつかの解釈がなされていますが、定説はなさそうです。

完成したのはサファヴィー朝のアッバス 1 世の時代、16 世紀末とされ、建設を推進した当時の大臣を顕彰した橋名ももっています。橋長はおよそ 300m で、川の最も広い箇所に架けられています。橋は一般的には経済的に有利な川幅の狭い所に架けられることが多いのですが、ここでは特別の理由があるようです。

スィ・オ・セ橋　上層階歩道部

この橋を挟んで、南北に伸びるチャハール・バーグ通はエスファハーンのメインストリートであるため、あえてこの場所に架けられたとも考えられます。またこの場所は川幅が広く、水深が浅いため市街地の中心部に市民の憩の場をつくることが容易であったためであるとも説明されています。確かに、この場所は市街の中心部をつなぐところで、朝から夜まで人通りが絶えず、また夏の夕刻には涼を求める人達が大勢、この橋の上や河岸に集まってひと時を過ごしています。

橋の幅は 15m ほどもあり、上層階中央の通路は、両側が 10cm ほど高くなっていて、かつては歩車道が分離されていたのかも知れません。現在は床版の補強などによって橋面が高くなって、両岸に階段があり、車止めもなされていて、人しか通れないようになっています。

中央の通路の両側には高さ 3m 強の壁があって、通行者を強い日差しや風雨から守っています。その両側、すなわち橋の両縁には、幅 2.5m 程、奥行 1m 弱のアーチで支えられた小部屋が連ねられていて、川面が眺められるバルコニーが作られています。その数は 1 径間に 3 つずつとして、片側およそ 100 にもなります。そこへ出入りする入口は 4、5 カ所にひとつしかなく、各小部屋へはそこから横へ移動しなければなりません。

バルコニーは、通路面より少し低くなっているのと外側に手摺がないため、少々危険を感じて風景を楽しむ余裕は持てませんでした。この小さなアーチの連続は主として景観上のバランスを意識して設けられたのかも知れません。

橋の上部構造にはレンガが用いられ、橋軸方向も尖頭アーチが連ねられていて、水路部のアーチと交差する部分はヴォールトが形成されています。この下には伝い石が並べられていて、人が通れるようになっています。

ピアの部分を調査したところ、フーチングの下には基礎杭が打たれていたようです。河床より下はウェル構造になっていてその内側には直径 1m ほどの陶製のパイプが並べられ、回りには石のブロックが粘土や石灰で固められていると報告されています。

橋の下流には低い堰が設けられていて、橋の部分で流れが緩やかになるようになっています。橋の下層部にはいくつかの小部屋があって、そのいくつかは現在、チャイハネ、すなわち喫茶店として使われています。

橋は朝日や夕日を浴びるとまさに黄金色に輝いて見えます。近年はライトアップもなされ、その風景を楽しむ大勢の市民で賑わいを見せています。

ハージュ橋（写真−5、6：p.14）

ハージュ橋はエスファハーンの橋の華といってもいいでしょう。人を対岸へ渡すという機能の他にもダムで湖をつくり、美しい装飾を施された建築であり、川の上に憩の場を提供しています。完成したのは 1655 年、アッバス 2 世の時代ですが、この時代の水理構造物の傑作であるともいえるでしょう。

全長は 133m で、21 の流水路がありますが、橋脚にあたる部分が非常に大きく、平常時の流水幅は 1/3 ほどしかありません。水位が上がると、その上を水が流れるようになっています。橋脚の上流側は三角形になっていて、水流を和らげ、下流側は階段状につくられていて、水圧への抵抗力を大きくする形になっています。この間に堰板がはめ込まれて上流側の水位が調整されますが、最大で 2.5m の水位差が生じるように設計されています。

流水路の上には板が張られていて、人が通行できるようになっており、昼間は橋の見学に訪れた観光客が歩き、夕暮れ時には大勢の地元の人が涼を求めてそぞろ歩きを楽しんでいます。そして下流側の石段には多くの人が腰を下ろして川面を眺めたり、おしゃべりをしたりして過ごしています。この石段にはざっと 500 人が座れるということです。

流水路には特別の仕掛けがあるようです。溝の幅は大半が 3.9m になっていますが、部分的に 2.6m や 3.3m と変化が付けられています。これは流れの速度を変えることによって堰板に発生する共振を避けるためであると説明されています。また中央の最も水流が速くなる流水路の下流側の口に角度が付けられていて、ここを出る流れが近傍の流水口から出る水流に干渉して、流れのエネルギーを減少させるように工夫されています。

こうして上流側に貯留された水によって市域の地下水位を保ち、地下貯留を確保していますが、おそらく上流側のどこかで取水され、市域に張り巡らされた水路に配水されているはずです。

ハージュ橋の上層部は人道橋として南北市街地を結ぶ重要な役割を果たしています。壁によって通行者を強い日差しや風雨から守るようになっていて、その外側には小さく区画されたバルコニーがつくられています。

橋の中央には大きなアルコーブがあって、昔は王や貴族が憩いのひと時を過ごしたようです。その部屋の壁や天井には花や幾何学模様の細密な装飾があり、上層、下層のアーチのスパンドレルの部分は多色のタイルで飾られていて人々の目を楽しませてくれます。

この橋の両側には奇妙な形のライオンの石像があります。口の中には武人の顔が彫られており、体や脚には鍛錬器具や武器のレリーフがありますが、この石像は武人の墓としてつくられたようです。

ハージュ橋　中央部アルコーブ

ハージュ橋　バルコニー入口

ハージュ橋　橋詰ライオン像

フェルドウスィ橋

ジューイー橋（写真−7：p.14）

ハージュ橋のすぐ上流に架かるジューイー橋は、地元ではチュービー橋とも呼ばれていますが、木の橋という意味のようです。

この橋の完成は、やはりサファヴィー朝時代の1654年とされ、全くプライベートな橋として両岸のいくつかの宮殿を結ぶための橋であったようです。そのため幅員は4.1mと狭く、橋長は146mで、21径間のアーチからなっています。

橋の中間に2カ所のアルコーブがあり、構造的には橋の安定に寄与しているようですが、かつては賓客を花火やボート遊びでもてなす王族のプライベート空間でした。現在はチャイハネとなっていて、流れる水が身近に見える贅沢な場所として地元の人達の人気スポットになっているようです。

橋の役割

このようにエスファハーンの古い石橋は、市民に貴重な空間を提供しています。

ハージュ橋とスィ・オ・セ橋のふたつの橋では、両側の壁が強い日差しや風雨から橋上を通る人を守っていますが、加えてその外側に誰もが川面を眺めることができる小さなバルコニーがつくられているのは貴重です。

王や当時の支配階級のみに使われた特別のアルコーブもありますが、一般の市民にこのような空間が用意されていることには設計者の特別の意図を感じます。バルコニーから眺められるザーヤンデ川の風景は次々と変化し、橋を渡る人にいくつもの風景画を提供しているような効果を与えています。橋を実際に渡ってみると、新鮮な発見があることを実感します。それは予め設計者が意図したものもあるでしょうし、予想もしない結果として生まれたものであるかも知れません。

エスファハーンの橋梁群はザーヤンデ川という世界でも指折りの美しい河川公園の中に景観的なアクセントを加えていると同時に、それを利用する人々に貴重な恵みを与えています。橋とはこうあってほしいと思える優れた実例であるといえるでしょう。

そして地図に示したように、20世紀後半になってザーヤンデ川にも多くの近代橋が架けられました。しかし河川公園に大きな影響は感じられません。

参考文献

1） Mahmoud Reza Shayesteh “Esfahan−A Tiny Earthly Paradise” 2004, Naghsh−e Khorshid

7　アジアとヨーロッパを結ぶ――イスタンブールの橋

ボスポラス海峡を越える吊橋

イスタンブールは東洋と西洋の文明の十字路といわれます。今でこそ3本の吊橋によって陸続きになっていますが、ボスポラス（トルコ語ではボアジチ）海峡によって隔てられ、さらにその西側には金角湾という深い入江があって、東西交通の妨げになっていました。

この地は、330年にはローマ帝国の首都となり、コンスタンティノープルと呼ばれるようになりました。その後も東ローマ帝国の首都として千年にわたってローマ帝国の威光を守り続けました。そして、1453年以降はオスマン帝国の首都として500年にわたって繁栄することになりました。

現在のイスタンブールは、黒海とマラルマ海に囲まれた面積約5,300km^{2}の広大な地域と1,350万人の人口をもつ巨大都市になっています。

ボスポラス海峡に架橋が試みられたのは紀元前6世紀にさかのぼります。ヘロドトスの「歴史」によると、ペルシャのダリウスＩ世はスキタイを追跡して西へ軍を進めたとき、海峡に船橋を架けさせたとされています。

この海峡に本格的な橋が架けられたのは1973年10月のことです。具体的に架橋計画が進められたのは1957年からですが、その10年後にようやくイギリスの設計会社との契約が成立、現場着工は1970年のことでした。

完成した吊橋、ボスポラス橋（写真−2：p.15）は、センタースパン1,073mをもち、当時世界最大級のスパンを誇る橋で、船の通航の妨げにならないように桁下の高さは64mが確保されました。この吊橋の構造的特徴は、翼型断面の補剛桁と斜ハンガーが採用されていることです。従来の吊橋の補剛桁にはトラス桁が使われていましたが、空気力学的研究の成果によって、翼型断面の桁が有利であるとの見解が出され、イギリスのセバーン橋に次いで採用されました。

斜ハンガーにすると桁のたわみが減少する利点もありますが、大きな繰り返し荷重が作用するため、先行のセバーン橋ではハンガーケーブルの疲労破断が報告されるようになり、かなり大幅な補強工事が必要になったようです。これと同じ構造をもつボスポラス橋も交通量の増加にともなって同じ問題が発生した可能性はあります。

第2ボスポラス橋が1988年に完成しました。この橋はコンスタンティノープルを陥落させた王にちなんで、ファーティフ・スルタン・メフメット橋（写真−1：p.15）と名付けられました。センタースパンが1,090mと、第1ボスポラス橋より少し長くなっています。この橋も同じ設計会社の設計ですが、鉛直ハンガーが採用されています。なお、この橋の上部工は国際入札に勝って、IHIなど3社の日本企業のグループが落札しました。

現在、ふたつの大橋を渡る交通量は1日30万台を超えているようです。交通の特徴としては西側への通勤のための利用者が多く、午前中は西行きのレーンを増やし、午後からは東行きのレーンを多くするように効率的な車線運用がなされています。

さらに第3の海峡大橋が2016年8月に開通しました。場所は黒海に近いところで、完成によってトルコの北部開発が促進されると期待されています。鉄道道路併用で、橋長は2,164m、中央スパン長1,408m、吊橋と斜張橋の複合構造です。橋名はヤヴズ・スルタン・セリム橋と決められました。

金角湾の橋

トルコ語でハリチと呼ばれる金角湾の湾口近くに初め

ボスポラス（ボアジチ）橋

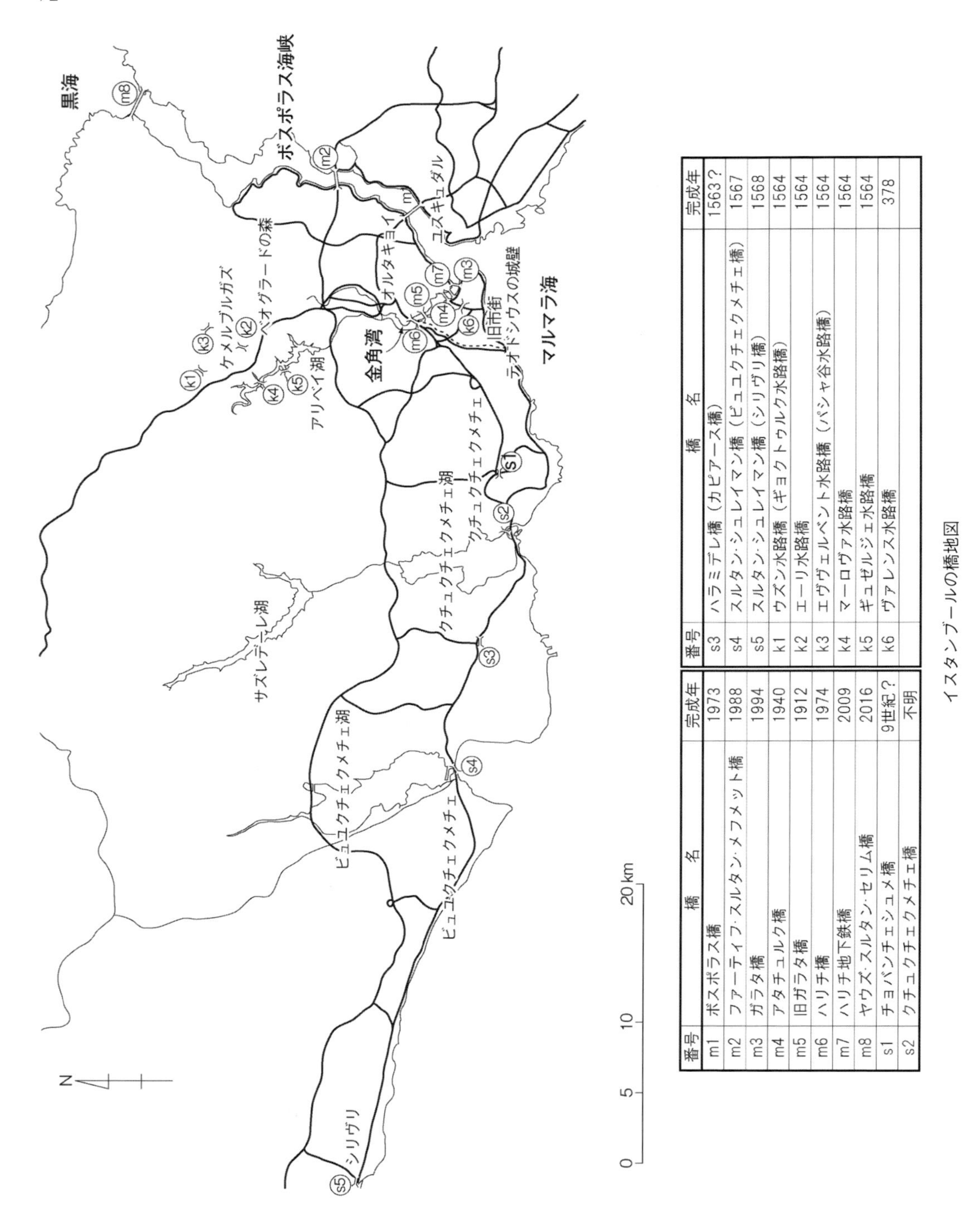

番号	橋　　名	完成年
m1	ボスポラス橋	1973
m2	ファーティフ・スルタン・メフメット橋	1988
m3	ガラタ橋	1994
m4	アタチュルク橋	1940
m5	旧ガラタ橋	1912
m6	ハリチ橋	1974
m7	ハリチ地下鉄橋	2009
m8	ヤウズ・スルタン・セリム橋	2016
s1	チョバンチェシュメ橋	9世紀？
s2	クチュクチェクメチェ橋	不明

番号	橋　　名	完成年
s3	ハラミデレ橋（カピアース橋）	1563？
s4	スルタン・シュレイマン橋（ビュユクチェクメチェ橋）	1567
s5	スルタン・シュレイマン橋（シリヴリ橋）	1568
k1	ウズン水路橋（ギョクトゥルク水路橋）	1564
k2	エーリ水路橋	1564
k3	エグヴェルベント水路橋（パシャ谷水路橋）	1564
k4	マーロヴァ水路橋	1564
k5	ギュゼルジェ水路橋	1564
k6	ヴァレンス水路橋	378

イスタンブールの橋地図

て本格的な橋が架けられたのは1836年のことでした。現在のアタチュルク橋の近くですが、橋は海軍の造船所で造られたポンツーンを並べたもので、500mを越える長さを持っていたようです。

現在のガラタ橋とほぼ同じ位置に橋が架かったのは1845年のことです。アブドゥルメジドＩ世の母后によって架けられました。橋は、母后を意味するヴァーリデ橋のほか、新橋、大橋などと呼ばれました。この橋はナポレオンⅢ世のイスタンブール訪問などを機に２番目の木橋に架け換えられています。

３番目の橋はフランスの企業によって1875年に完成されました。長さは480m、14mの幅があり、24基の鋼製のポンツーンに支えられた浮橋でした。

４番目の橋、先代の橋は1912年にドイツの会社が製作したポンツーン橋でした。長さ466m、幅25mで、中央にトラム軌道も敷設されました。ポンツーンは２

層構造になっていて、下層では商店や食堂などが営業していました。大きな船を通すときは、ポンツーンの1つを回転させて、60m強の空間が確保されました。この橋は現在、上流に繋留されて保存されています。

現在のガラタ橋は1994年に完成しました（写真–3：p.15）。長さは490m、42mの幅があり、中央にトラム軌道、3車線ずつの車道、西側に広い歩道が設けられています。橋の中央が両開きの跳ね上げ構造になっていて、80mの航路が確保できます。両側は多くの鋼管杭に支えられた固定式の構造で、2層式の下層では魚料理の店などが営業していて賑わっています。また、上の歩道上から多くの釣り人が糸を垂れていて、壮観です。

ガラタ橋から1kmほど上流にアタチュルク橋があります。この位置に初めて橋が架けられたのは前述のポンツーンの橋です。その後、ガラタ橋が架け換えられるたびにその部材を転用して架け換えられてきましたが、1936年に暴風によって損傷したため新しい橋が架けられました。それが現在の橋で、長さが477m、幅は25mで、1940年に完成しています。橋の名前はトルコ共和国創立の立役者、ケマル・アタチュルクにちなんで付けられました。中央部分が浮橋になっていて、押し船によって動かせるようになっています。船を通すためやつなぎの部分の点検や補修のために日を決めて主に深夜の数時間、車や人の通行を止めることがあります。

金角湾の最上流に架けられているのがハリチ橋です。1974年に完成し、ボスポラス橋につながるトルコで最も重要な高速道路の一部になっています。水面上22mの高さがあり、全幅は32m、両岸の丘陵部を結んでいますので全長は1,000mに達します。

アタチュルク橋の200mほど下流にハリチ地下鉄橋が架けられました。主橋梁部は長さ390mの3径間の斜張橋で、左岸側つまり北側には120mの旋回式桁橋が配され、大型船の通行時には60m強の航路が開けられるようになっています。

ケマル・アタチュルク橋（右）とハリチ地下鉄橋

ミマール・スィナンの道路橋

オスマン帝国の最盛期の16世紀に偉大な建築家、ミマール・スィナンが活躍しました。ミマールというのは建築家の意味ですから、スィナンが名前ということになります。生涯に手掛けた建造物の数は477以上に及ぶとされています。作品は宗教施設が多いのですが、橋を含めた道路、水路橋を含めた水道施設などにも多くの成果を上げています。

生年は1490年頃とされ、出身はカッパドキアのカイセリの近郊で、ギリシャ系のキリスト教徒の父親は大工と家具作りを生業としていたようです。スィナンは20歳の頃、デヴシルメというオスマン帝国独特の制度によって徴用されてイスタンブールで教育を受け、イェニチェリという軍人になりました。工兵として各地の遠征に加わり、多くの軍功を上げました。

スィナンはオスマン帝国を当時世界最強の国家につくり上げたシュレイマンⅠ世によって1538年に国の建設責任者、つまり建設大臣のような地位に任命されましたが、亡くなったのが1588年とされていますので、50年にわたって3代のスルタンのもとでまさに八面六臂の活躍をすることになります。

代表的な建築としてはイスタンブールのシュレイマニエ・ジャーミやエディルネのセリミエ・ジャーミが有名です。ジャーミとはトルコ語でモスクのことをいいますが、ジャーミにはメドレセ（宗教学校、研究所）、救護施設、ハマム（浴場）、そして市場などが併設されており、キュリエシと呼ばれる複合施設を形成しています。市場などからの収入がモスクの運営の一助となるように考えられているのです。

スィナンは、図面、計算書はおろか、詳しい記録も残していませんが、スィナンが建設したとされ、現存している橋は口述記録にあるものが9橋、文献調査から彼が建設したことが確実視されている橋が8橋あります。最も有名なものはドリナの橋として名高い、現在のボスニア・ヘルツェゴビナに属するヴィシェグラードのドリナ川に架かる橋です。この他にもボスニア・ヘルツェゴビナに2橋、ブルガリアに1橋が残されています。

トルコ国内ではアナトリア側に4橋、トラキア側に9橋が残っていますが、いずれも古い街道筋に架けられたものです。イスタンブール市域には4橋が残されており、いずれもエディルネ方面への街道整備にともなって架けられたものです。

イスタンブール市域の橋の中で最も重要なものがビュユクチェクメチェ橋、正式名はスルタン・シュレイマン橋（写真–4：p.15）です。シュレイマンⅠ世がハンガリー遠征のためにスィナンに命じて架けさせたものですが、完成したのは次のセリムⅡ世の治世 1567 年のことです。

大きな入江を意味するビュユクチェクメチェ湖のマルマラ海への出口に架けられたもので、全長は 636m に及びますが、橋は 4 つの部分に分かれています。それぞれの長さは 101 ～ 184m で、5 から 9 の石造アーチから成っています。橋脚部には三角形断面の水切りが付けられ、デザイン的にも重要なアクセントになっています。幅員は 7m 強で、各橋の橋台は湖の中に作られた人工の島の上に築かれており、それぞれが大きな勾配を持っていて、横から見ると、うねるようなリズミカルな景観をつくっています。最も西端の橋上には建設の経緯などを記した石碑が建てられていますが、そこにスィナンのアラビア文字でのサインが彫り込まれています。

イスタンブール市の最も西にあるシリヴリ区にシリヴリ川の河口部を渡る長さ 333m の石橋があります。幅 8m ほどのアーチが 32 連ねられていて、橋面は水面から 3m ほどで、平坦な橋面になっています。正式名はスルタン・シュレイマン橋で、西方遠征のためにスィナンが建設したものです。

ハラミデレの高速道路のインターチェンジの中にスィナンが建設した橋が残されています。イスタンブールの中心部から西へ向かう街道筋に架けられたものでしょう。橋の名前はハラミデレ橋（写真−5：p.15）ですが、カピアース橋とも呼ばれています。橋長は 69m、幅員は 6m で、橋面は直線に近い勾配が付けられていてかなりの急坂になっています。5 径間のアーチからなり、中央のスパンが 9m、両脇のスパンは 8m、さらに外側に 3m ほどのアーチがあります。アーチは尖頭型になっていて、スィナンの橋の特徴を持っています。

これらの 3 つの橋はいずれも 1560 年代に完成したと考えられ、旧エディルネ街道の整備にともなって架けられたものでしょう。

イスタンブールからマルマラ海沿いに西へ向かうと小さな入江を意味するクチュクチェクメチェ湖があり、そのマルマラ海への出口に 1560 年にスィナンによって建設されたとされる長い石橋があります。全長は約 230m、幅は平均で約 7m、南端に比較的大きなスパンのアーチが設けられています。ただスィナンの橋とする根拠は薄弱なようです。この橋はビザンチン時代の 6 世紀半ばに初めて架けられ、しばしば修復が繰り返されてきたようですが、当初の姿はかなり損なわれてしまっているようです。

シリヴリからエディルネへ向かう街道沿いでスィナンが架けた 3 つの橋を見ることができます。いずれの橋名もソコルル・メフメット・パシャ橋で、当時の大宰相の命で架けられたものです。ひとつ目はテキルダー県のチョルル地区、ふたつ目は、エディルネ街道の宿場町として栄えたリュレブルガズにある橋で、橋の近くにソコルル・メフメット・パシャ・キュリエシ（モスクを中心とした複合施設）があり、この建設年代から橋も 1570 年代に完成したものと推定されています。3 つ目はケルクラレリ県のアルプル地区にある橋で、スィナンが建設した橋では最大スパンをもっています。

スィナンが架けた橋は一般的にスパンも短く、橋脚幅が大きく、流水阻害率が大きい橋になっています。主要地点の橋がすでにローマ、ビザンチン時代に架けられていて、スィナンはそれらの基礎などを踏襲して建設したものが多かったためではないかと想像されます。

アタチュルク空港の北東にあるインターチェンジの中にチョバンチェシュメ橋という古い橋が残されています。橋名は牧人の泉の意味ですが、9 世紀に初めて架けられたとされるアーチ橋で、その面影を残しています。長さは 38m、幅は 5m ほど、6 つの円弧アーチで支えられており、最大スパンは 4m 強です。アーチクラウンやスパンドレルの側面に彫刻が見られます。かなり磨滅していてその原形がわからないものが多いのですが、魔よけの意味があるようです。中央のアーチクラウンの彫刻は十字架であることがよく分かります。

スルタン・シュレイマン橋（シリヴリ橋）

ソコルル・メフメット・パシャ橋（リュレブルガズ橋）

チョバンチェシュメ橋

ヴァレンス水路橋

イスタンブールの水路橋

イスタンブールにとって水の確保は古来重要な課題でした。シュレイマンⅠ世はスィナンに水道システムの計画づくりを指示しました。この事業はクルクチェシュメ水供給システムと呼ばれ、市中にたくさんの泉を作り、それらだけでなく、ハマムやキュリエシにも直接水を送ろうとするものでした。

水源は金角湾に流れ込むふたつの川の上流部に求められ、特にカーエトハーネ川の上流に4つのダムを建設し、そこからの水を大小いくつもの水路橋やトンネルを通じて導いています。最終的にはテオドシウスの城壁のエーリ門の近くの貯水池に集め、そこから市中の施設に配られました。このシステムの建設には1554年から約10年が費やされました。これらの施設が残る地域は現在のアリベイ・ダムの周辺で、一帯はベオグラードの森と呼ばれる市民の憩いの場となっています。

この水供給システムの建設の中でスィナンは5つの大きな水路橋を造っており、今もそれらを見ることができます。最も規模の大きなものはウズン水路橋（ギョクトゥルク水路橋）（写真−6：p.15）で延長は711mに達します。高さは谷底から26mあり、2階建てで、下の段は47スパン、上の段は50スパンのアーチが連ねられています。

エーリ水路橋（写真−7：p.15）は長さ409m、川底からの高さが34mもある大きな橋です。川底に近い部分は3階建てになっています。ふたつの水路橋はケメルブルガズの町から比較的近い所にあって、橋の下を幹線道路が通過していますので、割合簡単に接近することができます。

ここから少し奥まったところにエヴヴェルベント水路橋（パシャ谷水路橋）があります。長さは102m、2階建てで、およそ5mスパンのアーチが連ねられています。

現在のアリベイ・ダムのダム湖の中にふたつの水路橋があります。マーロヴァ水路橋とギュゼルジェ水路橋（写真−8：p.15）で、前者は長さ約260m、後者は約155mの長さがあり、いずれも2階建てで、湖底からの高さは30mほどあります。

クルクチェシュメ水供給システムの原型はローマ時代にすでに造られていたようです。2世紀前半のハドリアヌス帝の時代にカーエトハーネ川とアリベイ川の水を集めて市中に引く水路システムが造られたとされています。また、4世紀後半のヴァレンス帝の時代には現在のクチュクチェクメチェ区のハルカリの近郊から今のバエジッド広場のあたりまでの水路が建設されました。市中に残されているヴァレンス水路橋はこのときの378年に完成したものです。

スィナンが建設したウズン水路橋やエーリ水路橋などはローマ時代の水路橋の基礎が利用されたと考えられています。ローマ時代の遺産がビザンチン時代にも利用され、オスマン時代になってさらに発展させられたことはこの都市の特徴をよく表しているといえるでしょう。さらに、重要度が減ったとはいえ、この水供給システムが今なお水を送り続けているということは大変貴重なことです。

参考文献

1） https://en.wikipedia.org/wiki/Category:Bridges_in_Istanbul
2） http://www.sinanasaygi.org/index.asp
3） http://www.academia.edu/349410/Istanbulun_Tarihi_Su_Sistemleri_Kirkcesme_Tesisleri
4） http://www.imo.org.tr/resimler/ekutuphane/pdf/12699.pdf
5） Reha Günay, “SİNAN：the Architect and His Works,” YEM Yayın
6） 飯島英夫『トルコ・イスラム建築』2010年12月、冨山房インターナショナル

8　ロマノフ王朝の残影──サンクト・ペテルブルクの橋

運河と橋の町

サンクト・ペテルブルクは運河の町といってもよいでしょう。ネヴァ川の三角州に造られた町には整備された川や運河が縦横に張り巡らされ、市内には340を越える橋が架けられています。

この町の中心部の構成は、旧海軍省と現在エルミタージュ美術館になっている冬宮を中心にして3、4本の運河が取り巻き、中心から放射状に幹線道路が配置されています。それがアムステルダムと同様に「北のヴェネチア」ともいわれるゆえんです。軟弱地盤に無数の杭を打ち込んだ上に築かれた、杭の上の町という点でも共通しています。

サンクト・ペテルブルクは、現在では人口460万人をもつロシア第2の大都市になっていますが、18世紀初頭から、ロシア帝国のヨーロッパへの窓を開くためにーからつくり上げられた町です。そのため、都市計画や建築に西欧風の手法や設計が取り入れられたのは当然のことでした。200年にわたってロマノフ王朝の首都であったこの町には西欧風にロシア風のデザインが加味された魅力的なデザインの橋も多く残されています。

白いライオンの橋

「ライオン橋」（写真–1：p.16）と呼ばれる吊橋がサンクト・ペテルブルクの旧市街を横切るグリボエドフ運河に架かっています。その橋は幅2mに満たない、板張りの歩道橋ですが、吊材のチェーンの端を4隅の白いライオンががっしりと口にくわえ、像が台座とともにアンカーの役割を果たすというユニークなデザインになっています。同様の構造で、翼のある伝説上の動物、グリフィン（グリュプス）像をもつ「銀行橋」（写真–2：p.16）も

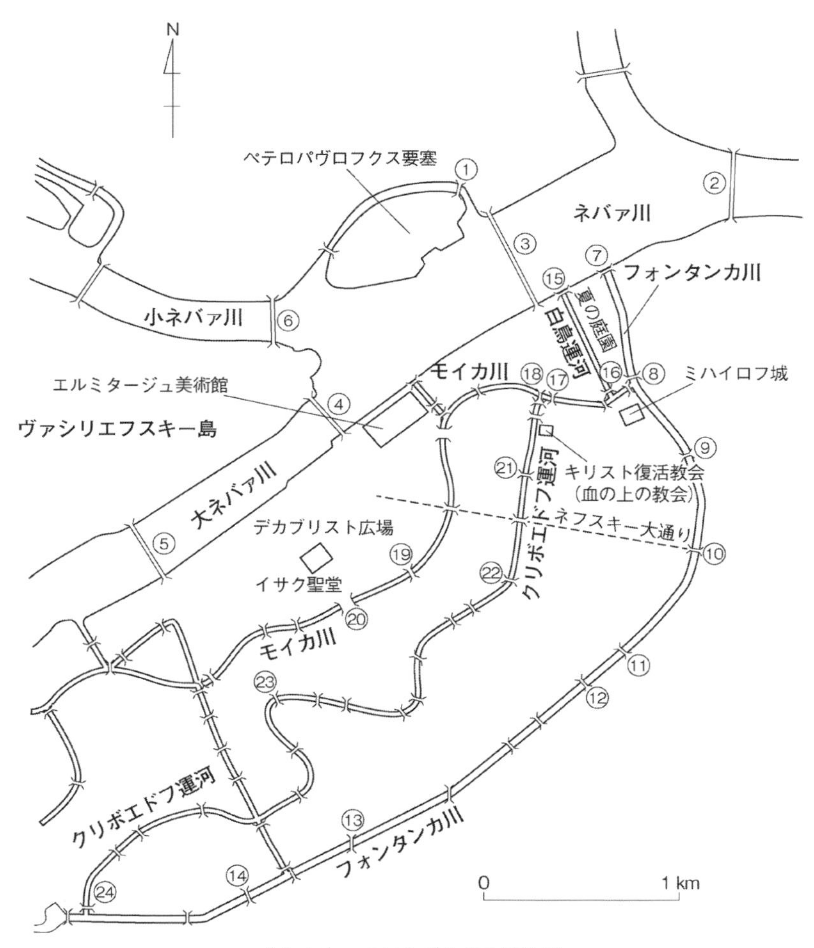

サンクト・ペテルブルクの橋地図

同じ運河上にあります。

ライオン橋と銀行橋はともに1826年の完成で、設計者はG.トレッター技師、橋詰の4体の像はいずれもP.ソコロフという彫刻家の作品です。両橋とも規模の小さな歩道橋ですが、その姿には心が浮き立つ思いがします。それはライオン像やグリフィン像が構造的役割を果たしているからです。

立派なライオン像が橋詰に置かれている橋はいくつかありますが、それらは橋の飾りとして置かれたものです。この橋ではライオンが後ろ向きで、彫刻として好ましくない配置になっています。しかし橋の部材は構造的必然性をもつべきだと考えていますから、非常に価値の高いものとして評価したくなるのです。

この橋は、ドストエフスキーの『罪と罰』の舞台となったセンナヤ広場から西へ500mほどのところにあります。広場は現在地下鉄の交差駅になっていて、小説に描かれた町の様子はすっかり変わってしまったようですが、界隈にはなお下町の雰囲気が残っています。小説が発表されたときには橋はすでに架かっていたことになります。

同時期にエジプト橋（写真-3：p.16）が吊橋として架けられています。この橋は1905年、荷車と軍隊が同時に渡っていた時に激しい揺れが生じて崩壊したと伝えられています。そして1956年には幅の広い鋼アーチの橋が架けられました。当初飾られていたオベリスク風の塔と橋詰に置かれたスフィンクスの像が修復されて据え直されています。

番号	橋　名	完成年
①	イオアノフスキー橋	1951
②	リティニィ橋	1874（1967架換）
③	トロイツキー橋	1903
④	宮殿橋	1916
⑤	ブラゴヴェシュチェンスキー橋	1905
⑥	ビルジェヴォイ橋	1960
⑦	プラーチェチニィ橋（洗濯橋）	1769
⑧	聖パンテレイモノフスキー橋	1908
⑨	ベリンスキー橋	1785（1859改造）
⑩	アニチコフ橋	1841（1908改造）
⑪	ロモノソフ橋	1785（1913改造）
⑫	レシュツコフ橋	1997
⑬	イズマイロフスキー橋	1788（1861改造）
⑭	エジプト橋	1956
⑮	上白鳥橋	1768（1928改修）
⑯	第一エンジニア橋	1825（1955改造）
⑰	第二サドヴィ橋	1967
⑱	小コニュシェニー橋	1831（2001改装）
⑲	クラスニィ橋	1814（1954改造）
⑳	シニィ橋	1805（1841拡幅，1930改修）
㉑	イタリア橋	1955
㉒	銀行橋	1826
㉓	ライオン橋	1826
㉔	古カリンキン橋	1783（1908改造）

木橋から永久橋へ

サンクト・ペテルブルクの建設は1703年に、ロマノフ王朝のピョートルⅠ世によってまずペテロパヴロフスク要塞の基礎工事から始められました。そして最初に架けられた橋は、この要塞からペテログラード側に架けられた浮橋（現在のイオアノフスキー橋）でした。

1712年に遷都されると町の建設が加速されます。まず海軍省から西へ向って現在もメインストリートとなっているネフスキー大通が造られましたが、当時はフォンタンカ川が町の境界になっており、軍事拠点でもありました。ここに橋が架けられたのは1715年のことで、M.アニチコフ中佐指揮下の軍隊によって木橋が架けられました。この最初の架設者の名前が橋名となって今日まで残っています。

町の拡張とともにネヴァ川にも橋が必要になり、1727年に木製浮橋が架けられました。この橋は洪水などによって、長期間維持することは困難で、毎夏架け直されることになっていました。そして軟弱な地盤に強固な基礎を築くという技術的な問題を克服する必要もあって、本格的な橋の建設はずっと後に持ち越されました。

その後、市内の橋は次第に増え、18世紀半ばにはおよそ40の木橋が架けられていましたが、約半数が跳上式の可動橋であったとされています。

市内の橋が永久橋になるのは18世紀後半以降のことです。ネヴァ川に沿って護岸や道路が整備され、夏の宮殿の所に埠頭が築かれるのに合わせて、夏の庭園を挟んでふたつの石橋が架けられました。橋の完成は1760年代後半のことですが、現在も健在で、洗濯橋、上白鳥橋と呼ばれています。いずれも華やかな装飾はなく、簡素で控えめなデザインで、ロシアのネオクラシックを表現したものと説明されています。

1784年から1787にかけてフォンタンカ川に7つの石橋が架けられています。いずれも3スパンで、船を通すために中央スパンが引き上げられる構造になってい

洗濯橋

イズマイロフスキー橋

シニィ（ブルー）橋

ました。現在までほぼ原形を留めているのはロモノソフ橋（写真−4：p.16）のみのようです。現在は、外見上古い姿になっているだけで、実際に引き上げることはできないようです。

アニチコフ橋のようにすっかり新しくなったものもありますが、ベリンスキー橋やイズマイロフスキー橋を見ますと、中央スパンが妙に狭く、橋脚が大きく、橋全体がアンバランスになっています。サイドスパンを利用して中央スパンのみが架け換えられたと想像されます。

アニチコフ橋（写真−5：p.16）はネフスキー大通の拡幅にともなって1841年に全面的に架け換えられました。3径間の石造アーチで、石材は赤ミカゲ石です。高欄のデザインはベルリンの宮殿橋と同じ芸術家のデザインで、人魚と海馬がモチーフになっています。この橋の4隅には暴れ馬を調教する男性の力強い彫刻が飾られています。いずれもP. クロットというロシアの彫刻家の作品です。この橋は1908年に全面的に改修されましたが、そのデザインは踏襲されました。そしてこの町は1941〜44年にはドイツ軍による激しい砲火にさらされましたが、そのさなかでも、市民たちはこの橋の彫刻を近くの庭園に埋めて守ったということです。そして彫刻は元に復されています。

橋に鉄材が使われるようになったのは、19世紀になってからのことで、1806年にネフスキー大通がモイカ川を渡るグリーン橋（ポリス橋）が木橋から鋳鉄の橋に架け換えられたのが最初です。その後1810年代には鉄製橋の設計標準がつくられ、実際にもモイカ川のレッド橋やブルー橋などが鋳鉄橋になりました。ちなみに緑、赤、青というのは木橋のときに塗られた色で、それが橋の愛称になり、今日まで続いています。

王朝風デザインの橋

夏の庭園、マルス広場から冬宮（現エルミタージュ美術館）周辺にはサンクト・ペテルブルクらしいデザインをもった橋が集まっています。

1825年に完成した第一エンジニア橋（写真−6：p.16）はその代表的な橋といえるでしょう。橋の名前は近接する宮殿に由来します。パーヴェルⅠ世の宮殿として建設されたミハエル宮は1800年に完成、しかし1年もたたない間に皇帝が暗殺され、放置されていましたが、1823年からは工兵隊の技術専門学校として使われるよ

アニチコフ橋橋詰の彫刻

第一エンジニア橋橋台の小鳥の彫刻

うになり、エンジニア宮殿と呼ばれるようになります。

この橋の設計者はP.バゼンで、主構造は穴あきウェブの鋳鉄アーチ、そこからの張り出し材で歩道部を支える構造を採用して、通常の鋳鉄橋より1/3ほど軽くなったとされています。技術的な工夫もさることながら、精巧な装飾は屈指のものといえるでしょう。橋側面はドリア式といわれるデザインで、高欄の側面は楯と剣をモチーフにし、中心にはギリシャ神話のメドゥサの顔が浮き彫りにされています。橋端には槍を束ねた形の柱がクラシカルなランプを支えています。

この橋に続く石の護岸の側面に小さな小鳥の彫刻が取り付けてあり、子供たちがその台座の上にコインを乗せることができるかどうか運試しをしていました。

第一エンジニア橋に隣接する聖パンテレイモノフスキー橋は、1823年に吊橋として架けられましたが、1908年に現在のアーチ橋に架け換えられたもので、同様のモチーフの浮き彫りが淡い緑地の上に金色で浮かび上がるように彩色されて一際目を引くデザインになっています。

血の上の救世主教会と呼ばれるロシア独特のデザインの教会に通じる小コニュシェニー橋（写真-7：p.16）は1831年に完成したもので、モイカ川を1スパンの鋳鉄アーチで渡っていますが、同様の印象的な装飾が施されています。ちなみに教会を背景にしたこの橋の上は結婚記念の写真を撮る格好の撮影スポットになっているようです。

市ではこれらの橋のデザインを街の景観の重要な要素として守っているように感じます。血の上の教会の南側に位置するイタリア橋は1955年に架け換えられましたが、高欄や照明灯のデザインには伝統的なモチーフが採用されています。

ネヴァ川の橋

ネヴァ川には大きな船がさかのぼりますので、陸上交通と両立させるためには規模の大きな可動橋が必要です。現在もこの川の橋はすべて可動橋になっていて、夜の間は跳ね上げられ、陸上交通は遮断されることになります。一杯やっていて跳ね上げ時間に遅れると大変です。夜明けまで家に帰れなくなってしまいます。

ネヴァ川に本格的な橋が架けられたのは1850年のことです。現在のブラゴヴェシュチェンスキー橋の所に鋳鉄アーチを並べた橋が完成しました。二番目が1879年に完成したリティニィ橋です。これらの橋は後に架け換えられています。

三番目の橋が三位一体橋と邦訳されるトロイツキー橋（写真-8：p.16）です。完成したのは1903年で、橋の主要部は6径間の鋼アーチから成り、南側の1径間が跳上げ式になっています。

この橋の南東詰のビルに“Pont Eiffel”というレストランの看板がありました。また旅行案内書にもエッフェルの設計であるとしたものもあり、エッフェル社の設計製作ではないかと思って、調べてみますと、1892年に設計コンペがあって、フランスのバティニョル社の二人の技師の設計提案が採用されたことがわかりました。そしてコンペにはG.エッフェルも参加したようです。

橋のデザインを見ますと、スパンドレルがプラットト

聖パンテレイモノフスキー橋

イタリア橋

宮殿橋

ラス形式になっており、エッフェルの設計という話が生まれたのもうなずける気がします。

橋が完成した年はロマノフ王朝最後の皇帝ニコライⅡ世の時代で、ちょうどサンクト・ペテルブルク建設着手から 200 年の記念の年にあたり、完成式典にはフランス大統領も出席したようです。しかしこの 2 年後には、日露戦争敗北、血の日曜日事件が起こるなどロシアは激動の時代に入っていくことになります。

観光でこの町を訪れた人なら多くの人が目にする宮殿橋は 1916 年に完成しています。この橋は 5 径間からなり、中央径間が両方に跳ね上がるバスキュール型の可動橋、両側は 2 径間連続のトラスになっています。設計はロシア人技師で、建設は 1912 年に始まりました。第一次世界大戦などがあって一時中断、完成の翌年にはロシア革命が勃発しており、政治的混乱期にありました。しかし技術者達は淡々と仕事に専念していたのでしょう。

参考文献

1） http://www.saint-petersburg.com/bridges/
2） http://www.petersburg-bridges.com/spb/bridges
3） 小町文雄『サンクト・ペテルブルグ』2006 年 2 月、中央公論新社

9　ブダとペストの街を一体化した──ブダペストの橋

ブダペストの成立ちとドナウ川への架橋

ハンガリーの首都、ブダペストにはっきりとした都市の痕跡を残したのはローマ帝国でした。ドナウ川中流域の拠点として、紀元2世紀ころには1万数千人の人々が住む都市がつくられ、アクインクムと呼ばれていました。

9世紀の末頃、元々はウラル山脈南部の平原にいた遊牧の民、マジャール人が現在のハンガリーやスロヴァキア一帯に定着、この民族が現在のハンガリー人の中核をなしています。一定の国づくりが安定した13世紀にはモンゴル軍の来襲によって国土が荒廃、16～17世紀の約150年間はオスマントルコ帝国に占領されました。続いてハプスブルク帝国の支配下に組み入れられることになり、ハンガリー人は自らの国が建てられない苦難の時代が続くことになりました。

1867年に一定の自治を認められて、オーストリア・ハンガリー二重帝国が誕生しますが、この前後の時代からブダペストの近代化が進み、ドナウ川にも近代橋が次々と架けられ、都市の有り様が大きく変わることになりました。ブダペストは、元はドナウ川を挟んで性格の異なったブダとペスト（ペシュト）に分かれていました。さらにはブダの北側のオーブダも別の街でした。ブダには王宮の丘を中心に国の政治的機能が集中し、ペストは経済都市として繁栄していました。

これらの街が一体化してブダペスト市が誕生したのは1873年のことで、永久橋の誕生が3つの街をひとつにならしめた原動力であったといってもいいでしょう。

ブダペスト市域のドナウ川には現在、7本の道路橋と2本の鉄道橋が架けられています。これらの橋のほとんどは19世紀半ばから20世紀の前半に架けられました。

両岸の街はこれらの橋によって一体化されていますが、それぞれの橋によって、内、中、外の3本の環状道路が形成されています。セーチェニ鎖橋とサバチャーグ橋（自由橋）が内環状道路として機能している他、マルギット橋とペテーフィ橋が中間の大環状道路を支え、アールパード橋とラージマーニョシュ橋が外環状道路の一環となっています。

古代ローマの人々はこの地に橋を建設しています。1870年、ドナウ川の浚渫工事中に、現在のアールパード橋の近傍で見つかった木杭はローマ時代の橋の基礎であると考えられています。さらに、現在のエルジェーベト橋の近くの川岸で、ローマ人がつくったと考えられる船橋施設の痕跡が発掘されています。

それ以降は橋の記録はなく、13世紀以降になっても渡しで行き来していたようです。

中世からトルコ統治時代には幅の狭い船橋が架けられていました。トルコ統治時代の16世紀後半には70艘の太鼓型の船を並べた強固な船橋が架けられました。

1686年にトルコ支配からブダが解放された直後にも船橋が架けられましたが、その後、「飛び橋」と呼ばれた橋に代えられました。この施設は船体を固定されたロープに沿って岸から岸へと移動させるようになっていたようです。

1790年には再び船橋が架けられました。45～50艘の船を連ねたもので、荷を積んだ馬車がすれ違えるほどの幅を持っていました。船を通すために、早朝と正午に橋の中央が開かれましたが、通過する船がぶつかって橋

ゲッレールトの丘からドナウ川上流を見る

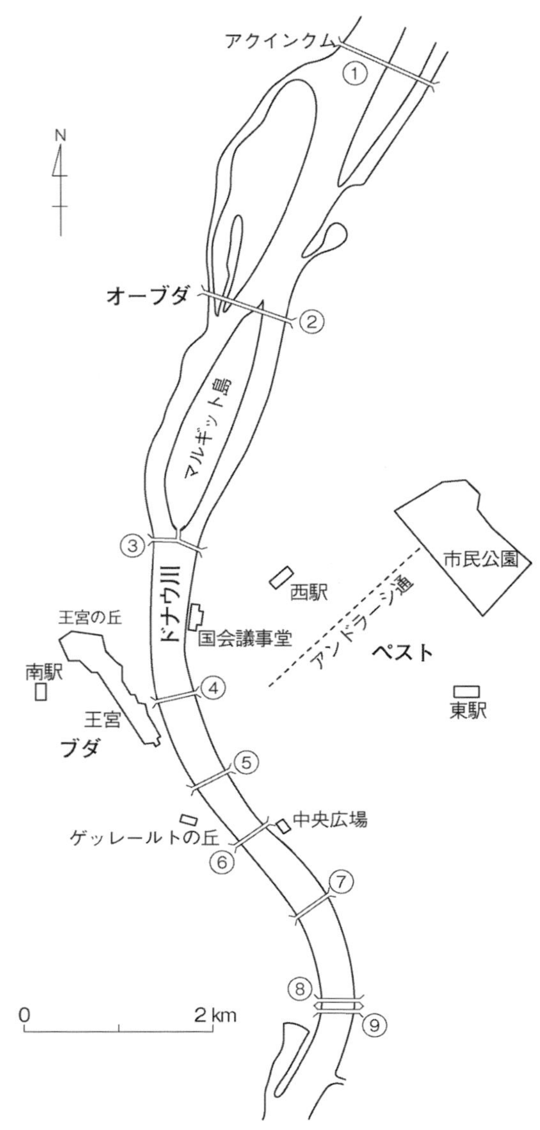

番号	橋　　名	完成年
①	北鉄道橋	1913開通（2008架換）
②	アールパード橋	1950（1984拡幅）
③	マルギット橋	1876（1948修復）
④	セーチェニ鎖橋	1849（1949修復）
⑤	エルジェーベト橋	1964
⑥	自由橋（サバチャーグ橋）	1896（1946復旧）
⑦	ペテーフィ橋	1952
⑧	ラーコーツィ橋	1995
⑨	南鉄道橋	1877（1953再建）

ブダペストの橋地図

を損傷させたために数日間使えなくなる事故もよくあったようです。また、水位が低くなると、船橋へのアプローチが急傾斜となり、牛馬などが滑って水中に落ちる事故がよく起こりました。

川が完全に凍る季節になると市当局は車通行や歩行のために道を設定して上に藁を敷いて安全を確保しましたが、この道を通るには夏場の 2 倍もの金額を支払わねばなりませんでした。

永久橋の実現

ドナウ川に恒久的な橋を架けることはブダ、ペスト市民共通の悲願でしたが、それが実現したのは 19 世紀半ばのことでした。架橋事業を推進したのはセーチェニ・イシュトバーン伯爵という有力な政治家でした。彼が架橋に熱心に取り組むようになったのは、次のような経験がきっかけになったとされています。1820 年、父の死去の知らせを受けて駆けつけましたが、12 月のことで、すでに船橋は撤去されていました。折しもドナウ川の氷流が激しく、船を出すのも難しく、年を跨いで 1 週間以上も足止めされてしまいました。

1832 年 2 月に「ブダペスト橋同盟」が結成されましたが、その名称は永久橋によって両岸のふたつの街を結合するという強い意志表示でもありました。セーチェニはイギリスへ橋の調査に赴き、W.T. クラークが架けた吊橋を見学し、彼に架橋事業を託すことにしました。

しかし事業は思うように進みませんでした。船橋からの収入を得ていた両市が反対、貴族にも応分の税金を求めるとする案に反発が強く、国の承認を得るのに時間を要しました。事業は株式会社を設立して行うことになりました。その出資業務を引き受けたのがゲオルク・シナの銀行で、会社は 1836 年に設立されています。

1839 年の秋にようやく基礎工事のための仮締切が始められました。橋の形式は全長 380m、主径間長 203m のチェーン式の吊橋で、設計は W.T. クラークが担当、現場監督はアダム・クラークという 20 歳代の若いイギリス人に任されました。木材や花崗岩は周辺諸国から、セメント材料は国内で調達されました。また主要部材の錬鉄製のチェーン（アイバー）はイギリスで作られています。補剛桁と橋床は木製で、床梁は鋳鉄製でした。

1848 年、木床版が張られたときに橋の現場は革命戦争に巻き込まれてしまいました。オーストリア帝国に対するハンガリーの独立闘争が展開される中で、人が渡れるようになっていた橋は戦略上重要な場所になり、両軍の争奪戦の対象となって何度か爆薬が仕掛けられました。現場監督の M. クラークはまさに身を挺してそれを阻止しようとしましたが、床の一部が爆破されたこともありました。

ハンガリーの独立運動が敗北した中、1849 年 11 月 20 日に落成式が行われましたが、そのころ政治的に失脚したセーチェニは禁足状態に置かれる中で精神を病んで、一度も橋を渡ることなく、この世を去ることになります。しかし、その功績をたたえるために彼の名を冠して「セーチェニ鎖橋」（写真–1：p.17）と名付けられました。また、10年にわたって橋の工事を見続けたA. クラークは、その後、橋の西側の王宮の丘を貫くトンネルの設計施工も担当し、橋との間の広場の名前にその名を残しています。

セーチェニ鎖橋の4隅には堂々たるライオン像（写真–2：p.17）が飾られています。ライオン像は1852年に完成しましたが、その除幕式のとき、靴屋の見習いがライオンには舌がないと叫び、人々がどっと笑ったため、彫刻家は恥ずかしさのあまり川に身を投じてしまったというのです。

それは全くの誤りで、像によじ登ってちゃんと舌があるのを確かめた人もいましたし、このライオン像を彫刻したマルシャルコーは、ネコ科はイヌ科と違って舌は外へ垂らさないものだと解説したということです。

この橋を渡るほぼ全ての人や車からは通行料が徴収されました。一方、橋の交通量が増える中で、1877年の詳しい調査の結果、床版と床梁の交換、補剛トラスとチェーンの強化が必要であるとされました。

当時の交通事情からは通行止めが必要となるような大規模な工事は難しく、ドナウ川に新しい3本の橋が完成していた1913年から本格的な改築工事が行われることになりました。新しいアイバーには高張力鋼が使われ、ひとつのバーの長さは2倍になりました。

鎖橋の完成によってさらに両市の発展が促され、交通量が増大したため新しい橋がマルギット島を経由する場所に計画されました。これによって、オーブダとペストとの結び付きも強くなり、3市が合併してひとつの都市になることが現実のものとなったのです。

新しいマルギット橋は1871年に国際コンペにかけられ、フランス人の技師グーアンの作品が選ばれました。工事もフランスの会社に委託され、1876年に完成しました。全長は約607mで、上部工には径間長73.5～88mの上路式の鋼アーチが3径間ずつ適用されました。島を挟んで橋軸が約30度折れているのは、橋を川の流れに直角になるよう配置するためでした（写真–3：p.17）。

川の中の橋脚の側面にはフランスの彫刻家の手になる華麗な女神像が飾られ、橋は全体としてフランス風のデザインになっています（写真–4：p.17）。

王と王妃の橋

ブダペストにとってさらにふたつの橋の必要性が検討され、ペスト側の税関前広場とブダ側のゲレールト温泉を結ぶ所と、ペスト側のエシュキュ広場（現在の三月十五日広場）とブダ側のルダシュ温泉を結ぶ所の2カ所に橋を架けることが決定されました。資金としてそれまでの橋の分も含めて通行料を当てる計画でした。

先に建設に着手されたのは前者のほうで、設計コンペの結果、ハンガリー出身の鉄道技師フェケテハーズィ・ヤーノシュの案が採用されました。橋の形式は鋼製のカンチレバートラスで、全長は334m、中央径間は175m、幅員は約21mの規模をもっていました。デザインはハンガリー趣味のアール・ヌーヴォー様式で、橋脚上の4本の塔の上にはマジャール建国の伝説上の鳥トゥルルの像が建てられ、塔を結ぶ梁の中央にはハンガリー王国の紋章が飾られました。

1896年の竣工記念の式典には国王フェレンツ・ヨージェフが出席して、「F・J」のイニシャルが入った銀製のリベットを打ち込んで、完成を宣言しました。そして橋はフェレンツ・ヨージェフ橋と名付けられました。1867年には曲がりなりにも国家として認められたハンガリーでは民族主義が高揚し、マジャール民族が建国を果たして以来の千年紀を祝う祭りが催されましたが、この橋の完成式はこの年に合わされたのです。

かねてから決められていたエシュキュ広場に通じる橋の建設は、ようやく1898年に始められました。この位置はドナウ川の川幅が最も狭いところで、川の中に橋脚を建てない3径間の吊橋が選ばれ、全長380m、中央径間長290m、幅員18mの規模を持つ当時、世界最大スパンをもつチェーン式吊橋が1903年に誕生しました。

橋の工事中にいくつかの技術的課題に直面しています。ペスト側にあったローマ時代の要塞の分厚い石壁を撤去しなければなりませんでした。またブダ側では完成間近になって橋台がチェーンの定着室とともに川側へ滑っていることが確認されました。調査の結果、原因は地盤面と基礎の間に設置した防水シートの粘着力が温泉の熱の影響で低下したためだったことが分かりました。対策として橋台の下に3本の横トンネルを掘って、アスファルトを部分的に除去して、石とコンクリートを詰め、さらに上下流の定着室をつないで一体化した上で大きな台座ブロックを載せて安定化が図られました。

アール・デコ様式のデザインをもつ美しい吊橋は、ハンガリー人に人気の高かった王妃の名前をとってエルジェーベト橋と名付けられました。

1877年にはドナウ川を渡る初めての鉄橋が、フェケテハーズィの設計によって現在の南鉄道橋の位置に架けられました。また北鉄道橋が1913年に開通しました。いずれの橋も1945年に破壊されましたが、戦後同じ位置で架け換えられました。

北鉄道橋

環状道路の充実

1930年代にはブダペストの人口は150万人を突破し、都市域も拡大しました。このため、それまでの5つの橋の外側にふたつの橋の建設が開始されました。ひとつは、ペストの大環状道路の南端がドナウ川に突き当たるところにあるボラーロシュ広場からブダ側のラージマーニョシュへ渡るもので、工事は1933年に始められ、1937年に完成、時の摂政の名前からホルティ・ミクローシュ橋と名付けられました。

橋の主要部の形式は長さ378mの3径間からなる上路式のトラス橋で、それまでの橋のような華麗な装飾はなく、簡素な実用本位のデザインになっていました。

続いてマルギット島の北端部に外環状道路の一環となる、現在のアールパード橋（写真–5：p.17）の建設が1939年に始められましたが、1943年に中止されてしまいます。そして、戦後、工事が再開されて1950年にようやく完成しました。全長が928m、ふたつの川を渡る部分には最大径間長103mの簡素な鋼床版桁橋が採用されています。

20世紀になると、橋の設計に対する考え方が大きく変わって、簡素で経済的な構造が優先されることになり、橋のデザインも様変わりしたことがこのふたつの橋からもうかがえます。

戦後の復旧と新橋

第二次世界大戦の末期の1945年1月に撤退するドイツ軍が敵の追撃を妨げようとしてドナウ川の橋を次々と爆破していきました。このため道路も鉄道もブダペストのドナウ川の渡河手段は完全に失われてしまいました。

戦後になってこれらの橋は順次復旧されることになりました。最も早く復旧されたのが、フェレンツ・ヨージェフ橋で、川の中から元の材料をできるだけ拾い上げて1946年には元の姿に戻されました。このとき、サバチャーグ（自由）橋（写真–6：p.17）と名前を変えられて今日に至っています。

次にマルギット橋が1948年に再建されましたが、主構造のアーチのほとんどが造り替えられ、幅員も広げられました。ただマルギット島への枝橋は架設当時の姿を留めています。

セーチェニ鎖橋は鋼材の55%を川中から回収して1915年の姿に復元されました。復旧作業はいわゆるハンガリー動乱のために大幅に遅れ、1949年に創架100周年を兼ねて開通式が行われました。

ホルティ・クミローシュ橋は、1952年にようやく再建されました。それをきっかけに橋の名前が、1848年の革命時に活躍した詩人の名をとってペテーフィ橋（写真–7：p.17）と変更されました。

アールパード橋は、完成時の幅員は13mでしたが、現在の橋は1984年に拡幅されて全幅35mとなり、外環状線の役割を果たしています。

エルジェーベト橋（写真–8：p.17）は1960年まで放置されていました。ブダペストの道路事情から大幅に拡幅する必要があり、上部工が完全に架け換えられることになって、1964年に完成しました。旧橋と同じ吊橋が選ばれましたが、チェーンに代わってワイヤーケーブルが用いられ、補剛桁もトラスからプレートガーダーになっています。旧橋と同じ位置に建設されましたので、橋長、中央スパン長は旧橋と同じですが、幅員は両側に3車線と歩道をもつ27 mに広げられました。旧橋とは違って近代的でシンプルなデザインになっていますが、主塔や橋門には陰影効果が出るように景観上の配慮が見られます。

外環状道路の南端にあたるところ、南鉄道橋に近接して、新しい橋が1995年に架けられました。橋長は494m、幅員は30.5m、上部の形式は単純な桁橋で、直線性が強調されています。橋上の照明柱がユニークなデザインになっています。橋名はブダ側の地名からラージマーニョシュ橋とされましたが、近年ラーコーツィ橋と改名されています。

参考文献

1） Buza Péter:Die Brücken Der Donau（Dona Hídak）, 1992
2） 南塚信吾『ブダペシュト史』2007年11月、現代思潮新社
3） ガルボ・メルベド著、成瀬輝男監訳『世界の橋物語』1999年2月、山海堂
4） 早稲田みか、チョマ・ゲルゲイ『ブダペスト都市物語』2001年3月、河出書房新社
5） http://www.bridgesofbudapest.com/

10　チェコの歩みを具現した──プラハの橋

プラハの由来

ボヘミアの森に源を発したヴルタヴァ川（ドイツ名ではモルダウ川）は、プラハの街を南から北へ流れ、他の川と合流しながらドイツに入ってエルベ川となります。

現在のプラハ市域は500km^{2}程度の広さをもっており、その市域のヴルタヴァ川には15橋が架けられています。その中心部に限りますと、左岸側のプラハ城周辺のフラチャヌィやマラー・ストラナ（小地区）などと右岸側の旧・新市街などを一体化するように10橋が架かっています。

プラハが都市としての発展を遂げるきっかけになったのは、13世紀前半、ヴァーツラフⅠ世によって現在の旧市街に塁壁で囲った都市が建設されたことでした。

その後、14世紀半ばに登場したルクセンブルク朝のカレルⅠ世（神聖ローマ帝国のカレルⅣ世）の時代にはチェコ王国の首都としてプラハも大いに発展し、当時のヨーロッパでは最大の都市が形成されました。

プラハは中世以来の街並を残す美しい街です。各時代の様式の建物が街を彩り、歴史の積み重ねを感じさせてくれます。「百塔の街」の俯瞰や街中の広場周辺の風景、通の街並などとプラハの魅力は尽きませんが、ヴルタヴァ川の川辺から見る風景もプラハを代表する風景であるといえるでしょう。その風景を構成する要素として橋の存在は欠かせません。中でも圧倒的な存在感を示しているのが、1402年に完成したカレル橋（写真–1、2：p.18）です。

カレル橋

現在のカレル橋の少し上流に古くから木橋が架けられていたと伝えられています。そして12世紀後半のヴラジスラフⅠ世のとき、初めて石造のアーチ橋が架けられました。この橋は国王の2番目の王妃の名前が付けられ、ユディタ橋と呼ばれました。この王妃が橋の建設に深くかかわったともいわれています。当時の大司教がイタリア式の石橋を推薦し、イタリアから設計者や技術者を呼び寄せて工事を行ったようです。工事は1160年に始まり、1172年に完成しました。この橋は橋長が500mを超え、アルプスの北では最初の石橋であったとされています。近年の水中考古学の調査によってその基礎の一部が確認されています。

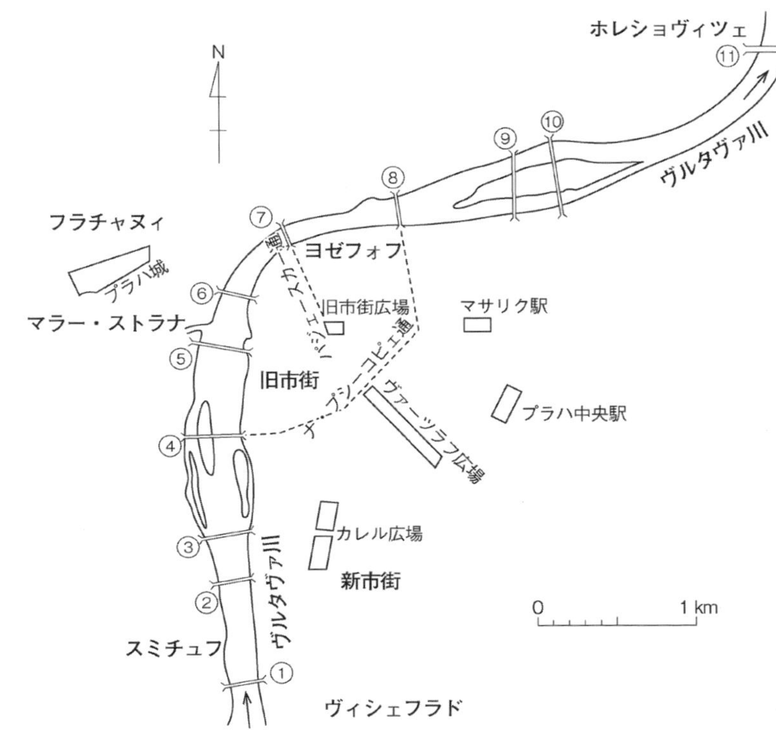

番号	橋　名	完成年
①	ヴィシェフラド鉄道橋	1901
②	パラツキー橋	1878
③	イラーセク橋	1933
④	軍団橋	1901
⑤	カレル橋	1402
⑥	マーネス橋	1914
⑦	チェフ橋	1908
⑧	シュテファーニク橋	1951
⑨	フラーフカ橋	1962
⑩	ネグレリー高架橋	1850
⑪	リベンスキー橋	1928

プラハの橋地図

ユディタ橋は1342年の大洪水によって壊滅的な被害を受け、直後から木橋が架けられていましたが、カレルⅠ世の命により1357年に現在のカレル橋が着工されました。工事はカレルの在位中には完成せず、1402年にようやく完成しました。

この橋の定礎には1357年9月7日5時31分という時刻が選ばれました。135797531と上昇と下降の奇数が並ぶようにし、魔術的な意味が込められたといわれています。この橋の建設はドイツ人の建築家ペトル・パルレーシュが担当したとされていますが、最近、当初の設計、建設には地元の石工オットーが当たったとする説が出されています。

この橋は単に「石橋」とか「プラハ橋」と呼ばれており、「カレル橋」と名付けられたのは1870年のことです。

アーチの石を積むときに石の接着をよくするためにモルタルに卵の白身が混ぜられたといわれています。周辺の村から卵が集められたとき、ある村ではゆで卵にして送ったために、物笑いのネタにされたという話が伝えられています。近年、古いモルタルの化学分析が行われましたが、卵が使われたかどうかの決着はつかなかったようです。

カレル橋は、橋長約516m、幅員9.5mの規模を持ち、16基のアーチからなっており、そのスパンは17～23mです。橋の上には旧市街側に1基、小地区側に2基の塔が建てられています。小地区側の南側の低い塔はユディタ橋由来のもので、16世紀末にルネサンス風に手直しされています。

現在のカレル橋の高欄部には合わせて30体のキリスト教の聖人の彫刻が据えられていますが、建設当初からあったものではありません。現在置かれている彫刻のうちで最も古いものは聖ネポムツキーの像で、1683年に立てられました。

カレル橋は、600年の間に度々の洪水で一部が破壊され、その都度修復されてきました。建設中をはじめ、

カレル橋橋上

ネポムツキー像

完成後も1432年、1655年、1784年、1890年などに大きな洪水被害を受けました。1784年2月には氷塊がアーチを塞いだために大きな水圧がかかり、橋脚の上部が崩壊、1890年9月には大量の木材が橋に流れかかって数基のアーチが破壊され、数年にわたる修復工事が行われました。近年も石材の劣化に対応して、新しい技術を採用した修復工事が何度か行われています。

19世紀の吊橋と鉄道橋

ヴルタヴァ川に2番目の橋が架けられたのは1841年のことでした。場所はナーロドニー通から小地区へ渡る、現在の軍団橋のところです。全長は413m、幅員は9mで、主橋梁部に中央径間132mのチェーン式の吊橋が用いられました。その後の交通需要の増大に対応できなかったために1898年には使用が中止され、新しい軍団橋の建設が始められました。

19世紀後半には産業革命の影響が及び、都市内の道路拡幅とヴルタヴァ川への新しい橋の需要が高まりました。そして旧市街を囲っていた塁壁と堀は1860年代から撤去が始められ、その跡はナ・プシーコピェ（堀の上の通）やナーロドニー通（国民通）、レヴォルチェニー通（革命通）としてプラハの内環状道路に生まれ変わりました。

1869年には現在のシュテファーニク橋のところに3径間の吊橋が完成、フランツ・ヨーゼフⅠ世橋と名付けられました。しかし、人々は王妃の名前をとってエルジェヴェティ橋と呼んだそうです。この橋は現在のレヴォルチェニー通に当たっており、軍団橋とともに環状道路を形成することになりました。この橋は1947年まで使われ、1951年にはシュテファーニク橋がその役割を引き継いでいます。

ヨーロッパの大都市と同様にプラハでも鉄道駅は街の

周縁部に設置され、ヴルタヴァ川を渡る橋も中心市街地の外れに架けられました。北側のネグレリー高架橋（別名：カレリン高架橋）はプラハ（マサリク駅）とドレスデンを結ぶ鉄道の一環として1850年に完成しました。シュトヴァニツェ島（狩猟島）を挟んでヴルタヴァ川を渡る部分は、スパン25.3mの花崗岩のアーチ8連からなっています。それに続く高架橋は全長1.1kmに及ぶ、当時のヨーロッパでは最長の高架橋でした。この橋の建設は、当初はチェコの鉄道技師ヤン・ペルネルの指導によって行われましたが、彼の死後は、アイロス・ネグレリーによって進められ、その名が橋名として残されることになりました。

プラハ中心市街地の南端、ヴィシェフラドの丘の裾を通る鉄道がヴルタヴァ川を渡る鉄橋が1872年に完成しました。この橋はフランツ・ヨーゼフ鉄道駅（現在の中央駅）と左岸側のスミチョフ駅を結ぶ単線鉄道のものでした。その後、複線化にともなって橋が架け換えられ、1901年に現在の鉄橋が架けられました。スパン約70mの曲弦トラス3連よりなり、両側に歩道が併設されています。この橋には固有の名前はなく、通称ヴィシェフラド鉄道橋と呼ばれています。

ネグレリー鉄道橋

ヴィシェフラド鉄道橋

新しい石橋

1878年12月22日に開通したパラツキー橋（写真-3：p.18）はヴルタヴァ川の現役の橋では3番目に古い橋です。当初は新しい形式の鉄橋も検討されましたが、議論の結果、クラシカルな石造アーチ橋が選ばれました。7つのアーチからなり、中央のスパンが32mで、岸に向かって30.4m、28.8m、27.2mと少しずつ短くなっています。

橋の設計には橋梁技師のJ.ライツラと建築家のB.ミュンチェンブルガーがあたっています。橋名はボヘミアの歴史家で政治家でもあったF.パラツキーにちなんで付けられました。

橋の石材は、アーチにはブルーの花崗岩、スパンドレルには赤の砂岩、そして高欄部には白の大理石が部分によって使い分けられています。この3色はチェコのナショナルカラー、つまり国旗の色を表しています。ただ現在ではその色の違いを見分けることが難しくなっています。そして各アーチの頂部にはヴルタヴァ川やエルベ川沿いの町の紋章のレリーフが飾られています。

橋の4隅には石造りの橋頭堡が建てられ、かつてはここに人が常駐して橋税が徴収されていました。その上には大きな4体の彫刻、チェコ建国の伝説上の人物リブシェとプシェミスルの像などが飾られていましたが、第二次大戦末期の爆撃によって大きく損傷したために取り除かれました。現在は修復されて、ヴィシェフラドの公園に設置されています。損傷の修復や拡幅の必要から1950年から翌年にかけて改築され、幅員が10.7mから13.9mに拡げられました。そして橋長は228.8mになっています。

現在の軍団橋（写真-4：p.18）は1901年に完成しました。橋長は約340m、幅員は16mで、スパン25mから42mの9つの石造アーチで支えられています。パラツキー橋と同様、三色の石材が使い分けられています。橋脚上やアーチ頂部などには彫刻が飾られており、両岸からひとつ目の橋脚の所に大きな塔が建てられています。ふたつの橋の完成によって路面電車トラムがヴルタヴァ川を越えて走るようになり、両岸の町の緊密性がさらに増していきました。

この石橋は建設当初、前の橋を引き継いでフランツⅠ世橋と呼ばれましたが、1918年からは軍団橋と改名されました。そして、1940年から45年までのドイツ併合時代にはスメタナ橋と名前を変え、戦後は軍団橋に戻りました。1960年からは社会主義政権下で、5月1日橋と名前を変えられ、さらにビロード革命後の1990年には三たび軍団橋と呼ばれるようになりました。このように他の橋も同様に、その時々の政治体制によって橋名がしばしば変えられており、橋名にもチェコの複雑であった政治状況が反映されています。

アール・ヌーヴォーの橋

20世紀に入ると新しいデザインと材料の橋が模索されるようになり、アール・ヌーヴォー様式で鋼製のチェフ橋（1908年）、キュビズム様式で、鋼とコンクリート併用のフラーフカ橋（1911年）、コンクリートアーチのマーネス橋（1914年）などが次々と実現していくことになります。

19世紀末には都市改造の一環として、「衛生化措置」といわれた旧ユダヤ人街（ヨゼフォフ地区）の再開発が行われました。このとき旧市街地広場からヴルタヴァ川河岸に達するパリ大通（パジェースカー通）が造られました。この通にはアール・ヌーヴォー様式の建物が次々と建てられ、新しい街並みが生まれました。

この通の延長上に架けられたのがチェフ橋（写真–5：p.18）です。橋のデザインには必然的にアール・ヌーヴォー様式が選ばれました。橋長169mで、プラハのヴルタヴァ川に架かる橋では最も短い橋です。幅員は16mで、3径間の鋼製アーチ（スパン長は48、53、59m）が採用されています。

照明灯や高欄も少し風変りなデザインになっていますし、橋脚は柔らかな曲線的変化をもつ石造りになっていて、その上には上流側ではブロンズ製のトーチカを持った女性像が乗せられ、下流側ではプラハの紋章を守る6つ頭をもつヒュドラ（ギリシャ神話上の蛇）の彫刻が乗せられています。そして、橋の4隅に立てられた鋳鉄製の高い柱の上には高さ3mのブロンズ製の勝利の女神・ヴィクトリアの像が黄金の小枝を持って立っています。

この橋のデザインは、民俗学者でもあった建築家ヤン・コウラの指導で行われました。橋名は、チェコの民族主義的な作家で詩人のスヴァトプルーク・チェフに由来しています。

チェフ橋・トーチカを持つ女性像、6つ頭のヒュドラ像

チェコキュビズムの橋

フラーフカ橋は新市街を取り囲んでいた塁壁が取り除かれた跡につくられた道路を北に延長した所に架けられた橋で、1911年に完成しました。橋はシュトヴァニツェ島（狩猟島）を挟んで南北に分かれています。この橋の設計を巡っては論争があり、古い世代の人々は鋼製の橋を推奨し、若い世代はコンクリート橋を推しましたが、折衷案として北側を鉄筋コンクリートアーチ橋にし、南側には鋼製アーチ橋が採用されることになりました。

コンクリート橋（写真–6：p.18）のデザインは、チェコキュビズムの建築家、パヴェル・ヤナークと構造技師フランチェスカ・メンチェルが共同で担当しました。北側の川を渡る部分は最長スパン36mの3径間からなり、狩猟島の部分はスパン約18mの4連のコンクリートアーチから成っています。曲線を強調したユニークなデザインで、スパンドレルの部分に人の顔などのレリーフがはめ込まれました。橋名は、チェコ科学アカデミーの創始者、ヨセフ・フラーフカにちなんで付けられました。1962年に拡幅、架け換えが行われ、橋本体は造り替えられましたが、外壁を飾っていた彫刻などは古い姿に復元されています。

ヤナークはチェコキュビズムを確立した代表的な建築家ですが、この橋のデザインを見る限りアール・ヌーヴォーの要素を残したデザインであるように思われます。キュビズムへ移行する過渡期のものであったといえるでしょう。

1914年に開通したマーネス橋（写真–7：p.18）は、橋長186.3m、幅員16mで、4つのコンクリートアーチよりなり、スパンは中央のふたつが41.8m、両側が38.2mになっています。橋の構造設計は、プラハ市の技師であったメンチュラらが担当しましたが、意匠設計は、ヤナークやメチスラフ・ペトルらが当り、チェコキュビズム様式のデザインであるとされています。

橋本体のアーチ頂部に簡素なレリーフがある他には装飾はなく、スパンドレルも直線的に壁が立ち上げられたすっきりとしたデザインです。橋脚の両端部は丸みを持たせ、その横にヴルタヴァ川の筏乗りをテーマにしたレリーフが付けられています。橋名は当初、ルドルフ皇太子橋とされましたが、第一次大戦後の1920年には画家ヨセフ・マーネスにちなんでマーネス橋とされました。

キュビズム建築はチェコ独特の様式とされ、外壁に彫刻などは飾らず、斜めの面を組み合わせて微妙な陰影を強調しているのが特徴です。

イラーセク橋は新市街地区と工業地帯として発展していたスミチョフ地区を結ぶ橋として、1933年のチェコスロヴァキア共和国建国15周年に合わせて開通しまし

イラーセク橋

た。橋長 310.6m、幅員 21m で、スパン 45 ～ 51m の 6 径間のコンクリートアーチが適用されています。橋名は、チェコ民族主義をとなえた歴史家アロイス・イラーセクにちなんで付けられました。

橋の設計は、構造技師メンチュラとチェコキュビズムの代表的な建築家であるヴラチスラフ・ホフマンが担当しています。ホフマンは、この橋の目的は交通を処理することにあるとして、できるだけ装飾を排することにしたようです。チェコキュビズムの建築家が設計にかかわった橋のデザインは時代が下るにしたがって簡素になり、キュビズムの本来の主張に近づいていったといえるようです。

現在のシュテファーニク橋（写真-8：p.18）は 1951 年に完成したコンクリート橋で、橋長はアプローチ部もいれて 263m、幅員は 24.4m の規模をもち、川を渡る部分にはスパン 58 ～ 65m の 3 つのアーチが採用されています。

新橋の設計には、ホフマンらのグループの提案が採用されましたが、装飾性の全くない簡素なデザインで、ホフマンの考えが徹底されたものであるといえるでしょう。一方、当時チェコは共産党政権下にあり、その体制好みのデザインが選ばれたのかも知れません。

橋名は第一次大戦後に、チェコスロヴァキアの建国に力を尽くしながら直前に亡くなったシュテファーニクを記念して命名されました。その後 3 度名前を変えましたが、1997 年からは元の名前に戻されています。

参考文献

1）石川達夫『黄金のプラハ』2000 年 5 月、平凡社
2）田中充子『プラハのアール・ヌーヴォー』1993 年 6 月、丸善
3）http://cs.wikipedia.org/wiki/Kategorie:Mosty_p%C5%99es_Vltavu_v_Praze

11 世紀末文化の残照──ウィーンの橋

ドナウ川の橋の始まり

ウィーンでドナウ川の一部を都市空間として活用することが始められたのは、19世紀後半になってからのことです。そうするためには、川が大きすぎたというべきかも知れません。ドナウ川はウィーンの近くでは大きく蛇行し、中州をつくり、洪水によって川の流れがしばしば変り、流れを制御することは非常に難しかったのです。したがってそこに安定した橋を架けることはとてもかなわないことでした。

ドナウ運河に本格的な橋が架けられるようになるのは、ウィーンの都市改造が進められることになる19世紀後半のことです。ウィーンの街を守ってきた城壁の撤去と都市改造の大事業が1857年にスタートしました。その跡地を利用して広い環状道路、リングシュトラーセが造られ、その沿道には緑地と公共施設が配置され、今日見る充実したウィーンの都市景観が形成されることになりました。

そしてドナウ川の本格的な改修工事が始められたのも同じ頃のことです。ウィーンの近代化にとってはドナウ川の改修が必要不可欠のことだったのです。

今日のドナウ運河にあたるドナウ川の派流に橋が架けられたことがわかる記録は14世紀にさかのぼるようです。シュラーク橋と呼ばれた橋が、城門のひとつ赤塔門のすぐそば、現在のシュヴェーデン橋のあたりに架けられていました。

この橋を基点にして北方への街道が伸び、現在のターボル通、アウガルテン通、イェーガー通あたりを通ってドナウ川本流を渡るターボル橋に通じていました。この橋の起源ははっきりしませんが、17世紀末に新しい街道が整備されて新ターボル橋が架けられるまではウィー

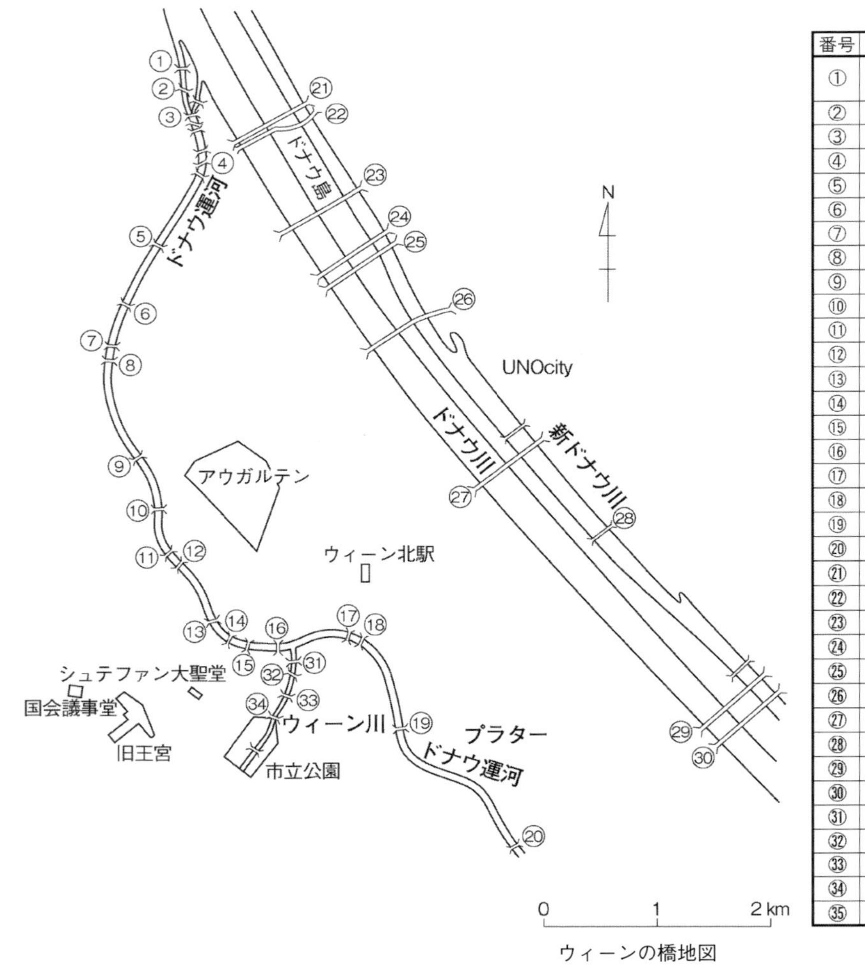

ウィーンの橋地図

番号	橋名	完成年
①	シェメレル橋	1898 (1975修復)
②	河岸線鉄道橋	1950
③	郊外線鉄道橋	1978
④	ヌスドルフェル橋	1964
⑤	ハイリゲンシュテッテル橋	1961
⑥	ドゥブリンゲル歩道橋	1911
⑦	ギュルテル橋	1964
⑧	U6ドナウ運河橋	1994
⑨	フリーデンス橋	1926
⑩	シーメンス･ニクスドルフ歩道橋	1991
⑪	ローサウエル橋	1983
⑫	アウガルテン橋	1931
⑬	ザルツトール橋	1961
⑭	マリエン橋	1953
⑮	シュヴェーデン橋	1955
⑯	アスペルン橋	1951
⑰	フランツェンス橋	1948
⑱	連絡線鉄道橋	1953
⑲	ロートゥンデン橋	1955
⑳	スタディオン橋	1961
㉑	ノルト橋	1964
㉒	ノルト歩道橋	1996
㉓	フロリドスドルフェル橋	1978
㉔	ノルト線鉄道橋	1957
㉕	U6ドナウ川橋	1993
㉖	ブリギッテナウエル橋	1982
㉗	ライヒス橋	1980
㉘	カイゼルミューレン橋	1993
㉙	ドナウスタット橋	1997
㉚	プラター橋	1970
㉛	ラデツキー橋	1900
㉜	ツォランツ歩道橋	1900
㉝	小マルクセル橋	1900
㉞	ストゥベン橋	1900
㉟	U6 高架橋	20c初

ンの中心部から北へ渡る唯一の橋でした。

これらの橋は木製の桁橋で、いわゆる重ね梁式の木桁が用いられていたようです。

ドナウ川ではしばしば洪水が発生しましたが、雪解け水が氷塊を巻き込んだ洪水は、橋にとっては大敵で、木杭木桁橋はひとたまりもなく流されてしまいました。このような厳しい自然条件がドナウ川への架橋が進まなかった大きな要因であったと考えられます。

ドナウ川の改修と架橋

その後、ドナウ運河に新しい橋が架けられたのは18世紀後半のことです。現在のドナウ運河の北側地域の都市開発が進んでいたこともあって橋の需要は高まっていました。1776年にプラターへ渡るための橋が架けられ、1782年には利用が増えていたシュラーク橋の交通量を緩和するために現在のアウガルテン橋とフランツェン橋のところに初めて橋が架けられています。両橋とも重ね梁式の木桁橋であったようです。後者は1799年に倒壊して、2径間の石造アーチ橋に架け換えられています。

このように相次いで架けられた橋もナポレオン軍が侵攻してきたときに街の防衛のために破壊されたようです。その後、シュラーク橋を引き継いだフェルディナント橋とともにフランツェン橋が2径間の木製アーチ橋に架け換えられました。結果として、ドナウ運河に石造アーチ橋が定着しなかったのは、洪水に対する流水阻害率が大きかったため倒壊の懸念がぬぐい切れなかったことと舟運への妨げになったことが主な原因ですが、石橋を支える強固な地盤がなかったためとも考えられます。

ウィーンは1830年に記録的な大洪水に見舞われました。ドナウ川を覆っていた氷が割れて氷塊となり、折からの雪解け水を堰き止めることになって溢れ、当時かなり都市化が進んでいたブリギッテナウ地区を襲い、水位が平屋の屋根の高さまで達したとされています。その頃のドナウ川は「美しき青きドナウ」というイメージとは別に、「すさまじき恐ろしきドナウ」でもあったのです。

さらに1862年にも大きな洪水が発生したこともあって、ようやくドナウ川改修委員会が機能しはじめ、蛇行していた川筋をヌスドルフからアルベルンまでの間を直線化して、285m幅の低水敷と475m幅の高水敷をもつ広い水路を掘る案がつくられ、1870年から実施されることになりました。この改修計画と並行するようにドナウ川への架橋も促進され、河川工事の完成と同時に3本の鉄道橋と2本の道路橋が完成しました。

一方、ドナウ運河沿岸地域に本流の洪水の影響が及ばないようにヌスドルフの流入口に水門が1870年に設けられました。これによって運河に流れ込む水量が調整され、運河が都市内河川として利用できるようになりました。

ドナウ運河の橋

ドナウ運河の橋は、洪水や舟運の障害にならないように、少なくとも低水敷を一跨ぎすることが求められましたが、水路の中に橋脚を設けない橋が実現できたのは、1820年代後半のことです。この頃、チェーン式の吊橋が2橋架けられました。ただ、これらの吊橋の補剛桁が木製であったこともあって、1870年頃には新形式の橋にその座を譲っています。

都市改造とドナウ川の改修が進められた頃には錬鉄の実用化が進み、より長いスパンの橋が可能になったこともあってドナウ運河には19世紀中に10橋ほどの新しい橋が完成しました。

形式はトラス、アーチ、吊橋などですが、いずれも比較的短い鉄材をリベットでつなぎ合わせた複雑な構造のもので、いかにも重厚な感じの橋が多かったようです。それらはバロック風のきらびやかなデザインの化粧板や照明灯によって飾られ、橋の名前にもマリア・テレジア橋やフランツ・ヨーゼフ改造記念橋などといった象徴的な名前が付けられました。

その頃のウィーンの状況を表すのに「世紀末」という言葉がよく使われますが、そのけだるい語感とは違って、矛盾をはらみながらもはつらつとした新しい力の台頭が見られた時代でした。力をつけた市民層を代表する政治家の活躍、クリムトに代表される分離派（セセッション）の活動、新しい素材を積極的に生かしながら機能美と装飾性の融合を追求した建築、人間性を深く追求しようとした思想や文学など新しい都市の時代の幕開けを告げるものでした。

橋においてもドイツ圏ではユーゲントシュティールと呼ばれた分離派の思潮を代表する建築家の一人であるオットー・ワグナーの作品がいくつか残されています。

そのひとつが、ドナウ運河の分岐点に設けられた水門と一体になったシェメレル橋（写真-1：p.19）または水門橋と呼ばれる橋です。この施設はドナウ川本流から運河へ流入する水量をコントロールするためのもので、上部構造には長さ46mの3列のトラスが配され、完成当時は下流側の橋の下で堰板が支えられており、その堰板を上流側の道路橋の下へ回転させながら引き上げることによって水門を通る水量を調整することになっていました。

橋本体は一見繁雑に見える構造のプラットトラスで、重厚なデザインになっています。橋端の高い塔の上にはブロンズ製のライオン像が掲げられており、親柱、橋門、高欄などの橋の付属部分には古典主義的な細かな装飾が施され、日常的な構造物に高い芸術性を取り込むとするワグナーの考え方が表現されています。

橋は第二次大戦によって損傷を受けましたが、戦後水門が橋に負荷をかけない位置に移され、橋の部分はほぼオリジナルな状態に修復されて保存されています。

ワグナーはカールプラッツ駅やヒーツィングの皇帝専用駅の駅舎の他、鉄道本体では現在のU6とU4が交差するあたりのU6高架橋（写真–2：p.19）の設計も手掛けています。

20世紀前半は鉄橋の時代といっていいほど次々と鉄橋が架けられました。1906年のマリエン橋から1939年のオストバーン橋までの間に、計8橋が完成しています。形式としてはアーチが多く、1926年に完成したフリーデンス橋（写真–3：p.19）と1931年のアウガルテン橋（写真–4：p.19）は桁橋です。このふたつの桁橋は今も健在ですが、オストバーン橋以外のアーチ橋はもう見ることができません。

この時代に架けられたドゥブリンゲル歩道橋（1911年）（写真–5：p.19）が健在です。河岸に建てられた城門のような橋脚が、ブレースドリブアーチの橋体を支えている姿は両岸に整備された河岸公園の中にあって非常に印象的な空間を演出しています。

ドナウ運河の橋のほとんどは第二次世界大戦中に破壊されましたが、その後修復されました。そして、戦後の都市交通の発展にともなって市中心部の橋の大半が新しい橋に架け換えられています。大戦中の損傷が大きかったことも一因でしょうが、旧橋の幅員が大量の交通をさばききれなくなっていたことが主な要因でした。

フランツェンス橋（1948年）や連絡線鉄道橋（1953年）の鋼アーチやアスペルン橋（1951年）やスタディオン橋（1961年）の鋼桁のような鋼製の橋もありますが、多くの橋がPC桁橋になっています。

中心市街地に架かるシュヴェーデン橋（1955年）、マリエン橋（1953年）（写真–6：p.19）、ザルツトール橋（1961年）の3つの橋の上部工はいずれも三径間連続のPC桁橋です。短い橋脚と一体になったラーメン式ですが、高水敷の側径間が短いため、橋台上に発生するアップリフトを押さえ込むような構造上の工夫がなされています。

シュヴェーデン橋

ローサウェル橋（1983年）は橋脚の1点から四方へ斜めの梁を突き出して8本の桁を支えるユニークな構造になっています。さらに上流側では、グルテル橋（1964年）、ハイリゲンシュテッテル橋（1961年）が3径間連続PC桁橋、U6の専用橋（1994年）がPC斜張橋で運河を渡っています。

ローサウェル橋

アスペルン橋

U6 ドナウ運河橋

シーメンス・ニクスドルフ歩道橋

ノルト線鉄道橋

ドナウ川の橋

ドナウ川の鉄道橋も道路橋も第二次大戦で大きな痛手を受けたことや戦後、新川が開削されたこともあって、スタットラウエルオスト線鉄道橋（1932年）が一部を補強されて使われている他は全て戦後になって架けられたものです。

ノルト線鉄道橋は1837年に初めて木桁橋で架けられ、その後1875年まで度々の洪水被害にもかかわらず維持されました。ドナウ川改修にともなって低水敷の部分が純径間約80mの4連のアーチ橋となり、戦後の復旧を経て、1957年には現在の支間長82.5mのアーチ橋に架け換えられましたが、川中の橋脚は補強されて再利用されています。

ライヒス橋（写真-7：p.19）はウィーンの中心部からドナウ川のかつての氾濫原につくられた国連都市（UNOcity）を経て、北部の近郊部を結ぶ最も重要な幹線街路の一端を担っています。19世紀半ばから仮設的な橋が架けられていたようですが、本格的な橋が完成したのはドナウ川の直線化工事と並行して行われた架設工事によってで、1876年にルドルフ皇太子の誕生日に合わせて盛大な開通式が行われました。全長は1,020m、幅員は11m強の規模を持ち、低水敷には純径間約80m、高さ7.4mのラチス桁が用いられ、左岸の高水敷や右岸の港の部分には石造アーチが連ねられていました。1937年には最大幅員26.9mの橋に架け換えられました。低水敷には中央径間241mのチェーン式吊橋が適用されましたが、これは当時世界で3番目の規模を誇るものでした。

第二次大戦末期、ロシア軍の追撃を妨げるために撤退する国防軍によってドナウ川の橋は次々と爆破されていきましたが、この橋はかろうじて破壊をまぬがれました。

ところが、1976年8月1日の早朝、突然崩壊しました。直接の要因は塔を支えていた左岸側の橋脚の上流側のコンクリート部が斜めに崩落したためで、支えをなくした一本の塔の柱が倒れ、バランスを失った吊橋全体が川中に落下してしまったのです。事故後の調査では橋脚のコンクリートの強度が収縮やクリープの影響で低下していたことが原因ではないかと分析されています。

現在の橋が完成したのは1980年のことです。構造は最大スパン約170mの2列のPC箱桁から成っていますが、箱桁の中にはUバーン（地下鉄）の軌道が設置されています。新ドナウ川の上にはU1の駅も設けられており、ドナウ川の中の島にも行けるようになっています。

現在のドナウ川には、ノルト橋（1964年）、ブリギッテナウェル橋（1982年）、プラター橋（1970年）など市中心部からドナウ川左岸のアウトバーンに直結する橋の他、フロリドスドルフェル橋（1978年）のような幹線街路の橋も架けられ、自動車交通の南北ルートが充実しています。

また、Uバーンの拡張にともなって、軌道専用の橋もいくつか架けられている他に、市民の憩いの場となっている中の島への連絡を含め、両岸を連絡する自転車歩行者専用の橋も5橋ほど架けられており、新しい橋にはカイゼルミューレン橋のような新形式も適用されています。

フロリドスドルフェル橋

カイゼルミューレン橋

ウィーン川の橋

ウィーン川は、現在かなりの部分が暗渠になっていますが、市民公園から下流部はオープンになっていて、19 世紀末に架けられた橋を見ることができます。ドナウ運河への合流部にあるラデツキー橋（写真-8：p.19）、ツォランツ歩道橋、小マルクセル橋、ストゥベン橋はいずれも長さが 30m ほどの鋼製の橋で、1900 年に完成しています。橋の側面や高欄などにはユーゲント式の装飾が施されていますが、そのデザインはワグナーの様式とかなり違っているようです。

参考文献

1） Alfred Pauser: Brücken in Wien 2005/6 Springer-Verlag/Wien
2） https://de.wikipedia.org/wiki/Reichsbr%C3%BCcke
3） 平田達治『輪舞の都ウィーン』1996 年 6 月、人文書院
4） 森本哲郎『ウィーン』1998 年 10 月、文藝春秋
5） 山之内克子『ウィーン』1995 年 11 月、講談社

12 栄光、挫折、分断、復興の軌跡――ベルリン・シュプレー川の橋

輪郭が捉えづらい街

ベルリンの街は、ドイツ国民の歴史を具現しているといえるでしょう。特に19世紀以降にドイツ国民がたどってきた歴史がこの街に凝縮されています。この街を訪れたときの第一印象は、街の輪郭が捉えづらいということでした。それは茫洋とした街の広さに要因があるようです。一方、現在の博物館島を中心とした地域を核として形成されたベルリンの街は20世紀に起こったさまざまな出来事によってその成果が徹底的に破壊され、分断されてしまい、かつて街の求心力となっていた伝統のある教会や王宮などの遺産が失われてしまっていることも大きな要因であるように思えます。

ベルリンの街の中心部をシュプレー川が東から西へ流れています。シュプレー川はチェコとの国境に近い南西部の高原に発し、北ヨーロッパ平原の中を蛇行を繰り返し、多くの湖沼を作りながら北西方向に流れ、ハベル川と合流し、やがてエルベ川に入ります。ベルリンはその舟運機能を活かしながら発展してきました。

現在、ベルリンは大都市として、近代的な体裁を整えつつあります。そこでは新しい要素を大胆に取り入れながら、残された古いものを紡ぎ合わせて何とか生かす努力がなされています。その手法が橋の施策においても具体的に表れています。第二次世界大戦中に破壊された橋でも一部が残っていれば、文化財保護の対象にしてできるだけ残しながら、新しいデザインも取り入れて多様な景観が演出されています。以下で紹介するのは、ほぼミッテ区の範囲にある橋を対象にしています。

橋のはじまり

未開拓の地であった東部ドイツへ人々の移住が始まったのは11世紀以降のことで、ベルリンをはじめいくつかの拠点の町が形成されました。ベルリンが文献上に現れるのは1237年のこととされています。それを基準にして、1987年には東西別々に750年祭が行われました。

当時のベルリンはヨーロッパの辺境に位置する小さな町に過ぎませんでしたが、1247年にはシュプレー川の北東側の古ベルリン地区と現在の博物館島の大半を占めるケルン（Cölln）地区を取り囲むように城壁が築かれました。両地区は異なる政治機構を持っていたようですが、市街地が一体化していたのはシュプレー川に橋が架けられ、往来が容易であったためです。シュプレー川は川幅がせいぜい100mほどと狭く、流れも比較的緩やかですから早くから橋が架けられていました。この地域で最も早く架けられたのはミューレンダム橋で、1220年にはすでに木橋が架けられていたようです。次いでランゲ橋が現在のラートハウス橋の位置に架けられました。

両橋によって古ベルリンとケルンでは一体感が高まり、1307年には両地区共用の新しい市役所がランゲ橋の上に建てられました。まさに橋が両地区を結び付ける役割を果したことになります。ただ両地区が合併統合されたのは15世紀半ばのことです。そして橋上の市役所は1660年代まで存続したようです。

ミューレンダム橋はその名の通り、水車（ミューレン）が設置された堰（ダム）に併設されたもので、それに近接して水車動力を利用した製粉、皮なめし、製材などの作業所が稼働していました。橋が架かると船の通航が大きく制限されることになりましたが、この橋には1カ所だけ狭い航路が設けられていたようです。

ベルリンは自治都市として運営されていましたが、15世紀半ばにホーエンツォレルン家出身の選帝侯の居城が建てられ、居城都市として発展していくことになりました。城館はランゲ橋の北西角のケルン側に建てられ、この橋がメイン通路となりました。

17世紀後半、選帝侯フリードリッヒ・ヴィルヘルムの時代には旧来の城壁の外側に、13基の稜堡と外堀を備えた城壁が築かれ、ベルリンは堅固な城塞都市になりました。同時に城壁に隣接した地域にも都市計画に基づいた新市街の整備が行われました。このとき今日までベルリンを代表する大通、ウンター・デン・リンデン（直訳すると「菩提樹の下」）がつくられています。

その前身となる道、王宮からティーアガルテン（獣苑）と呼ばれる広い森に通じる道路が王宮から狩猟へ行くための道として16世紀後半にはつくられていたようです。その道がシュプレー運河とも呼ばれるシュプレー川派川を渡るところに橋が架けられました。この橋のたもとにハンターに連れられた犬が集まったことから「犬橋」と呼ばれるようになりました。

恒久的な橋の架設

現在の博物館島を取り巻くシュプレー川とその派川には合わせて14本の道路橋が架かっていますが、18世紀の初めにはそのほとんどの位置に前身となる橋が架けられていたようです。また城壁の西側につくられたドロテーエンシュタットとその北側の町との通行を確保する

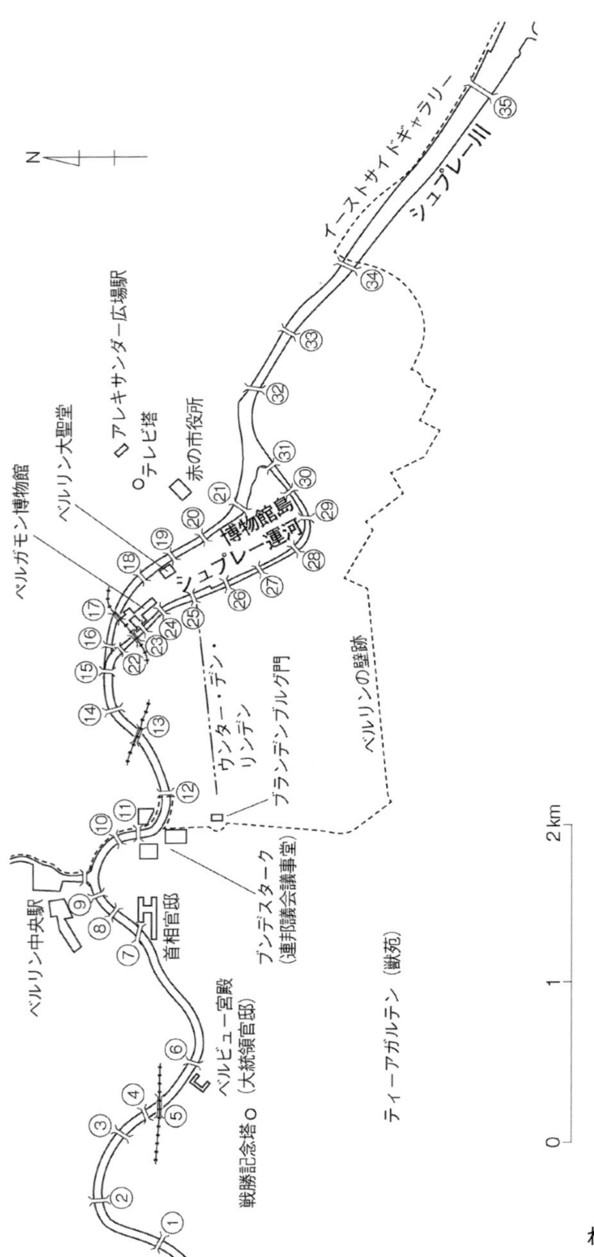

番号	橋　名	完成年
①	ハンザ橋	1953
②	レーシング橋	1983
③	モアビター橋	1894
④	ゲーリック歩道橋	1915
⑤	鉄道橋	
⑥	ルター橋	1892
⑦	カンツレラムツ歩道橋	2000
⑧	モルトケ橋	1891
⑨	グスタフ・ハイネマン歩道橋	2005
⑩	クロンプリンツェン橋	1996
⑪	マリー・エリザベス・ルーダース歩道橋	2003
⑫	マルシャル橋	1882
⑬	鉄道橋	
⑭	ヴァイデンダム橋	1923
⑮	エバート橋	1934
⑯	モンビジュウ橋（南／北）	1904／2006
⑰	鉄道橋	
⑱	フリードリッヒ橋	1982（2014拡幅）
⑲	リープクネヒト橋	1950
⑳	ラートハウス橋	2012
㉑	ミューレンダム橋	1968
㉒	鉄道橋	
㉓	ベルガモン橋	
㉔	エイセルン橋	1916
㉕	シュロス橋	1824
㉖	シュロイセン橋	1916
㉗	ユングフェルン橋	1798（1999修復）
㉘	ゲルトラウデン橋（下）	1896, 1978
㉙	グリュンシュトラーセ橋	1905
㉚	ローシュトラーセ橋	1901
㉛	インセル橋	1912
㉜	ヤノヴィッツ橋	1954
㉝	ミッチェル橋	1995
㉞	シリング橋	1874
㉟	オーバーバウム橋	1895

ベルリン・シュプレー川の橋地図

ために現在のワイデンダム橋、マルシャル橋、クロンプリンツェン橋などの位置に橋が架けられました。さらに博物館島より上流部にも橋が架けられた可能性がありますから、当時のベルリン市街地のシュプレー川には20橋近い橋が架けられていたと考えられます。そのほとんどは木杭で支えられた簡易な木橋で、その一部が跳ね橋になっていました。そのような木橋は、修復を重ねられながら19世紀になるまで存続しました。

1701年には当時の選帝侯にプロイセン国王の戴冠が許され、ベルリンの王都としての地位が確立します。これに先立って恒久的な橋が誕生しました。木橋であったランゲ橋が1694年に5径間の石のアーチ橋に架け換えられました。デザインは近接する王宮にふさわしい重厚なもので、橋の中央にはブランデンブルク大選帝侯の騎馬像が建てられました。

恒久的な橋の架設が進んだのは18世紀末から19世紀前半のことです。このうち、最も古い形態を維持しているのがシュプレー運河のユングフェルン橋（写真−1:p.20）です。今も中央径間が跳ね橋の形態になっています。ただ、実際に跳ね上げることができるかどうかはわかりません。この場所に木製の跳ね橋が架けられたのは18世紀の初めのこととされていますが、現在のように中央径間に木鉄混用の跳ね橋が採用されたのは1798年のことのようで、両側は石造りのアーチで支えられていました。

そして1939年には橋台も造り替えられ、階段で昇り降りする歩行者専用の橋になりました。近年では1999年の改修によって基礎が補強されるとともに歴史的な構造が復元されました。

橋名を直訳すると「乙女橋」となりますが、未婚の若い女性がこの橋を渡った時ぎしぎしと音がすると処女性が疑われたという言い伝えがあるようです。

かつて「犬橋」と呼ばれたシュロス橋（王宮橋）（写真-2：p.20）が石造アーチ橋になったのは1824年のことです。当時の著名な建築家シンケルのデザインになるものです。シンケルは橋脚、橋台の位置に塔を建てて8体の彫刻を飾るように構想していましたが、ナポレオン戦争の影響もあって、資金不足のために先送りされ、1842年にようやく着手されて、1857年に8体が揃うことになりました。彫像は若い戦士に対して勇気と癒しを与える女神の物語がモチーフになっています。

橋が建設された時代は舟運が活発であったために、設計通りの3径間のアーチ橋にすることが難しく、中央径間が跳ね橋にされました。シンケルの設計図が実現したのは1912年に水路の切り下げ工事が行われると同時に橋の改造が行われたときのことです。

18世紀末頃には橋の材料として鋳鉄が実用化されつつありました。1796年にエイセルン橋に鋳鉄アーチが用いられ、橋名の起源になりました。さらに下流のヴァイデンダム橋が1826年に5径間の鋳鉄アーチ橋になりましたが、設計製作ともにイギリスで行われたようです。

近代橋の開花

ベルリンの橋が一気に近代化されたのは19世紀後期から20世紀の初期にかけてのことです。この時期に鉄道橋も含めると二十数橋が石や鉄を用いた近代橋になりました。

博物館島より上流部では、オーバーバウム橋（1895年完成、7径間石造アーチ）、シリング橋（1874年、5径間レンガアーチ）、ミハエル橋（1876年、3径間鋳鉄スパンドレルブレースドアーチ）、ヤノヴィッツ橋（1883年、3径間鋼アーチ）が次々と完成し、博物館島の北側のシュプレー川本流ではラートハウス橋が1896年に3径間石造アーチに、リープクネヒト橋が1889年に同形式の橋に、フリードリッヒ橋が1900年に石張りのレンガアーチに架け換えられ、南側のシュプレー運河では、インセル橋（1912年、3径間レンガアーチ）（写真-4：p.20）、ロースシュトラーセ橋（1901年、レンガアーチ）、グリュンシュトラーセ橋（1905年、石造アーチ）、ゲルトラウデン橋（1896年、石造アーチ）（写真-5：p.20）、シュロイセン橋（1916年、鋼桁橋）が完成しています。そして島の下流端を渡るモンビジュウ橋（写真-6：p.20）も1904年に両側とも石造アーチになっています。

博物館島の下流部では、エバート橋が1894年に3径間で、中央径間が鋼アーチ、端径間が石造の橋になり、ヴァイデンダム橋が1890年に鋼バランスドアーチに、マルシャル橋が1882年に3径間鋼2ヒンジアーチに、クロンプリンツェン橋が鋳鉄製のバランスドアーチにと、この間は鉄製の橋の架設が続きました。そして1891年

シリング橋

リープクネヒト橋

グリュンシュトラーセ橋

にはモルトケ橋（写真–7：p.20）が5径間石造アーチに、1892年にはルター橋（写真–8：p.20）が3径間石造アーチ橋、モアビター橋（写真–9：p.21）が1894年に、レーシング橋が1903年に、ハンザ橋が1901年に石造アーチ橋になっています。また1915年にはゲーリック歩道橋（写真–10：p.21）が鋼製アーチで架けられました。

これらの橋には材料の違いはありますが、すべてにアーチが適用されています。この時代はなお、物流を船に頼っていたため、桁下空間を大きくとることができるアーチが選ばれたものと思われます。一方では、陸上交通も重視され、橋面が比較的フラットな橋となり、水陸交通の共存が図られました。

これらの橋梁群は、普仏戦争に勝利した直後に樹立されたドイツ帝国の首都となったベルリンのインフラ整備を象徴するものであったといえるでしょう。その建設は1914年に勃発した第一次世界大戦まで精力的に続けられたことになります。

この時代はアール・ヌーヴォーという芸術運動が活発であった時代で、ドイツ圏でもユーゲントシュティールと呼ばれ、公共施設である橋のデザインにも適用され、華麗な装飾をもった橋が数多く生まれました。この時代がベルリンにとって最も充実した時代であったといえるかも知れません。

これらの橋のほとんどが第二次世界大戦末期に破壊されてしまい、現在では元の姿を見ることができませんが、当時の姿を留めている橋がいくつか残されています。

ヴァイデンダム橋（写真–11：p.21）は1923年に鋼桁橋に架け換えられましたが、大戦中に受けた傷が比較的少なく、当時のデザインがよく復元されています。橋中央の高欄部にはプロイセンの鷲と呼ばれるドイツ帝国を象徴する鷲の大きな透かし彫りが飾られており、照明柱も往時のものが復元されました。また、赤色砂岩で化粧されたモルトケ橋とレンガ壁のルター橋は本体はもちろん、側面のレリーフ、高欄や照明柱の意匠もかなり忠実に復旧されています。

レーシング橋

ヴァイデンダム橋高覧中央部

第二次大戦による破壊からの復旧

帝都を飾る橋梁群は、壮麗さを誇った建築群とともに第二次大戦末期に徹底的に破壊されてしまいました。中でも橋は爆撃による損傷もさることながら、大半はソヴィエト軍の侵攻を少しでも遅らせるために第三帝国軍の手で爆破されました。これによってユーゲントシュティールの意匠を凝らした美しい橋はほとんどが姿を消すことになりました。

戦後のドイツ国民は東西分断という過酷な時代を長年にわたって体験することになります。ベルリンはその象徴として東西に分断され、中心部である博物館島の周辺に東西の壁が設定されたために人々の行き来が分断され、橋の復旧も進みませんでした。博物館島は東ベルリンの支配下になりましたから、周辺の橋は東ベルリン当局の手で復旧されました。本体の復元が何とか可能な橋には応急的な処置が施され、復旧が難しいものに対しては、簡易な形式の桁橋が架けられました。そして、華麗なデザインを誇った高欄や照明柱などは元通りにされることはありませんでした。その頃架けられた橋としてはヤノヴィッツ橋（1954年、鋼連続桁）、ミューレンダム橋（1968年、連続PC桁）があります。

そんな中で、1981年に東ベルリン当局によってシュロス橋（当時はマルクス・エンゲルス橋と改名）の修復が行われました。大戦中に取り外されて西ベルリン側に保管されていた8体の彫刻が東ベルリン側に引き渡されて元に戻されたことは明るい話題でした。一方では、東西の境界に接していたヴァイデンダム橋やオーバーバウム橋の近傍では東から西へ逃れようとした若者が何人も命を落とすという悲劇が繰り返されました。

1989年ベルリンの壁が崩壊、1990年にはドイツが再統一され、翌年にはベルリンが首都に返り咲き、以降首都としての体裁が急速に整えられることになりました。

ミューレンダム橋

グスタフ・ハイネマン歩道橋

その中でシュプレー川の橋の再建が進められました。

再統一後、元の姿をできるだけ残しながら、近代的な要素も取り入れて修復された代表的な例がオーバーバウム橋（写真−12：p.21）です。橋長150m、総幅は約28m、7径間の石造アーチで支えられています。下流側の平面に歩道と車道、上流側にはUバーンの高架橋が乗せられ、その下が歩行者空間になっています。中央のふたつの橋脚上には高さ30mを越える高い塔が建ち、他の6つの橋脚、橋台の上にも低い塔が建てられ、全体が赤砂岩で化粧された、ネオゴシック様式の象徴性の高いデザインになっています。

復旧にあたっては、側径間の石造アーチと塔は元の形に復元されました。損傷が大きかった中央径間のデザインについては国際コンペが行われ、構造デザイナーのカラトラバ氏の案が採用されました。この案の採用を巡っては、建築家、文化財保護担当者、舟運関係者、役所、地元の代表者などの間で長い議論が交わされました。

1999年には旧ライヒスタークを大改造して新しい国会議事堂（ブンデスターク）が完成、周辺には首相官邸や国会関連の総合ビルなどが建てられました。それにともなって新しい近代的なデザインの橋が次々と架けられました。

オーバーバウム橋中央部

1996年にはカラトラバ氏の設計案が採用されたクロンプリンツェン橋（写真−13：p.21）が全く新しい姿になりました。構造形は構面が斜めになった逆ランガー桁といえるもので、桁とアーチ部材にパイプを用いた大胆な構造になっています。

新しい中央駅と対岸のブンデスタークの公園を結ぶグスタフ・ハイネマン歩道橋、首相官邸と対岸の駐車場などを結ぶカンツレラムツ歩道橋（写真−14：p.21）、両岸に建てられた議員事務所など国会関係施設を結ぶマリー・エリザベス・ルーダース歩道橋（写真−15：p.21）などが新鮮な河川空間を演出しています。

博物館島の中心にあった王宮は跡形もなく撤去されて空地になっており、川を挟んだ北側も広い公園になっていますが、この地域では近年、再開発の槌音が響き続けています。シュプレー川の橋も架け換えや拡幅が行われ、近代的な姿に変えられています。ラートハウス橋（写真−16：p.21）は2012年に上部工に合成桁が採用された近代的なデザインの橋になりました。また、フリードリッヒ橋（写真−3：p.20）も2014年には鋼桁を用いて戦前の幅員に戻されました。

19世紀後期から20世紀初期に建設された橋のうち、石造アーチの橋は、復元可能な部分は極力古い姿に復元され、文化財に指定されています。メタルの橋は総じて復元が難しいものが多いようで、簡易な構造のまま残されているものもあります。これらの橋がどのような姿に生まれ変わるのか、興味深いところです。

参考文献

1） http://de.wikipedia.org/wiki/Kategorie:Spreebr%C3%BCcke
2） 平田達治『ベルリン・歴史の旅』2010年10月、大阪大学出版会
3） 谷克二他『図説ベルリン』2000年10月、河出書房新社

13 近代斜張橋の揺籃――ライン川中流域の橋

長大橋の条件

「シュレーグザイルブリュッケ（Schrägseilbrücke）」という言葉は、私たちのように昭和 30 ～ 40 年代に橋の建設を志したものにとってある種憧れに似た響きをもっていました。ライン川の中流域、コブレンツからデュッセルドルフの約 150km の間はまさに斜張橋の宝庫といっても過言ではありません。この間には 24 橋が架かっていますが、このうち 9 橋が近代的な斜張橋です。この他にも世界有数の長大桁橋が多く見られるのも注目すべきでしょう。これらの橋は多くの船が行き交う国際河川という条件の中で育まれてきたものなのです。

ライン川はスイスアルプスに発し、オランダで北海に流れ込む長さ約 1,200km のヨーロッパを代表する大河で、河口から 1,000km 強のバーゼルまで 3,000t 級の船がさかのぼることができるようです。ライン下りの終点になっているコブレンツから下流は平地が開け、川に沿ってボン、ケルン、デュッセルドルフなどの都市があり、対岸を結ぶ橋や近年ではアウトバーンが渡る橋の必要性が高まり、さまざまな形態の橋が架けられています。

ライン・クニー橋

ローマ時代の橋

ライン川に初めて橋が架けられたのは、紀元前 1 世紀、ユリウス・カエサルが率いるローマ軍によるものであるとされています。カエサルは現在のフランス、ベルギーなどのガリア地方へ侵攻、ローマに不服従であったゲルマンの部族に打撃を与えるべく、ライン川を渡って軍を進めました。このとき、紀元前 55 年と 53 年にライン川に臨時の橋が架けられました。架橋位置はコブレンツの下流、現在のライフェイゼン橋の付近と考えられています。

スパンは 10m 強で、橋脚には 2 本ずつの杭を上下流に 1.2m 間隔で斜めに打ち込み、梁で連結し、その上に桁が並べられました。下流側にはさらに斜杭を追加して水流の圧力への抵抗力を持たせ、上流側には防衛杭も打たれました。そして作戦終了後、橋は撤去されました。

ゲルマニア地方のローマの拠点がケルンにつくられました。後に植民地〈コロニア〉として整備され、これがケルンという町名の起源になりました。確実な記録ではコンスタンチヌスⅠ世の治世、310 年に橋が架けられました。現在のドイツ橋の近くで、19 の石積みの橋脚に支えられた長さ約 420m、幅が 10m ほどの木桁橋であったと推定されています。船を通すために中央部が開けられるようになっており、少なくとも 100 年は存続したと考えられています。この橋杭の残余がケルンのローマ・ゲルマン博物館に展示されています。

近代橋の架設

ローマ時代以降、近代にいたるまでライン川には恒常的な橋は架けられませんでした。19 世紀後半になるとプロイセンを中心にした統一国家の建設が進められ、「鉄と血」という言葉で象徴されるように政治と産業の強化によってドイツの国力が一段と強化されました。

舟運の盛んなライン川に橋を架けるには長大スパンを可能にする技術の裏付けが必要でしたが、この時代にはそれが可能になりました。ライン中流域で初めて近代橋が実現したのは 1859 年に完成したケルンのドーム橋でした。大聖堂のすぐ北側の中央駅につながる鉄道道路併用橋で、上部構造には最長スパン 103m のラチス桁が採用され、両側には高い橋門構が建てられ、当時の皇帝の騎馬像も飾られました。

1911 年にはドーム橋に変わって現在のホーエンツォレルン橋（写真-1：p.22）が完成しました。2 線をもった同じ形のアーチが 3 列に並べられています。上部工はいずれも 3 連の鋼ブレースドリブアーチで、中央の最大スパン長は 168m になっています。

次いで、コブレンツのファフェンドルフ橋の位置に 1864 年に鉄道橋が開通しました。上部工にはスパン 97m の鋳鉄製ブレースドアーチ 3 連が採用されました。1879 年に上流にホルヒハイム鉄道橋が架けられたため、道路橋として使われるようになりました。

デュッセルドルフのハマー鉄道橋は 1870 年に開通しています。流水部には 4 連のスパン 100m の鋳鉄製ブ

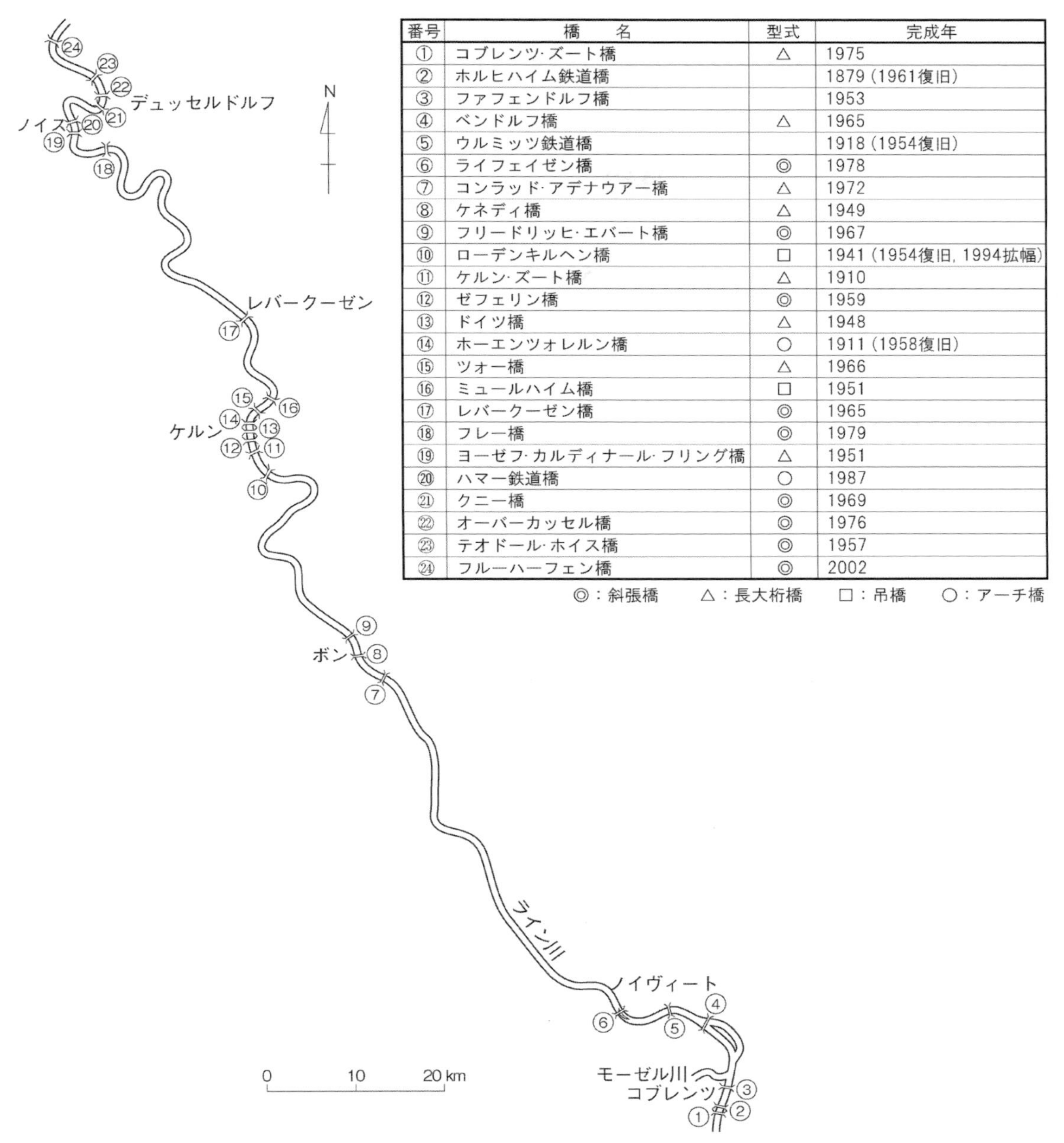

番号	橋　名	型式	完成年
①	コブレンツ・ズート橋	△	1975
②	ホルヒハイム鉄道橋		1879（1961復旧）
③	ファフェンドルフ橋		1953
④	ベンドルフ橋	△	1965
⑤	ウルミッツ鉄道橋		1918（1954復旧）
⑥	ライフェイゼン橋	◎	1978
⑦	コンラッド・アデナウアー橋	△	1972
⑧	ケネディ橋	△	1949
⑨	フリードリッヒ・エバート橋	◎	1967
⑩	ローデンキルヘン橋	□	1941（1954復旧，1994拡幅）
⑪	ケルン・ズート橋	△	1910
⑫	ゼフェリン橋	◎	1959
⑬	ドイツ橋	△	1948
⑭	ホーエンツォレルン橋	○	1911（1958復旧）
⑮	ツォー橋	△	1966
⑯	ミュールハイム橋	□	1951
⑰	レバークーゼン橋	◎	1965
⑱	フレー橋	◎	1979
⑲	ヨーゼフ・カルディナール・フリング橋	△	1951
⑳	ハマー鉄道橋	○	1987
㉑	クニー橋	◎	1969
㉒	オーバーカッセル橋	◎	1976
㉓	テオドール・ホイス橋	◎	1957
㉔	フルーハーフェン橋	◎	2002

◎：斜張橋　　△：長大桁橋　　□：吊橋　　○：アーチ橋

ライン川中流域の橋

ハマー鉄道橋

レースドリブアーチが使われました。列車需要の増大にともなって1911年には並行して同規模の橋が架けられました。両橋とも第二次大戦中に被弾して崩壊し、仮復旧されましたが、1987年には主橋梁部にスパン250mの鋼ランガートラスをもつ新橋に生まれ変わりました。

ケルンのズート橋は増大する貨物輸送を補うために1910年に完成しました。1906年から工事が始められましたが、架設中に落下事故が起き、8名の作業員が死亡しました。主構部は中央スパン165m、両側102mのいずれも鋼製ブレースドリブアーチより成っています。橋の両側にはケルン市の要望で歩道が設置されました。

ケルン・ズート橋

コブレンツの下流に架かるウルミッツ鉄道橋（写真-2：p.22）は第一次大戦の最中に軍事戦略的な目的で建設されました。上部工は最大スパン 188m のラチス桁で、橋名には当時の皇太子の名前が付けられました。

この頃に建設された鉄道橋には橋詰に立派な橋門構や橋頭堡ともいうべき高い塔が建てられていました。これらは建築的な装飾の意味もありましたが、軍事的に橋を守備する要塞の役割をもっていました。

鉄道橋に比べて道路橋の整備は遅れました。本格的な道路橋としてはデュッセルドルフのオーバーカッセル橋が初めてのもので、1898 年に完成しています。低水敷にはスパン 180m 強の鋳鉄製ブレースドリブアーチ 2 連が使われました。ボンでもそれまでは綱渡船しかなかったところに旧ライン橋が 1898 年に架けられました。中央部に用いられた 188m のブレースドリブアーチは当時の世界最長のアーチであったとされています。

20 世紀前期のライン川を彩ったのはケルンの吊橋群でした。まず、ドイツ橋が 1915 年に完成し、流水面を中央径間長 185m の 3 径間自碇式吊橋が渡っていました。吊材は鉄板を重ねたチェーン式で補剛桁は連続構造の鈑桁が用いられました。東京・隅田川の清洲橋にはこの形式が採用されたとされています。

1927 年に完成したミュールハイム橋にも同じ形式が採用されており、センタースパンが 315m と当時ヨーロッパ最大の橋でした。次いで、1941 年に完成したローデンキルヘン橋は画期的な近代吊橋でした。この橋の設計を主導した F. レオンハルトはアメリカの技術に対抗するようにケーブルを用いて大地に定着した本来の吊橋を目指しました。橋長は 567m、中央径間は 378m で、ヨーロッパ最大の記録を塗り替えました。

戦時の破壊と復旧

第二次世界大戦ではライン川の橋のほぼ全てが破壊され、バーゼルからオランダまでの間にあった 73 橋がすべて不通になったとされています。ケルンの吊橋のように連合軍の爆撃によって破壊されたものもありましたが、多くが連合軍の侵攻を妨げるためにドイツ国防軍の手で爆破されました。

戦後の復旧は比較的早く進められました。ケルンの橋ではズート橋が 1946 年には仮復旧されて 1 線だけが通れるようになり、1950 年には元通りになりました。そして 2006 年には文化財に指定されています。ホーエンツォレルン橋は応急処置によって 1948 年には一部の通行が可能になりましたが、今日のような姿になったのは 1958 年のことです。

自碇式吊橋であったドイツ橋の復元は難しく、元の下部工の上に 3 径間の鋼床版桁橋が 1948 年に架けられました。技術的な指導をしたのはレオンハルトで、中央径間 184m の桁橋は近代的長大桁橋の先駆けとなりました。同じく吊橋であったミュールハイム橋は旧橋の下部工を利用して新しい吊橋が企画され、1951 年に完成しました。ローデンキルヘン橋（写真-3：p.22）も同じ吊橋として復活されました。材料の改良を加えながら 1954 年には新しいアウトバーンの一環としてスタートしました。この橋は 1994 年に拡幅工事が行われ、珍しい並列型吊橋になっています。

コブレンツとその近郊では、ホルヒハイム鉄道橋の 1

ドイツ橋

ミュールハイム橋

ファフェンドルフ橋

線が仮復旧、完全復旧は 1961 年のことです。ウルミッツ鉄道橋は 1953 年から翌年にかけての工事で元のラチスガーダーの姿が蘇りました。

第二次大戦末期、差し迫ったアメリカ軍の侵攻を妨げるために国防軍の手で爆破されましたが、橋の上に退却中の 100 人程度の兵士や馬などが残されたまま凍てついたライン川に落下しました。犠牲者の数は不明のままで、2012 年にようやくその悲劇を伝える記念碑が建てられました。橋は戦後、元の形式で再建され、保存すべき文化財に指定されています。また、ファフェンドルフ橋は翌年には仮橋によって一部の交通が確保され、1953 年には現在の鋼鈑桁橋が完成しています。

ボンの旧ライン橋もナチス軍によって爆破されましたが、下部工がほとんど無傷であったため、ほぼそのまま利用されて 1949 年には連続鋼鈑桁が架けられました。そして 1963 年にはアメリカ大統領 J.F. ケネディをしのんでケネディ橋（写真–4：p.22）と名付けられました。

斜張橋の揺籃

斜張橋技術の発展は一跨ぎできる距離を長くすることはもちろんですが、ケーブル本数を増やし、補剛桁の高さをより低くすることも目安になります。桁の剛性が低くなると風によって振動が発生する可能性も高くなるためそのための対策が必要です。近代的な都市の景観にふさわしい、直線的ですっきりした外観にするには塔の形をより直線的に仕上げることやケーブルの定着部が外から見えないようにするなど、視線の妨げになる要因をできるだけ取り除いていく工夫も必要になります。

デュッセルドルフにテオドール・ホイス橋（通称ノルト橋）が 1957 年に完成して以来、ライン川の中流域には 9 橋の斜張橋が架けられました。特にデュッセルドルフではこの橋とクニー橋とオーバーカッセル橋の 3 橋が並んで架けられており、斜張橋ファミリーと呼ばれています。

デュッセルドルフの斜張橋ファミリーは都市景観を重視する計画プランナー、F. タムスの考え方に沿って実現しました。その都度の技術的進展はレオンハルトの指導によるものです。

テオドール・ホイス橋（写真–5：p.22）は、低水敷の両岸に設けられた橋脚の上に 2 本ずつの塔を建て、等間隔の 3 列のケーブルによって桁と連結されており、中央径間長は 260m、側径間長は 108m で、上段ケーブルは端橋脚の位置に定着されています。高さ 41m の 4 本の塔は独立しており、箱形の桁とは剛結されていて、それぞれのケーブルは桁高 3.12m の桁の中に定着されています。

クニー橋（1969 年）（写真–6：p.22）はライン川が大きく湾曲している内側、左岸側に塔を建て、スパン 320m の桁を吊っています。高さ 114m の独立した 2 本の塔は T 型断面をもち、上へ行くほど細くなっており、屹立感が強調されています。塔から平行に張られた 4 段のケーブルは、左岸の高水敷に設けられた橋脚の位置に定着され、揚力が橋脚に直接伝えられるため鈑桁型式の補剛桁の桁高は 3.4m とかなり低くなっています。

オーバーカッセル橋（1976 年）（写真–7：p.22）はクニー橋と同じく非対称形で、4 段のケーブルで低水敷上のスパン 258m の桁を吊っていますが、1 本の塔が中央分離帯上に建てられ、ケーブルも一面吊りですからすっきりした外観になっています。一面吊りにしたために桁はねじり合成の高い箱桁が必要になりました。3 つの斜張橋ファミリーを見ますと技術と景観に対する発展と変化を実感することができます。

1959 年に架けられたケルンのゼフェリン橋（写真–8：p.22）は、高さ 77m の A 型の塔が 2 列の箱型の桁を吊る構造になっています。塔が右岸側に寄せて建てられた非対称形で、主径間長は 302m、側径間長は 121m です。桁高はやや大きく、中央橋脚上で 4.6m、端橋脚上で 3.2m になっており、3 段のケーブルはそれぞれ桁内に定着されています。そして主径間側の上段ケーブルは径 84.4mm のロックドコイルロープ 16 本が束ねられています。塔が右岸寄りに建てられたのは左岸側にそびえるケルン大聖堂の塔との景観上のバランスを意識したためであると説明されています。

ケルン近郊のレバークーゼン橋（1965 年）（写真–9：p.23）は中央径間が 280m のオーソドックスな 3 径間の斜張橋です。中央分離帯上に建てられた一本塔から張られた 2 段のケーブルが桁を支えた力強い外観になっています。

いわゆるマルチケーブル斜張橋の草分けとなったボン北郊のフリードリッヒ・エバート橋（ボン・ノルト橋）

（写真−10：p.23）では、両岸の塔が20本のケーブルによって中央径間280m、側径間120mの箱桁を吊っています。ケーブルを多くすると定着点は多くなりますが、ケーブルは細く、定着点の構造がコンパクトになり、桁の高さも低くすることができるので、スレンダーで優美な姿になります。

その後もコブレンツの下流にライフェイゼン橋（1978年）（写真−11：p.23）やデュッセルドルフの上流にフレー橋（1979年）（写真−12：p.23）が完成しています。フレー橋は左岸側に建てられた逆Y型の塔から7段のケーブルを張って、流水面上のスパン368mの桁を吊っています。ライフェイゼン橋は川の中央部にある島の上に2基の橋脚を作り、その上に橋軸方向にA型の塔を建て、11段のケーブルによって両側のスパン212mと235mの桁を吊る構造になっています。

2002年に完成したデュッセルドルフ北郊のフルーハーフェン橋（写真−13：p.23）は橋軸方向に逆三角形の塔を配した特異な形になっています。スパン288mを吊るには110mの高さの塔が必要であるとされましたが、右岸側に飛行場があり、高さが34mに制限されたので塔を低くしてケーブル位置をスパン中央に近づけるために逆三角形の塔が考案されました。

斜張橋のデザインの神髄は塔、ケーブル、桁が織りなす直線性にあると考えます。その意味で、ハープ型ではオーバーカッセル橋、マルチケーブル型ではフリードリッヒ・エバート橋が斜張橋デザインの頂点に立つものといってもいいでしょう。これより後につくられた斜張橋は塔の形などに新規性を出すための種々の工夫がなされていますが、デザイン的には爛熟感が免れないように思われます。

ライン川の斜張橋を概観しますと、その発展史をたどることができます。技術的、景観上の工夫が積み重ねられ、その情報が具体的に世界へ発信し続けられてきました。現在ではスパン1,000mを超える斜張橋も生まれていますが、この地域が近代斜張橋の揺籃の地であるという歴史は揺るぎようがありません。

長大桁橋

ライン川の橋のもうひとつの特徴はスパン200mを超えるような長大桁橋が多いことです。第二次大戦末期に破壊されたケルンのドイツ橋とボンの旧ライン橋は戦後間もなく鋼床版桁橋に衣更えされました。

その後、デュッセルドルフにヨーゼフ・カルディナール・フリング橋（1951年）、コブレンツにベンドルフ橋（1965年）のような中央径間が200mを超える橋が架けられ、1966年にはケルンにスパン259mをもつツォー橋（写真−14：p.23）が完成しました。ツォー橋の主構造は基本的には2径間連続鋼床版箱桁です。長径間が左岸側に伸びていますが、護岸近くに2本の支柱が建てられ、桁を受ける構造になっています。

ヨーゼフ・カルディナール・フリング橋

次いで、1972年にボン・ズート橋（コンラッド・アデナウアー橋）（写真−15：p.23）、1975年にコブレンツ・ズート橋（写真−16：p.23）が完成しました。両橋とも中央径間が230mを超える最大級の鋼桁橋ですが、支点上の桁下に短い支柱が付けられていて、沓の上に乗る構造になっています。

ライン川の長大桁橋は総じて橋脚が大きく、景観上のバランスが配慮されています。また下フランジの滑らかな曲線が、優美さを強調しています。

ライン川の桁橋には、旧橋を引き継いだ一部の橋を除いて、スパンが200mに達する構造が採用されています。それはライン川の舟運機能が重視され、架設中でも航行の妨げにならないように工夫された結果生み出されたものです。しかし悲惨な事故も経験しています。

1971年、コブレンツ・ズート橋では両岸より中央へ向かって張り出し架設をしていましたが、最終段階で100m以上の桁が張り出されたとき、支点近くの桁の下フランジに部分座屈が発生し、桁が川中に落下しました。作業中の人たち13人が犠牲になるという大事故でした。

この頃、ウィーンのドナウ川橋、イギリスのミルフォード港橋やメルボルンのウェストゲート橋などでも同様の事故が続きました。原因は設計計算のミス、溶接の欠陥なども指摘されましたが、基本的には板の圧縮力に対する耐力不足が原因とされ、以降、鋼板の補剛構造の指針が見直されることになりました。

ドイツでは第二次大戦中に、そのインフラが日本と同様に壊滅的に破壊されました。戦後も東西分断という試練を経験することになりました。そんな中でも復興の立ち上げが早く、短時間に橋梁王国に成り得た要因は、潜在的な国力が高かったためでしょうが、橋梁の技術力も高く、継続性も高かったといえるでしょう。レオンハルトのように戦前に活躍し、戦後も継続して新しい技術開発に挑戦し続けた技術者がいたことが戦後の空白を埋めた要因でしょう。さらにいえば、新しい技術的な挑戦を是とする風土があることも大きいでしょう。落橋事故のような不幸にもかかわらず、新しい挑戦が支持されたことが技術者の背中を押すことになったと思われます。世界をリードする橋梁技術も多くの欠陥の絶え間ない改良の結果、つくり出されたことを忘れてはなりません。

参考文献

1）カエサル著、國原吉之助訳『ガリア戦記』pp.133-137、211-212、1994年5月、講談社
2）http://de.wikipedia.org/wiki/Liste_der_Rheinbr%C3%BCck-en
3）http://www.rheinische-industriekultur.de/objekte/koeln/bruecken/bruecken.html
4）Fritz Leonhardt, “Brücken/Bridge” pp.153-162, 257-278 1982/8
5）Heinrich Heß:Die Severinsbrücke Köln “DER STHLBAU” 8.1960
6）E.Beyer, E.Volke: Neubau und Querverschub der Rheinbrücke Düsseldorf-Oberkassl “DER STHLBAU” 3.1977

14 舟運と都市交通との両立──アムステルダムの橋

町の成り立ちと橋の役割

アムステルダムは北のヴェネチアといわれるほど運河が発達した町ですが、ヴェネチアとは違って広い道路をもち、トラム軌道が縦横に張り巡らされているなど高度な近代的都市機能が集積した都市になっています。

アムステル川の下流部を軸に14世紀頃から町の建設が始まりました。町を守るための城壁が築かれるとともにそれに沿って運河を兼ねた堀が開削されました。15世紀になると、新しい運河、シンゲルとヘルデルセカーデに沿って城壁がつくられ、町が拡大しました。そして

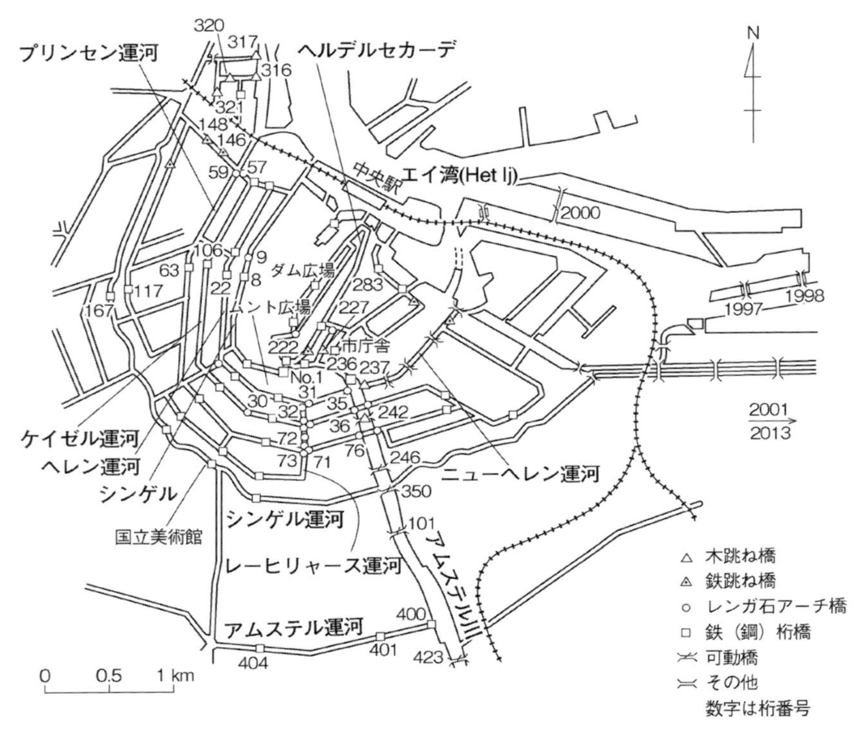

番号	橋　名	完成年
1	ムント橋	1915
8	ホイスジッテン橋	1925
9	トーレン橋	1648
22		1925
30		1922
31		1735
32	カース橋	1725
35	ヘンドリックヤコブススタッツ橋	1728
36	ルーカスヤンツシンク橋	1769
57	パピールモレン橋	1781
59	レッケレ橋	1754
63	ニューウェ･ヴェケス橋	1925
71	ドゥイフェス橋	1871
72		1872
73		1871
76	フランスヘンドリクスートゲンス橋	1773
101	ニューアムステル橋	1903
117		1927
146	オラニエ橋	1898
148	ドメル橋	1899
167		?

番号	橋　名	完成年
222	アルミニューム橋	1896（1956改造）
227	スタールミーステルス橋	1888（以降修復）
236	ブルー橋	1884（1999復旧）
237	ワルター･スースキンデ橋	（1972架換）
242	マヘレ橋	1871（以降修復）
246	ホーヘ橋	1884
283	ワールセイラント橋	1913
316	ザントフーク橋	?
317	ペテマエン橋	?
320	ドリーハーリンゲン橋	1983
321	スローテルデイケル橋	1845（1952架換）
350	トロント橋	1974
400	ピートクラマー橋	1921
401		1926
404		1928
423	ベルラーヘ橋	1932
1997		
1998	ピトン橋（大蛇橋）	2001
2000	ヤン･スヘーフェル橋	2001
2001	エネウス･ヘールマ橋	2001
2013	ネスシオ橋	2006

アムステルダムの橋地図

17世紀にはシンゲル運河を外堀にして、火器による防御のために多くの稜堡をもつ城壁が築かれました。現在の運河の形にもそれぞれの時代の痕跡をたどることができます。

アムステルダムは運河の町であると同時に橋の町でもあります。水上交通と陸上交通のバランスを保つために、その接点にある橋は時代に応じて、その構造や姿を変化させてきました。

各時代の絵地図などによりますと、16世紀には50橋ほどに過ぎなかった橋が、1600年頃には100橋を越え、その後の急激な都市発展によって、100年後には300橋ほどに増えています。現在では、市の統計によると、1,750橋ほどの橋がありますが、それらにはメトロなどの鉄道橋、管路橋なども含まれていますので、一般の道の橋の数は1,600余といったところでしょう。アムステルダム市域の橋には一連番号が打たれていて、2300番台に達していますが、かなり欠番があります。このうち固有の名前を持っている橋は百数十橋ほどしかありません。

橋の形式の変遷

初期の橋は簡易な構造の木桁橋でした。高いマストの船が通れるように中央部に隙間が設けられていた橋もありました。一部には跳ね橋も採用されました。その後の都市発展の中で、17世紀には木桁橋に代って多くのアーチ橋が建設されるようになりましたが、そのほとんどがレンガアーチ橋でした。

木桁橋もそうですが、アーチ橋も船の通行にはかなりの障害になります。このため舟運利用が多い運河では木造の跳ね橋が多く採用されました。跳ね橋はオランダの代表的な風景を構成する要素になっていますが、都市においてもその景観形成に一役買うことになりました。

19世紀になると、産業革命の成果によって都市は大きな変貌を遂げることになります。アムステルダムでも広い道路や大量輸送機関が必要になり、橋の機能も大きな影響を受けることになりました。

最初は馬車トラムが導入され、後に電車に変わりますが、鉄軌道は急な勾配には適していないためレンガ・石アーチ橋の橋面を切り下げ、より平面的な構造の橋に架け換えることが必要になりました。これに合わせるように錬鉄、続いて鋼が実用化されるようになると、主要な道路の橋は扁平な鉄桁橋に架け換えられていきました。構造的にはH型の桁を並べて、その間にもコンクリートを充填した、いわゆる床版橋スタイルの橋がほとんどでした。これらはプラートブルフと呼ばれています。

こうして市の中心部にあった伝統的な木橋やアーチ橋は、1800年頃には約100橋ずつあったものが、1875年頃には50橋前後となり、第二次大戦後にはオリジナルの木橋が3、アーチ橋が15橋に減ってしまいました。

このような都市の膨張及び近代化の中で、20世紀の前半にはアムステルダム派の建築様式が都市計画や建築デザインの主潮となりました。橋のデザインもこの影響を受けた設計者が担うことになります。橋本体はできるだけ構造高を低くした床版橋が中心ですが、高欄や照明灯などは鋳鉄製の装飾性の高いものが採用され、石の彫刻で飾られることも多く、アムステルダムの橋の独自性が強調されています。

第二次大戦後は、地域の都市景観における伝統的なアーチ橋の役割が見直され、10橋を越える桁橋がレンガと石のアーチ橋に架け換えられました。同様にいくつかの木造跳ね橋の復元も試みられており、失われた高欄の復元など、橋の文化財としての役割を重視した取り組みがなされています。

跳ね橋

オランダの橋といえば、真先に白い跳ね橋が思い浮かびますが、アムステルダムでも古くから天秤棒に支えられた木製の跳ね橋が架けられており、1600年頃の都市地図にも数多く描かれています。しかし都市化の進展とともにそのほとんどが姿を消し、古い形式のものは鋼製のものを含めて十数橋が残っているに過ぎません。

その中で最も有名な橋がマヘレ橋（No.242）（写真–1：p.24）で、アムステルダムを象徴する橋といえるでしょう。橋は1670年頃に初めて架けられたとされていますが、以降何回も架け換えられてきました。マヘレという言葉には、痩せたとか薄いという意味がありますが、ここでは「狭い」という意味が的確でしょう。

1871年に現在のような9径間の橋になりました。中央の両開きの跳ね橋は、太い柱で支えられた天秤棒が一方で跳ね上げ桁を吊り、他方にカウンターウェイトを乗せてバランスを取った構造になっています。また両側の4径間は、外面は木板で囲われていますが、木杭で支えられた木製アーチからなっています。その後30年程度の周期で規模の大きな補修を施されながら17世紀風のデザインが今日まで伝えられてきました。

マヘレ橋の近くにふたつの木製跳ね橋があります。アムステル川の右岸道路がニーウヘーレン運河を渡る所に架けられた両開きの木製跳ね橋（No.237）は、強制収容所で命を落したユダヤ人の人権活動家の名前をとって、ワルター・スースキンデ橋と名付けられています。また、ヘルーン堀に架かる片開きの跳ね橋（スタールミーステルス橋 No.227）は19世紀からの歴史を伝える橋で、橋名はレンブラントの名画の題から付けられたようです。

ワルター・スースキンデ橋（No.237）

ドリーハーリンゲン橋（No.320）

中央駅から北西方向へ約 1km の「西の島」にも 4 つの木製跳ね橋が見られます。最も古く文化財として保護されているのがスローテルデイケル橋（No.321）（写真−2：p.24）で、1845 年以来の姿が保たれており、高欄は 19 世紀の典型的なデザインになっています。また、3 匹のニシンという名前をもつドリーハーリンゲン橋（No.320）は、車が通れない、幅 2m ほどの可愛らしい印象の橋です。以前は違う形式の橋でしたが、1983 年に現在の形式になりました。その他の 2 橋（No.316、No.317）も景観保全のために近年、木製の跳ね橋に架け換えられました。

鉄製の跳ね橋はそのほとんどが 19 世紀末から 20 世紀初に架けられたものです。市中心部のクロフェニール堀に架けられた通称アルミニューム橋（No.222）は、元は 1896 年に完成したものですが、1956 年に床版部をアルミ製に取り替えたためにこの名前が付けられました。

ブロウウェルス運河にもふたつの鉄製跳ね橋（オラニェ橋 No.146、ドメル橋 No.148）（写真−3：p.24）を見ることができます。いずれも 19 世紀末の建造ですが、近年大規模な修復工事が行われたことがその銘板から読み取れます。

レンガ石アーチ橋

アーチ橋の主構は円または楕円曲線よりなり、本体は主としてレンガよりなり、アーチ外面の隅角部には砂岩などの自然石が使われ、その曲線を際立たせています。シンゲルに架かるトーレン橋（No.9）（写真−4：p.24）は約 40m の幅をもつ広場のような橋で、1648 年に築造されました。橋は 4 連のアーチよりなっていますが、東端のアーチの下は古くは牢獄として使われていたようです。橋名はかつて橋に隣接して塔門があったことに由来していますが、門は 1829 年に撤去されました。橋上にある胸像は、植民地主義を批判した小説で知られる作家、ムルタトゥリのものです。車の通行は少なく、季節によっては橋上カフェが開かれ、若者の人気を集めています。

橋はオランダ語では通常ブルフ（Brug）といわれますが、古い橋でスライス（Sluis）と呼ばれているものがあります。スライスは通常水門や閘門を指しますが、古くは木橋をブルフといい、レンガ石の橋がスライスと呼び分けられていた名残です。

アムステル川の左岸道路がヘレン運河、ケイゼル運河、プリンセン運河を渡る所にそれぞれ 3 連のレンガ石アーチ橋（No.35、No.36、No.76）が架けられています。いずれも 18 世紀半ばに造られたもので、橋名には 17 世紀にこの付近の建設事業に関わった技師たちの名前が付けられています。対岸の右岸道路に沿ったふたつのアーチ橋は 20 世紀後半に架けられたものですが、古い時代のスタイルが復元されています。

レーヒュリャース運河が扇形の各運河と交差する所にはそれぞれ 2 ないし 3 基のアーチ橋が架けられており、最も北のヘレン運河の交差部からはそれらのアーチ橋を見通すことができるため、観光スポットのひとつになっています。これらのアーチ橋は 18 世紀前半からのオリジナルの構造を維持しているものもありますが、中には 20 世紀後半に復元されたものもあります。デザインは

レーヒュリャース運河とプリンセン運河交差部（No.72、No.71）

古い時代のものに統一されており、周辺の街並に溶け込んでいます。

ブロウウェルス運河とプリンセン運河の交差部にも18世紀起源の1径間と3径間のレンガアーチ橋（No.57、No.59）（写真-5：p.24）を見ることができます。

近代都市への対応とアムステルダム派の思潮

勾配の低い床版橋は都市の近代化の証であるといえるでしょう。市街の中心に位置しているムント広場の下は水路になっていて、ここには幅の広い橋が架けられています。橋長は6mほどですが、幅は70mもある市内で最も幅の広い橋で、アムステルダムの橋の総番号制の栄えあるNo.1が与えられています。古い時代にはレーヒュリャース門の前に木造の跳ね橋がありましたが、17世紀には石のアーチ橋が架けられました。19世紀の後半に馬車トラムが敷設されたとき勾配を緩くするために鉄製の桁橋に架け換えられました。現在の橋は1915年に基本形が完成、以降広場が拡張されるたびに拡幅されて今日に至っています（写真-6：p.24）。

これと同じように現在トラムの路線に当たっている橋はほとんどが鉄製の桁橋（写真-7：p.24）になっています。

20世紀前期、アムステルダム派の思潮が橋のデザインにも大きな影響を与えました。その初期の例がファン・デル・メイによって設計されたワールセイラント運河に架かるワールセイラント橋（No.283）（写真-8：p.25）です。両側は橋脚、橋体、高欄が一体となったレンガ造りになっており、中央部の桁橋の高欄や照明柱のデザインがその特徴をよく示しています。

この時期のアムステルダムの橋のデザインを指導したのがピート・クラマーで、市の公共建設局橋梁課の技師として、彫刻家との共同作業によって、200橋以上の新設、改築にたずさわっています。その1つ、アムステル運河のアムステル川からの分岐部に架かる橋（No.400）には彼の名前が与えられています。

アムステル川の橋

アムステル川には華麗でさまざまな意匠の橋が並んでいます。最も下流にあるブルー橋（No.236）（写真-9：p.25）は16世紀に初めて木桁橋として架けられましたが、その桁が鮮やかなブルーに塗られていたことから、いつしかその名が定着したようです。1884年には3径間全てが鉄製のアーチになり、現在見られるような堂々とした彫刻で飾られた橋になりました。次の架け換えによってすべて扁平な桁橋になりましたが、1999年には元の姿への復元が試みられ、中央は桁橋ですが、両側はアーチの姿に戻されています。下部や橋上は元のままで、橋脚の側面は古い船の舳先とオールが表現された彫刻で飾られています。照明灯は大理石製の太い支柱で支えられ、その頂部や親柱の上にはアムステルダムを象徴する王冠が飾られています。

東西のシンゲル運河の分岐点のすぐ下流部に架かるホーヘ橋（No.246）（写真-10：p.25）は17世紀半ばに城壁の一環となる石造の橋として架けられたとされ、橋の一部は両開きの跳ね橋になっていたようです。

現在のホーヘ橋は1884年に完成したもので、川中の9径間の中央が両開きの跳開橋になっており、両側の4径間は鉄製のアーチよりなり、その側面に市の紋章が飾られています。高欄、照明柱は石造りで全体として重厚な印象のデザインになっています。そして主構造部が1994年に改築されて現在に至っています。

ホーヘ橋のすぐ上流のトロント橋（No.350）（写真-11：p.25）は1974年に完成した近代的なデザインの橋です。

ニューアムステル橋（No.101）は1903年に開通しましたが、環状道路を目指す計画道路の一環となるもので、環状線橋という別名もあります。7径間の中央は両開きの跳開橋で、両側はレンガと石で装飾されたアーチ橋になっています（写真-12：p.25）。

さらに上流のベルラーヘ橋（No.423）は1932年に開通しており、市の郊外への発展を象徴する橋でした。橋

ピート・クラマー橋（No.400）

ベルラーヘ橋

名は設計者の名前にちなんでいます。5径間よりなり、中央は片開きの跳開橋、両側の2径間は扁平な桁橋になっています。橋脚や川側に大きく張り出された橋台は白い石に縁取りされたレンガ積みで、メリハリのあるデザインです。

アムステル川のマヘレ橋からベルラーヘ橋まではどの橋も跳開式の可動橋になっていて、マストの高い船も遡ることができます。ブルー橋から下流の運河はどれも高い船の航行は難しい状態ですが、唯一ニーウヘーレン運河の橋は全て可動橋になっていて、エイ湾からアムステル川へ遡る船のルートが確保されています。

周辺部の新しい橋

アムステルダムではエイ湾周辺の埋立地を利用して新しい港湾施設や新市街地の開発が進められています。その中で新しい橋も建設されており、斬新なデザインの橋も生まれています。

中央駅から約3km東のスポーレンブルクとボルネオ島を結ぶユニークな形のふたつの赤い橋が2001年に架けられました。両橋とも自転車歩行者専用の橋で、立体的なラチス構造になっています。東側の「高い橋」はそのうねるような形からニシキヘビ橋とかアナコンダ橋と呼ばれることもあるようです（写真-13：p.25）。

エイ港を跨いでジャワ島へ渡るヤン・スヘーフェル橋も2001年に完成しています。全長は約280m、幅員は20mほどで、両側が広い自転車歩行者専用車線になっています。ハの字形に配置されたパイプ支柱の橋脚によって、歩車道境界に置かれたフィーレンディール構造の桁を支える構造のように見えます。ユニークな構造ですが、構造的にどのような利点があるのかよくわかりません。

エイ湾沿いのニュータウン・エイブルフと市中心部を結ぶ道路とトラム軌道が併設されたエネウス・ヘールマ橋（No.2001）は2001年に完成しました。形式はスパン75mのふたつのニールセン型アーチからなりますが、主構が3列並べられた珍しい形です。中央の短いスパンを挟んで、流れるような曲線が演出されています（写真-14：p.25）。

環状高速道路のすぐ東側、レイン運河を跨ぐ自転車歩行者専用の橋、ネスシオ橋（No.2013）（写真-15：p.25）が2006年に完成しました。全長は800mに及びますが、運河を渡る主径間は168m、形式は一面吊りの一本ケーブルの吊橋です。両岸ともに歩行者と自転車のアプローチがY字に交わり、全面的に曲線で構成される線形をもっており、優美なデザインになっています。

ヤン・スヘーフェル橋（No.2000）

マケラース歩道橋

参考文献

1）ヘルマン・ヤンセ著、堀川幹夫訳『アムステルダム物語』2002年8月、鹿島出版会
2）http://www.bruggen.amsterdam.nl/
3）https://nl.wikipedia.org/wiki/Lijst_van_bruggen_in_Amsterdam

15　「橋」の町の橋――ブリュージュの橋

「橋」の町

日本も含めて、多くの国ではこの町をブリュージュ（Bruges）と呼ぶことが多いようですが、このフランドル地方はフラマン語、すなわちオランダ語圏で、地元ではブルッヘ（brugge）と呼んでいます。ちなみにBruggeは、橋を意味するBrug（ブルフ）の複数形で、橋の多いこの町の名前としてはふさわしいのですが、橋が多いからこの町の名前が生まれたのではなさそうです。

ブルッヘという地名はこの地を流れるレイエ河の原語であるルギア（Rugia）から派生し、北方ゲルマン語で河岸や波止場を意味するブリッギア（Bryggia）という言葉が融合してブルッギア（Bruggia）というこの町の古い名称が生まれたと考えられています。

レイエ河などの元の流れに手を加えて整備された運河には88もの橋が架けられていたようです。運河の埋め立てによって減ったとはいえ、現在も50橋余りの橋が架けられており、結果としてはブリュージュ（ブルッヘ）は「橋の町」にふさわしい環境を保っているのです。

町は外堀となる外周運河と市壁で囲まれ、塔を構えた9つの市門を備えていました。そして市域内には水路が縦横に張り巡らされており、ブルフ広場を含む市の中心部は、東のシント・アンナ・レイ、南のフルーネ・レイ、北のシュピーゲル・レイ、西のクローン・レイの4つの運河で囲まれていました。その多くの部分が昔の姿をとどめています。レイ（Rei）とは水路とそれに沿った道路を一体として指す言葉です。かつては水路の岸が物上げ場として利用され、沿岸の町と一体になっていたことがうかがえます。

石橋の架設

ブリュージュで最も古い橋梁群を見ることができるのは、市中心部を西から北へ囲むように形成された運河上です。西からスピールマンス・レイ、アウフスティネン・レイ、ホウデンハント・レイと名前を変えて、ランゲ・レイに合流する運河には14世紀に架けられた4つの石造アーチ橋が残り、17世紀に架けられたエゼル橋

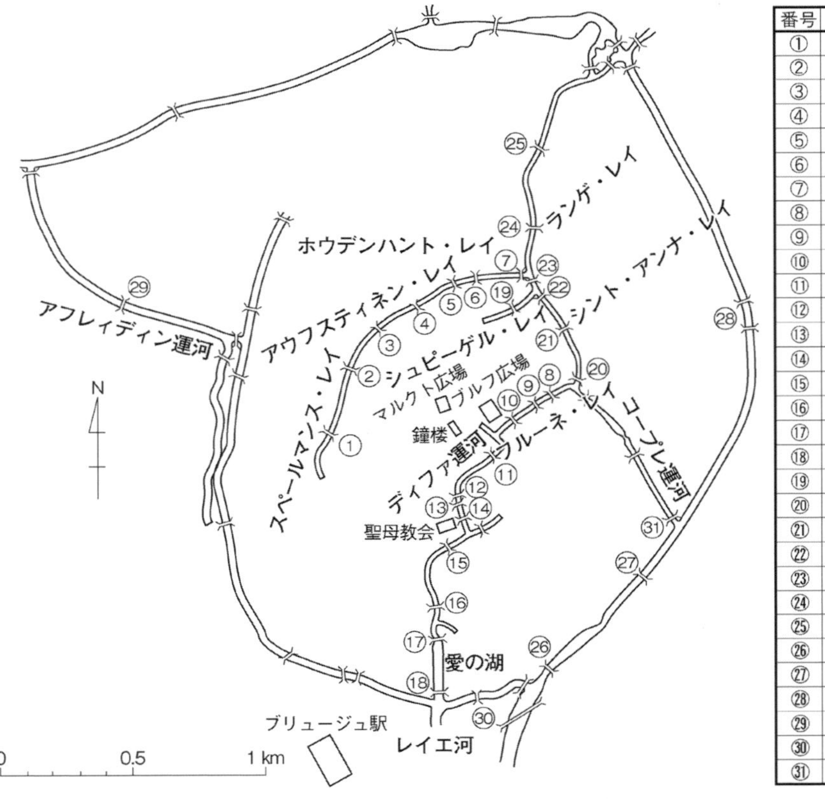

番号	橋　名	年代
①	スリューテル橋	1331
②	レーウェン橋	1627
③	エゼル橋	17c
④	フラミン橋	1331？
⑤	アウフスティネン橋	1391
⑥	トーレン橋	1390
⑦	ホウデンハント橋	20c初
⑧	ペールデン橋	1642
⑨	ミー橋	1390
⑩	ブリンデ・エゼル橋	1855
⑪	ネポムセヌス橋	1357
⑫	フルートフース橋	1760
⑬	アーレンツホイス	1662
⑭	ボニファシゥス橋	1910
⑮	マリア橋	1856
⑯	ベギンホフ橋	1692
⑰	サスホイスの橋	1895
⑱	ミンネワター橋	1739
⑲	コーニン橋	1913
⑳	モレン橋	1975頃
㉑	シント・アンナ橋	1975頃
㉒	ストロール橋	不明
㉓	キャルメル橋	1975頃
㉔	スナハールド橋	1975頃
㉕	ドイネン橋	1975頃
㉖	カテレィネ門橋	不明
㉗	ヘント門橋	不明
㉘	十字架門橋	不明
㉙	カナダ橋	？（1947改装）
㉚	バルヘ橋	不明
㉛	コンチェット橋	2002

ブリュージュの橋地図

とレーウェン橋のふたつの石橋とともに古い中世の雰囲気を色濃く残した風景をつくり出しています。

12 世紀の前半にはこの運河に沿って市壁がつくられ、当時木橋であったこれらの橋が町の入口になっていました。しかし、12 ～ 13 世紀には市壁はさらに外側へと造り変えられていきました。市中に張り巡らされた運河には都市活動の進展にともなって多くの橋が架けられていきましたが、13 世紀までは全てが木橋であったとされています。14 世紀になると、石工棟梁らの指導によって石造アーチ橋が架けられていきました。

現在、当時の橋が残っているのは、スピールマンス・レイのスリューテル橋（1331 年）、その下流になるアウフスティネン・レイのフラミン橋（1331 ? 年）、トーレン橋（1390 年）、アウフスティネン橋（1391 年）、そしてフルーネ・レイのミー橋（1390 年）の 5 橋です。

スリューテル橋（写真–1：p.26）は 1331 年に完成しており、現存する最古の石橋です。古くは別の名前を持っていましたが、15 世紀にこの橋の橋詰にスリューテル、すなわち鍵という名前のビール醸造所がつくられたことからこの名前で呼ばれるようになったと伝えられています。3 径間のアーチから成っており、アーチ石やスパンドレル、高欄も比較的小さな石が積み上げられています。石材には、橋脚部は砂岩、他は層状にトゥルネー産の石を交えて、レンガが用いられています。橋の長さは 15m 弱、幅は車道が約 6m、両側に幅約 90cm の歩道が付いています。

フラミン橋（写真–2：p.26）の所にはかつてフラミン門という市門がありました。橋は 13 世紀からの古い歴史をもっていますが、1331 年に木橋が壊れたために当時の市の建築家、ヤン・ペティトによって石橋に架け換えられました。以降何回もの補修が行われています。2 径間のアーチからなり、橋の石材には大きさの不揃いな砂岩、トゥルネー産の石、アルドイン（青色硬質石灰岩）などが用いられていて、素朴な印象の外観をつくっています。

トーレン橋が現在のような石造アーチ橋になったのは 1390 年のことで、石工棟梁のヤン・フォン・オゥデナールデによって建設されました。構造は 1 径間のアーチですが、輪石には青色硬質石灰岩とブラーバント産の白い石が交互に積まれ、カラフルに橋の印象を高めています。スパンドレルには石灰岩、高欄部にはレンガが積まれています。

アウフスティネン橋（写真–3：p.26）の名前は橋の北西側にあった、13 世紀後半に設立されたアウフスティン修道院に由来しています。修道院は 1294 年に市当局から運河に橋を架ける同意を得ましたが、必要な時にはいつでも撤去できることが条件になっていました。

トーレン橋

現在の橋は棟梁オゥデナールデによって 1391 年に架けられました。3 径間のアーチで構成され、アーチにはトーレン橋と同じようにブラーバント地方の白い石と硬質石灰岩が交互に積まれています。スパンドレル部分には石灰岩が層状に積み上げられ、高欄部はより小さい石からなっていますが、橋面の境界とほぼ同じ位置の外壁には水切りのような細い石列が作り出されています。

レーウェン橋は 1627 年にブリュージュの石工棟梁ワッチャーによって架けられました。市当局は 1630 年までに橋に何らかの装飾を置くことを彫刻家に依頼、橋中央の高欄上にふたつのライオン像が飾られることになりました。ライオン像が 1955 年につくり変えられた時、その中央にブリュージュの頭文字である「b」が金色に塗られた盾を支えている姿になりました。橋本体は元々 5 径間の石造アーチでしたが、しだいに運河の両岸が埋まり、外観上は 3 径間に見えます。

レーウェン橋

船で巡る石橋

ブリュージュで運河巡りの観光船に乗ると、大抵はディファー運河、フルーネ・レイ、シント・アンナ・レイなどを往復するルートを巡りますが、中でもフルーネ・レイに架けられた古いデザインの橋が、中世の街の雰囲気に誘い込んでくれます。

この内、最も古い橋がミー橋（写真–4：p.26）です。この橋は当時の市中心部と近郊地区を結ぶ橋としてかけられ、記録上では 1290 年にさかのぼります。1390 年にオゥデナールデによって現在の石橋に架け換えられました。今日の橋名が定着したのは 1440 年のこととされています。形式は 1 連の石造アーチで、橋長は 20m ほどですが、スパンは 10m に満たないように見えます。アーチの外側にはブラーバント産の白い石が、キーストーンなどには青色硬質石灰岩が用いられています。そして高欄部はレンガ積みになっています。

ミー橋のひとつ下流に架かるペールデン橋は外観からはミー橋との年代差を見分けることはできませんが、現在の石造アーチ橋は 1642 年に完成したと伝えられています。橋の歴史は古く、1392 年には橋の存在が確認されていますが、木橋であったようです。橋の形式は 1 径間の石造アーチで、アーチと高欄笠石が青色硬質石灰岩である他は、レンガが用いられています。

ブリンデ・エゼル橋は、ブルフ広場の市役所横から現在の魚市場の前へ通じる細い通が、フルーネ・レイを越える所に架けられた橋です。現在の橋は 1855 年に架けられたもので、アーチ部やスパンドレル、高欄部とも自然石が規則正しく積まれています。

ネポムセヌス橋（写真–5：p.26）は、鐘楼やマルクト広場に通じる通りにあたっているため、ブリュージュを訪れた多くの人が渡ります。この橋は 1282 年には記録に現れ、1357 年には石工棟梁ヤン・スラバエルドによって架け換えられました。そして 1642 年にはすでにリニューアルされていました。石造アーチのアーチ部と高欄笠石には青色硬質石灰岩が用いられていますが、スパンドレルや高欄壁面には主としてレンガが使われています。

現在の橋の上流側（西側）の高欄上には聖人ネポムセヌスの石像が立てられています。この聖人はプラハのカレル橋の上にも彫像が立てられている 15 世紀のプラハの司祭であったネポムツキーです。この立像は何度か修復されていますが、1811 年の修復の際に台座に聖書の一文が刻まれました。

ディファー運河がフルートフース美術館の横で大きく方向を変える所に架けられたフルートフース橋（写真–6：p.26）は、1388 年に初めて石橋に架け換えられ、直後に拡幅工事も行われました。現在の橋は 1760 年に架け換えられたもので、アーチは自然石よりなっていますが、スパンドレルや高欄壁はレンガ積みになっていて、ディファー運河右岸の護岸壁に連続しています。

アーレンツホイスのアーチ

フルートフース橋に接するように大きな建物があり、一部がディファー運河をアーチ構造で越えています。この建物は現在、アーレンツホイスと呼ばれる美術館になっています。運河の上を一跨ぎするように石造アーチが架けられたのは 1662 年のことで、上には背の高い 2 階建ての建物が建てられていて、水の都ブリュージュを象徴する風景を作っています。

これから少し南にある幅 2m ほどの小さな石橋、ボニファシゥス橋はフルートフース美術館や聖母マリア教会に通じているため多くの人が渡ります。その中世風のデザインから古い橋と思われがちですが、架けられたのは 1910 年で、ここにもブリュージュのこだわりを見ることができます。橋名は氷の聖人の一人、聖ボニファシウスにちなんで名付けられました。

ベギンホフ橋（写真–7：p.26）はベギン会修道院に通じる入口になっています。13 世紀からの古い歴史をもっていますが、現在のような 3 径間の石造アーチ橋になったのは 1692 年のことです。橋の中央には扁平な多心円アーチが適用されていて、非常に軽やかな印象を受けます。

周縁部の橋

旧市街の南端にミンネワター、訳すと愛の湖という美しい池があり、周囲を緑で囲まれた心休まる空間を提供しています。ここは市中を流れる運河の入口にあたり、かつては港としても機能していました。

この池の北端にある中世風の館はサスホイスと呼ばれ、1519 年に水門が再整備されたときに建てられたもので、運河の治水と水位管理を目的とした可動堰が設けられています。現在の施設は 1895 年に根本的に修理さ

ミンネワター橋

れたものです。この建物に接して3径間の低い石橋が架けられていますが、橋のスパンドレルに「1895」と刻まれていることからも水門と一体として建設されたことがわかります。

湖の南端にあるミンネワター橋はかつての市壁に沿って架けられたもので、現在も西詰に高い塔門が残されています。現在の橋は7径間の石造アーチになっていますが、1739年に架けられたもので、1874年までは中央の1径間が通船のために木製の刎橋になっていたようです。橋本体には青色硬質石灰岩が使われ、全長は60m弱で、旧市街では最長の橋ですが、幅はおよそ2.5mで、歩行者専用になっています。

これまで紹介してきた14世紀から19世紀半ばまでに架けられ、古い時代の面影を残す十数橋が、文化遺産に指定され、保存の対象とされています。

例外として、戦後に改装されたカナダ橋（写真–8：p.26）が文化遺産に指定されています。この橋は、中心市街から少し北西方向に外れたアフレィディン運河に架かっている、橋長が36m、幅員が17mほどの5径間の石造アーチ橋です。第二次世界大戦以前から石橋になっていましたが、大戦中に一部が爆破されました。大戦中ドイツ軍によって占領されていたブリュージュに連合国側のカナダ軍が、この橋の通から進攻して1944年9月に町を解放しました。このことを記念して、橋の修理時に合わせて、橋の北側の親柱の上に2体のアメリカバイソン（バッファロー）の彫刻が置かれることになり、1947年9月に除幕式が行われました。

近年の石橋

19世紀以降も港機能を維持し続けていたシュピーゲル・レイ、シント・アンナ・レイ、そしてランゲ・レイには陸上交通との両立を図るために可動橋が架けられていました。その後港機能がほとんどなくなっていたシュピーゲル・レイのコーニン橋は、1913年に鉄製の旋回橋から現在の石造アーチ橋に架け換えられました。その姿は周辺の街並にとけ込んでいます。

シント・アンナ・レイとランゲ・レイの橋が現在見るような姿になったのは1975～76年のことです。それまでは高いマストをもった船もさかのぼっていたため、旋回式や跳開式の可動橋になっていました。一斉に架け換えられることになったのは、おそらく都市計画上の理由で、旧市街内の港の機能を外側へ移すことになったためでしょう。そして旧市街の古い街並景観を充実させるために主として石造アーチ橋が選ばれたと考えられます。

シント・アンナ・レイのモレン橋とシント・アンナ橋はいずれも1径間の石造アーチ橋ですが、アーチ部に白い石が使われ、スパンドレルには赤いレンガが積まれており、古い石橋とは少し違った華やかさを感じさせるデザインになっています。

ランゲ・レイは川幅が他の運河より広く、3つの橋はいずれも3径間のアーチで形成されています。上流側のキャルメル橋とスナハールド橋は19世紀半ばに鉄製の旋回橋になりましたが、1975年頃に石造アーチ橋に架け換えられました。扁平な3径間のアーチは古い街並に調和して水の街の風景を豊かなものにしています。

コーニン橋

モレン橋

また、ドイネン橋は、中央の1径間が刎橋になっていますが、従来の鉄製刎橋が1975年に撤去された後に架けられたものです。この形式は実用ではなく、景観演出上選ばれたものでしょう。

最近の橋

ブリュージュの旧市街地を卵型に取り巻き、北へ流れる外周運河は古くは二重の水路になっていましたが、今では中央の土堤が取り除かれて広い運河になっています。この外周運河の西北部は埋め立てられていますが、東側は現在も運河として機能しており、ここに架けられた橋は全て可動橋になっています。

かつてのカテレィネ門の橋は旋回式に、ヘント門の橋は半分が3径間の石造アーチ橋、半分が鋼製の跳開式の橋になっています。また、十字架門の橋は2本の橋からなっていて、南側の橋は鋼製の跳開橋、門に直結する橋は1径間の石造アーチ橋と跳開橋からなっています。可動橋の部分はいずれも第二次大戦後に架け換えられたものです。

ブリュージュでは古い形の橋を保存し、復元する努力がなされていますが、現代的なデザインの橋の試みも見られます。コープレ運河の外周運河からの分岐点に架けられたコンチェット橋は、市壁跡を巡る自転車歩行者道を結ぶ橋です。4隅のコンクリート柱に支えられた太い円形パイプが床を吊る構造で、プレジャーボートなどの船を通すときには、床を上方に吊り上げるようになっています。橋はスイス人技師コンチェットの設計で、2002年に完成しています。

同じ年に完成したバルへ橋は、旧市街南端のすぐ外側につくられたバスターミナルから外周運河を越えて、愛の湖公園に直結する位置に架けられたものです。基本形は鋼製アーチですが、上下部材が交差する多数の斜めの弦材で結ばれ、非対称かつねじれの入った複雑な形状で、大変ユニークな構造になっています。

十字架門橋

コンチェット橋

参考文献

1) 河原 温『ブリュージュ』2006年5月、中央公論新社
2) Mia Lingier, “De Brugse reien ー aders van de stad ー” 2007/10, Lannoo, Belgium
3) Livia Snauwaert, “Gids voor architectuur in Brugge” 2002, Terra Lannoo, Nederlands
4) http://inventaris.vioe.be/dibe/relicten?typologie=bruggen&pagina=5 ～ 7
5) http://www.beeldbankbrugge.be/beeldbank/indeling/grid?q_searchfield=brug

16　迷宮の街への誘い——ヴェネチアの橋

ヴェネチアの街と橋

ヴェネチア中心部は、中央にZ型の大運河があって、大きくふたつの島から成っているように見えますが、その中にはいくつもの小さな運河があり、細かく見ますと、100を越える小さな島に分かれています。それらを結んで400を越える橋が架けられています。

ヴェネチアの都市づくりが始められたのは10世紀以前にさかのぼりますが、アドリア海の制海権を得て、発展するのは11世紀のことです。ビザンチン帝国の弱体化や十字軍の派遣によって利益を得たことによってヴェネチア本国の都

市建設も本格化しますが、道や橋などのインフラ整備が進むのは14世紀頃のこととされています。

街の発展ぶりを具体的に表現したものとして1500年に描かれたバルベリの鳥瞰図がよく参照されますが、これを見ますと、サン・マルコ区やサン・ポーロ区など、早くから市街化が進んだ中心部では、橋のかなりのものが、アーチ状に描かれており、石造アーチが普及していたと考えられます。しかしカンナレージョ区などの周辺部では橋の数も少なく、その大半が木橋であったようです。中には橋の中央部が切れているものもあり、引き込み式になっていたと想像されます。

ヴェネチアの町の建設は水際から始められました。自然状態の水路の縁に護岸を兼ねた基礎杭がぎっしりと打たれ、その上に水路に面した建物が建てられていきました。当初は人や物の移動はほとんど船によっていたようです。島の内側にも建物が建てられるようになりますと、道や広場が整えられ、島どうしを結ぶ橋が架けられることになりますが、水上交通の妨げにならないように橋の下を高くした太鼓橋にする必要がありました。

そして、各島の開発の状況が異なるため、道をつなぐ橋を架けようとすると、斜めに架けざるをえない場所も多くあって、多くのPonte Storto、すなわち「ねじれた橋」が架けられました。日本語では「筋違橋」というのが適当でしょう。このような「筋違橋」を5カ所確認することができましたが（写真-1：p.27）、もっとあるかも知れません。

大運河の橋

大運河には現在4本の橋が架けられています。そのうちのひとつ、リアルト橋はヴェネチアを象徴する構造物です（写真-2：p.27）。この場所に初めて橋が架けられたのは12世紀後半のことで、小船を並べた簡易な浮橋だったようです。本格的な木橋が架けられたのは13世紀半ばで、1310年に架けられた橋はカルパッチョの「十字架の奇跡（リアルト橋における奇跡）」（15c末）という絵に描かれていますが、中央が跳ね上げ式になっており、アプローチは板囲いで覆われた木構造になっています。1500年のバルバリの鳥瞰図にも同じ形の橋が描かれており、200年にわたって同じ形の橋が維持されていたことになります。

木橋では、火災が発生したり、群集の重みで崩落する事故が起こったため、16世紀の初めころから丈夫な橋への架け換えが検討され、新しい橋の設計案が幾人もの建築家から提案されましたが、ようやく1588年になって、アントニオ・ダ・ポンテの案が採用されて、工事がスタートしました。ポンテの案はスパン約28mのアーチで大運河を一跨ぎするという大胆なもので、その斬新さが受け入れられたようです。

橋は1592年に完成しました。幅は22mあり、中央の広い通路を挟んで商店街になっていて、宝飾店や土産物屋が並んでいます。そして外側にも狭い通路があって大運河の風景が楽しめるようになっています。

1846年には、本土側から3.6kmにもなる長い鉄道橋が架けられ、直接列車が乗り入れられるようになりました。（なお本土からの道路橋の開通は1933年のことです。）終着駅であるサンタ・ルチア駅のすぐ近くに大運河を渡るスカルツィ橋が1858年に完成します。最初は鉄製のトラス橋であったようですが、ヴェネチアの風景にそぐわないこともあって、1934年に今の橋に架け換えられました。

アーチの支間は約40m、すべてイストリア産の大理石

スカルツィ橋（大運河）

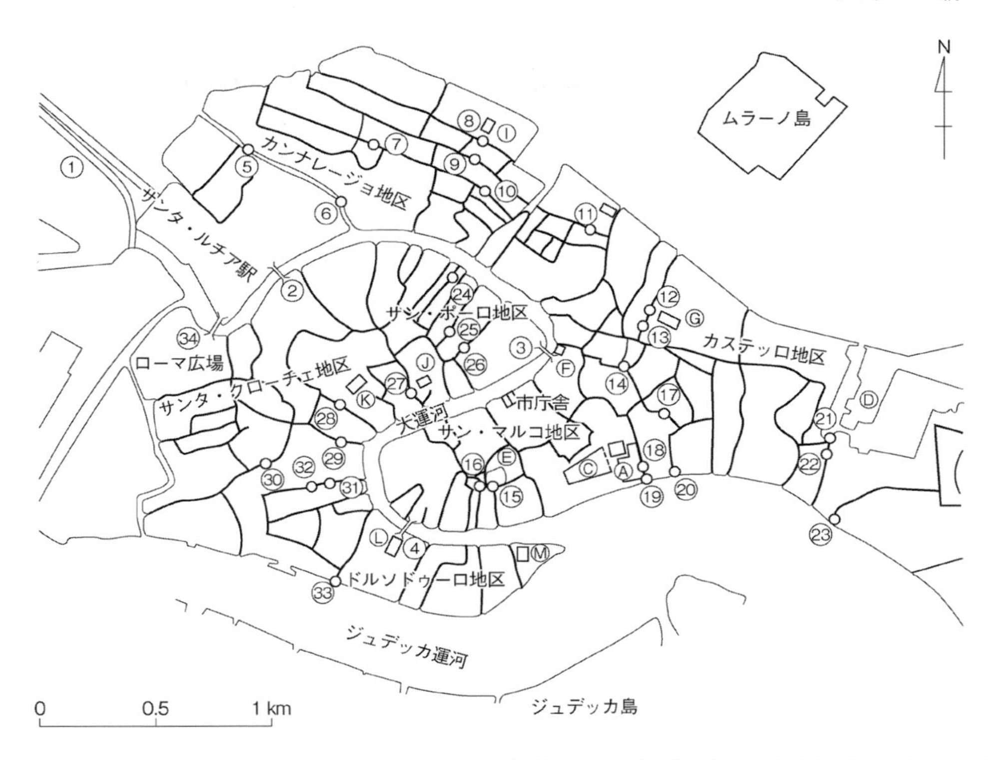

Ⓐ　ドゥカーレ宮殿
Ⓑ　サン·マルコ大聖堂
Ⓒ　サン·マルコ広場
Ⓓ　アルセナーレ
Ⓔ　フェニーチェ劇場
Ⓕ　ドイツ人商館
Ⓖ　サンティ·ジョバンニ·エ·パオロ教会
Ⓗ　ジェズイーティ教会
Ⓘ　マドンナ·デッロルト教会
Ⓙ　サン·ポーロ教会
Ⓚ　アカデミア美術館
Ⓛ　サンタ·マリア·グロリオーザ·デイ·フラーリ教会
Ⓜ　サンタ·マリア·デッラ·サルーテ教会

番号	橋　　名	完成年
①	リベルタ（自由）橋	鉄道:1846, 道路:1933
②	スカルツィ橋	1934
③	リアルト橋	1592
④	アカデミア橋	1986
⑤	３アーチ橋	1688（1794修復）
⑥	グーグリエ橋	1823
⑦	ゲットーの橋	
⑧	マドンナ·デッロルト橋	
⑨	モーリ橋	
⑩	サン·マルツィアーレ橋	

番号	橋　　名	完成年
⑪	ジェズイーティ橋	
⑫	カヴァッロ橋	
⑬	ロッソ橋	
⑭	パラディーソ橋	
⑮	フェニーチェ橋	
⑯	ストルト（筋違）橋	
⑰	ストルト（筋違）橋	
⑱	ため息橋	17c初
⑲	パーリア橋	
⑳	ヴィン橋	
㉑	最初の橋	
㉒	アルセナール橋	1938以降
㉓	ヴェネタ·マリーナ橋	
㉔	ペサロ橋	
㉕	テッテ（おっぱい）橋	
㉖	ストルト（筋違）橋	
㉗	サン·ポーロ橋	
㉘	スクオーラ橋	
㉙	フォスカリ橋	
㉚	カルミニ橋	
㉛	サン·バルナバ橋	
㉜	プーニィ（げんこつ）橋	
㉝	ロンゴ橋	
㉞	コスティトゥツィオーネ橋	2008

ヴェネチアの橋地図

が使われ、アーチ石の厚みは 0.8 ～ 1.3m です。簡素ながら運河の風景に溶け込んでいます。

アカデミア美術館の前からサン・マルコ方面へ渡るアカデミア橋（写真–3：p.27）は、19 世紀の初頭より架橋の要望が強かったのですが、船の航行が頻繁であったこともあってなかなか実現しませんでした。ようやく 1854 年になって鋳鉄橋が架けられました。しかし桁下の高さが不足していたために不評で、80 年後には使用中止になりました。新しい橋が検討されている間に仮設の木製アーチ橋が 1933 年に架けられましたが、意外にこの橋のデザインの評判が良かったことと、折しも戦時下に入ったこともあって存続されることになります。その後木製アーチを補強するために鉄製アーチが付け加えられ、1986 年には以前の木製アーチの外観を残した鉄製の橋に架け換えられました。

2008 年に 4 番目の橋としてサンタ・ルチア駅とローマ広場を結ぶ、スパン約 80m、10m 以上の幅員を持つ歩道橋がオープンしました。トラス状に組み上げられたアーチがガラス張りの床を支えるユニークな構造で、カラトラバ氏の設計です。橋名はコスティトゥツィオーネ橋、訳すと憲法の橋となるのでしょう。

いわれのある橋

ためいき橋（写真–4：p.27）という有名な橋があります。ドゥカーレ宮の 2 階部分から東側の狭い運河を越えて、牢獄のあった建物へ通じる橋で、短いながら凝ったデザインになっています。設計者はリアルト橋の設計者ポンテの甥のアントニオ・コンティーノです。橋の名前の由来は、ドゥカーレ宮の裁判所で有罪判決を受けた囚人が東側の牢獄に収監されるためにこの橋を渡るとき美しいヴェネチアの風景の見納めになると、溜め息をついたことによるとされています。19 世紀に詩人バイロンが名付けたともいわれています。また地元では、ゴンドラに乗った恋人同士がこの橋の下でキスをすると、永遠の愛が約束されるといわれているようです。

サン・ポーロ区とサンタ・クローチェ区の境のあたりは狭い水路と道が入り組んだ、ヴェネチアの庶民の町の雰囲気が色濃く残っている地域ですが、この一画にテッテ橋という橋があります。直訳すると、おっぱいの橋となります。この辺りにはかつて多くの売春宿があって、建物の窓からおっぱいを露わにした娼婦たちが並んで、男達を誘っていたことからこんな名前が付いたようです。ヴェネチアでは男色が流行った時期があって、15 世紀の終わりころにそれを禁止する法律を作るとともに、娼婦を奨励することもあったようで、16 世紀には 1 万人を越す娼婦がいたといわれています。

ドルソドゥーロ区のバルナバ運河に架けられたプーニィ橋（写真–5：p.27）は、訳すと、げんこつの橋となります。この橋では、16 ～ 17 世紀に、大勢のヴェネチア市民が二派に分かれて橋の上で殴り合う「橋の上の小さな戦争」が行われました。ヴェネチアの人々は、ほぼ東西に二分する地域への強い帰属意識を持っていましたが、その主力となったのは、一方はドルソドゥーロ地区のサン・ニコロ街区を中心に、沖合漁業に従事する漁師たちを中核とするニコロッティと呼ばれた人々で、一方はカステッロ地区にあった造船所の船大工などを中核とするカステッラーニと呼ばれた人々でした。

おっぱいの橋（セント・カッシアーノ運河）

サン・マルツィアーレ橋（ミゼリコルディア運河）

両派はいろいろな地区と職業集団の人々を巻き込み、場所も特定の橋に限定して、げんこつだけではなく、こん棒やナイフなどで武装して、橋を占拠するために大乱闘を繰り広げました。当然、死傷者が出ました。そして庶民ばかりでなく、貴族たちも応援や見物に駆けつけ、外国の国王さえも見物に訪れたといわれています。戦いの場となった橋はプーニィ橋の他、同じドルソドゥーロ地区のカルミニ橋やカンナレージョ地区のサン・マルツィアーレ橋、サンタ・フォスカ橋など両派の境界に近い橋でした。

当時のヴェネチアは、ジェノバなどの競合相手と戦い、地中海の制海権を巡って、トルコとも戦いを繰り広げていました。このような好戦的な気分が横溢した中にあって、国内での「小さな戦争」は、むしろ民衆の存在感を高め、対外的な発展のエネルギーに転換する効果があったと考えられます。

プーニィ橋がいつ架けられたのかよくわかりませんが、1500 年のバルベリの図でもアーチ橋として描かれています。古くは橋に欄干は付けられていなかったようで、現在の欄干は 19 世紀の後半に付けられたもののようです。

地域的特長をもった橋

市の東北部に位置するカンナレージョ地区では比較的、計画的に街並がつくられたと想像されます。運河が直線に近い状態で、何本かが平行的に配置されており、フォンダメンタと呼ばれる運河沿いの道が通じているところが多いためです。

比較的幅の広いカンナレージョ運河には2つの橋しか架けられていません。その名もずばりの3アーチ橋（写真-6：p.27）はヴェネチアでは珍しい3連アーチの橋です。現在の橋は1688年に架け換えられたもので、1794年に修復されています。

もうひとつのグーグリエ橋は、訳すと尖塔の橋となります。名前の通り、四隅にオベリスク風の石の塔が建てられています。この橋はサンタ・ルチア駅からリアルト橋方面へ通じるヴェネチアでは比較的幅の広い通りに当たっています。橋の起源は13世紀にさかのぼりますが、16世紀後半には石橋になったとされ、現在の橋は1823年に架け換えられたものです。

ユダヤ人居住区のゲットーは、現在も回りを運河が巡り、周囲を建物で囲まれた要塞のような造りになっていて、3本の橋で外部と連絡されています。そのひとつ、北側のミゼリコルディア運河に架かる橋は、古い鋳鉄製になっています。

センサ運河にモーリ橋という橋があります。モーリとはムーア人のことで、主に北アフリカのイスラム教徒のことを指します。橋の北側の館の角には異国的な姿の3人の人物像が彫刻されていますし、近くのマステッリ館の壁にはラクダを引いた男のレリーフがあります。これらの人物はムーア人ではなく、香辛料を扱うギリシャ商人であったようですが、往時この辺りにはムーア人の姿も多かったのでしょう。

ジェズイーティ橋は、近くにジェズイーティ教会やその関連施設、また大工や樽作りなどの職人の町を連想させる街並があって、人通りの多い橋です。橋を渡るには十数段の石段を上り下りすることになりますが、それがけっこう大変です。杖をついた老人は片手に杖を、一方で手摺につかまりながらゆっくりと上っていましたし、乳母車を引いた人達は車を担いで上り下りしなければなりません。また大きな荷物を積んだ二輪車を一段ずつ動かすのはそうとうに力のいる仕事です。

こういう光景に出くわしますと、ヴェネチアは人にやさしい町とはいえそうにありません。車椅子での移動は難しいでしょうし、宅配便の値段は高くなるだろうと想像されます。

アルセナールはかつてヴェネチアの強力な海軍力の源を作り出した造船所でした。運河からの玄関口にはふたつの大きな塔が建てられており、そのすぐ内側に古い形

グーグリエ橋（カンナレージョ運河）

モーリ橋（センサ運河）

ゲットーの橋（ミゼリコルディア運河）

ジェズイーティ橋（マドンナ・デッロルト運河）

最初の橋

式の木橋があって、「最初の橋」と呼ばれています。

その前にパラディーソ橋またはアルセナール橋（写真−7：p.27）と呼ばれる逆V形式の木橋がありますが、かつては開閉式の木橋が架けられていました。今のような形になったのは 1938 年以降のことのようです。

カステッロ区の東方面にはドゥカーレ宮からビエンナーレ会場まで続くスキアヴォーニ通という海岸通りがあります。岸に沿って桟橋が櫛比していて大小さまざまな船が着けられ、大勢の人達で賑わっていますが、広々とした気持の良い散歩道になっています。この通りに沿って、いずれもイストリア産の大理石でつくられた幅の広い、美しいアーチ橋が並んでいます。スキアヴォーニとはスラヴ人の意味で、交易にやってくるダルマツィア商人が主に使っていた波止場でした。橋の名前にもパッリア：藁、ヴィン：ワインなど荷揚げされた商品を示す名前が残っています。また、最も東に位置するヴェネタ·マリーナ橋（写真−8：p.27）は側面にヴェネチアの象徴である翼をもったライオンの浮彫がほどこされた美しい橋です。

参考文献

1） 塩野七生『海の都の物語』1989 年 8 月、中央公論社
2） 陣内秀信『ヴェネツィアー都市のコンテクストを読む』1986 年 6 月、鹿島出版会
3） 永井三明『ヴェネツィアの歴史』2004 年 5 月、刀水書房
4） http://matteosalval.com/debarbari.html

17　古代ローマの遺産と復興の象徴──ローマ・テヴェレ川の橋

古代ローマの橋

ローマ市の中心部には市街地を二分するようにテヴェレ川が蛇行を繰り返しながら北から南へと流れています。その中にティベリーナ島という小さな中の島があり、そのすぐ下流にポンテ・ロット（壊れた橋）（写真–1：p.28）と呼ばれる橋の遺構があります。断面の石組みが不規則に崩れ落ちたままの状態で残され、廃墟の印象を強くしていますが、スパンドレルの部分などに手の込んだ彫刻が残り、がっしりとした橋脚と水抜きのアーチ窓などが往時の重厚で華麗な姿を想像させてくれます。

この位置に初めて橋が架けられたのは、紀元前 179 年のこととされ、最初は石造りの橋脚の上に木橋が架けられたようです。創架者である財務官の名前からアエミリウス橋と名付けられました。そして紀元前 142 年に石橋に改築されましたが、これがローマで最初の石橋であるとされています。

この数年前には第三次ポエニ戦役が終了し、ローマが地中海の覇権を確立することになりましたが、首都の都市的発展の必要性が高まる一方でテヴェレ川の防衛的な意味が薄らいでいたことが想像されます。

テヴェレ川はかなりの急流で、橋はしばしば洪水の被害を受けて、部分的に流失しています。初代皇帝アウグストゥスの時代の紀元前 12 年に大規模な架け換え工事が行われました。中世になっても当時の教皇によって改修され、橋の名前も何度も変わりました。ところが 1598 年の大洪水によって 6 つのアーチのうち、左岸側の 3 つが倒壊した後は、改修がなされないままで、川中のバルコニーとして市民の憩の場となっていました。そして 1887 年にパラティーノ橋の建設工事が始まると、邪魔になるためにふたつのアーチが撤去されてしまい、現在は 1 径間を残すだけになっています。

テヴェレ川に初めて橋が架けられたのは紀元前 620 年頃であるとされています。その橋はスブリチオ橋と呼ばれていましたが、それは杭を意味しており、川床に木杭が建て込まれた木橋であったと考えられています。都市国家としての体裁が整いつつあったローマは通商路、特に塩を運ぶ道の確保を望んでいましたが、テヴェレ川の対岸は敵対関係にあったエトルリアの支配地で、川が天然の防衛線となっていましたので、恒久的な構造の橋は望めず、いつでも撤去できる木橋が架けられたようです。

その後、巨大国家の首都になっても石橋に架け換えられた形跡はなく、木橋のままであったようです。その理由は建国の歴史を伝えるためか、宗教的な意味があったためであろうと推測されています。この橋の管理は神官の団体の責任で行われていました。神官のことをポンティフィクスといい、橋をつくる人という意味をもっています。のちにローマ教皇のことをポンティーフと呼ぶようになりますが、橋の維持管理がそれほど重要であったことを表しているといえるでしょう。現在、同名の近代橋が架けられていますが、古代の橋はこれよりかなり上流にあったと考えられています。

ティベリーナ島をはさんで、左岸側にファブリチオ橋（写真–2：p.28）、右岸側にチェスティオ橋というふたつの橋が架けられていますが、これらの橋の歴史も紀元前にさかのぼります。ファブリチオ橋は紀元前 62 年に完成したと考えられ、アーチ頂上部側面に刻まれた銘から道路の管理官であったファブリチオによって架けられたことがわかります。当時ティベリーナ島には医学の神、アスクレピオスの神殿があって、病気の回復を願う人々が集うサンクチュアリになっていましたから、これ以前にも木橋が架けられていた可能性が指摘されています。

チェスティオ橋もそれから 20 ～ 30 年後に架けられたようです。サン・パオロ門の横のピラミッド型の墓を建てたケスティウスか、その一族が架けたと考えられています。ふたつの橋がそろったことで、両岸の人々の通行が活発になりました。

洪水による破壊と修復

ファブリチオ橋は、ローマ時代の姿を最もよく保持している橋ですが、洪水に対して無傷ではありませんでした。紀元前 23 年の洪水によって一部が壊され、同 21 年に執政官によって修復されましたが、このことも側面に彫られた銘から読み取れます。橋長は 62m で、スパン約 24m のふたつのアーチからなり、中央の大きな橋脚の上には上心アーチ型の水抜きが設けられています。本体の材料にはトゥファという石灰華と火山破屑岩が使われ、表面はトラヴァーチンと呼ばれるローマ近郊で産出する多孔質の石灰岩で化粧されています。

チェスティオ橋（写真–3：p.28）の方は、度々の洪水による破壊によって古代の姿を留めていません。4 世紀にはすっかり架け換えられ、橋の名前も変わりました。元々は 2 径間のアーチ橋であったようですが、後には中央の 1 径間の大きなアーチと両側に小さなアーチをもつ３径間の橋になりました。

1888 年から 1892 年には大幅な河川改修にともなって川幅が拡げられたため、それに合わせて現在のような 3 径間の橋になりました。姿はすっかり変わりましたが、中央径間は、4 世紀のスパンが復元され、橋全体の石材も約 2/3 は古代のものが利用されているそうです。

紀元前 1 世紀の終わりにローマは帝政時代に入り、紀元後 2 世紀にかけて全盛期を迎えます。その時代には各皇帝が競うようにインフラ整備を拡げていきますが、テヴェレ川にも新しい橋が架けられました。初代皇帝アウグストゥスの時代、彼の忠実な協力者であったアグリッパによってテヴェレ川に本格的な橋が架けられ、ネロ皇帝の時代にも立派な橋が架けられた記録があります。ネロの橋は廃絶し、ヴィットリオ・エマヌエルⅡ世橋のすぐ下流の川中に見られる遺構がその橋の基礎の跡であるとされています。

番号	橋　名	完成年
①	トール・ディ・クィント橋	1960
②	フラミニオ橋	1951
③	＊ミルヴィオ橋	BC109（1810s改築）
④	ドゥーカ・ダオスタ橋	1942
⑤	ムジーカ・アルマンド・トロヴァヨーリ橋	2011
⑥	リソルジメント橋	1911
⑦	ジァコモ・マッテオッティ橋	1929
⑧	ピエトロ・ネンニ橋	1980
⑨	レジーナ・マルゲリータ橋	1891
⑩	カヴール橋	1901
⑪	ウンベルトⅠ世橋	1895
⑫	＊サンタンジェロ（聖天使）橋	130s（1892改築）
⑬	ヴィットリオ・エマヌエルⅡ世橋	1911
⑭	プリンチペ・アメデオ橋	1942
⑮	ジュゼッペ・マッツィーニ橋	1908
⑯	＊シスト橋	ローマ時代（1479改築）
⑰	ガリバルディ橋	1888（1958改築）
⑱	＊ファブリチオ橋	BC62（BC21改築）
⑲	＊チェスティオ橋	AD4c（1892改築）
⑳	＊ロット橋	BC142（BC12改築）
㉑	パラティーノ橋	1890
㉒	スブリチオ橋	1918
㉓	テスタッツィオ橋	1948
㉔	インドゥストリア橋	1863
㉕	＊ノメンターノ橋	BC2～1c（後改造）

＊はローマ時代起源の橋

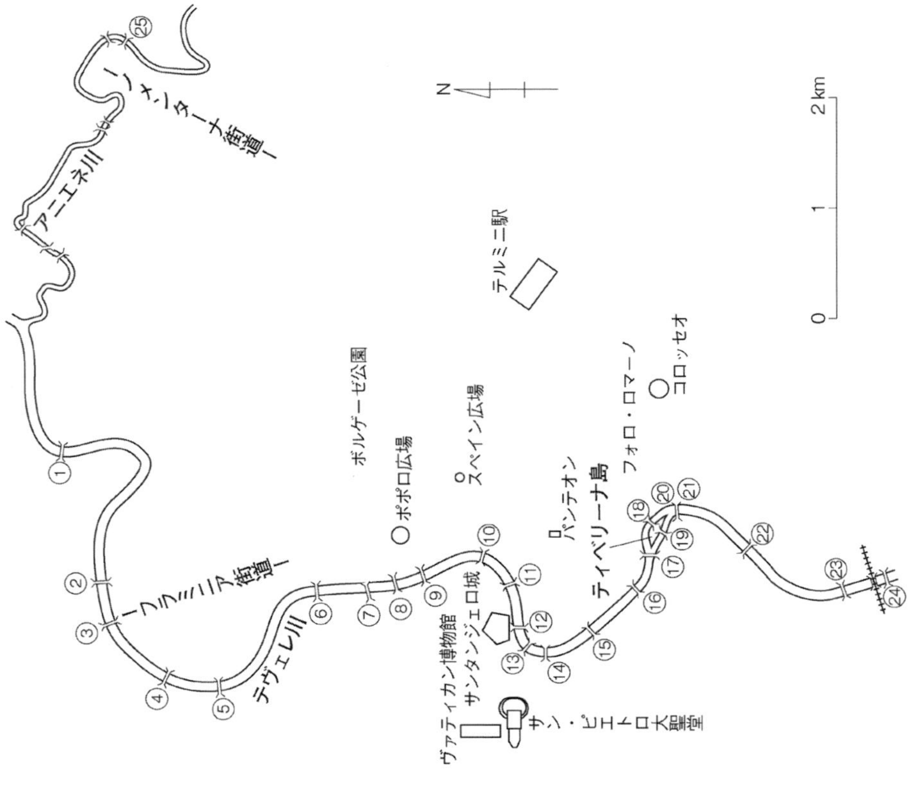

ローマ・テヴェレ川の橋地図

シスト橋（写真-4：p.28）も古代ローマの橋を引き継いだ橋です。この橋は8世紀に洪水によって破壊され、そのまま放置されていたようです。現在の橋は1479年に教皇シスト9世によって、崩壊していた古代の橋が改築されたものです。

1870年の洪水によって崩壊した直後、河川の大幅な改修が計画された中で、シスト橋を取り壊すことが議論されましたが、一部のアーチを拡げて再建されることに落着いたようです。このとき河床を調査したところ、橋から上流約160mの所に橋の基礎と思われる遺構が見つかりました。この遺構については、紀元後10年代にアグリッパが架けたアグリッパ橋の基礎であるとする説と後の防衛施設の一部であるとする説があります。後者の説では、シスト橋こそがアグリッパ橋を継承したものであるとされています。

聖天使橋

ローマで最も有名な橋は聖天使橋（サンタンジェロ橋）（写真-5：p.28）でしょう。ローマ時代の構造をよく維持している点でも貴重な橋といえます。この橋はハドリアヌス帝によって130年代に架けられましたが、その目的はテヴェレ川の右岸に建設された帝とその後継者のための霊廟への参道にするためでした。当初はハドリアヌス帝のファミリー名によってアエリュース橋と呼ばれていました。

橋の位置が良かったのか、基礎を含めて堅牢に造られていたためか、洪水の被害をあまり受けなかったようです。霊廟は後に要塞として改築されますが、6世紀のある日、天使ミカエルが現れて疫病の流行の終わりを告げたという奇跡があり、そのために聖天使城と呼ばれるようになったとされています。それにともなって橋の名前も変わりました。

現在、橋の高欄の上には10体の天使像が飾られています。天使はそれぞれにキリスト磔刑の時のゆかりの聖具を手にしています。彫像はクレメンス9世の命によって1668年から建てられましたが、いずれもベルニーニとその弟子たちによるものです。ベルニーニ自身の作品も2体ありましたが、他の教会に移され、橋上のものはそのコピーです。

聖天使橋は1892年に河川改修で護岸が整備された時に改築されました。スパン18.4mの3つのアーチ部はそのままですが、両岸に近いところにあった小さな径の2、3のアーチで支えられていたスロープが、大きなアーチに作り変えられ、5連アーチ構造になりました。

街道の橋

ローマの中心部から北へ通じる道として整備されたフラミニア街道はローマの郊外でテヴェレ川を渡ります。この北の玄関口に橋が架けられたのは紀元前207年のことと伝えられていますが、木橋であったようです。そして紀元前109年に初めて石橋が架けられたとされています。ローマの人々は防衛のために城塞は造りましたが、川を要塞として町を孤立させせることはせず、恒久的な橋を架けて交通を優先させることを選びました。

このミルヴィオ橋（写真-6：p.28）は外国からの侵略や内乱のときには戦いの舞台となりました。そして洪水によって幾度となく損傷を受けましたが、皇帝や教皇によって修復されてきました。中世には橋詰に砦となる塔が建てられましたが、現在の立派な塔はナポレオンのイタリア王就位のときに教皇ピウス7世によって造り替えられたものです。

テヴェレ川の橋ではありませんが、ローマの北東郊外にノメンターノ橋（写真-7：p.28）というローマ時代に由来をもつ古い橋が残っています。ローマの古い街道の1つ、ノメンターナ街道がテヴェレ川の支流、アニエネ川を渡るところに架けられています。

現在は小さな要塞のような構造になっていますが、中世の改築によってこのような姿になったようです。現地の説明板には、この橋は紀元前2世紀末から1世紀初めに石のアーチ橋になったと推測され、当初は2径間であったものが、いつかの時点でスパン15.1mの1径間と両側に小さなアーチをもつ現在のような構造に造り替えられたとする説が紹介されています。

近代の橋

現在のローマ市は面積が1,300km^2、人口260万人に達するヨーロッパ有数の大都市ですが、私達が観光で訪れ、ローマとして認識している範囲は現在の行政単位でいいますと、ムニピーチオ・ローマⅠ、Ⅱ区、面積にして50km^{2}程度に過ぎません。その範囲のテヴェレ川には、現在23の橋が架かっていますが、前述の古代ローマ帝国起源の橋は5橋が現存しています。その他の橋はすべて19世紀末期以降に架けられたものです。

西ローマ帝国滅亡以降のイタリアは小規模な都市国家が乱立する分裂状態が長く続くことになります。古代に建設された施設もほとんどが廃墟となりローマは都市の体をなさなくなっていました。

ヴァチカン教皇庁が成立し、キリスト教の中心地になりましたが、財政規模も小さく、ローマを大都市として復活させるには至りませんでした。ルネサンス期にはミケランジェロやラファエロが活躍し、歴史に残る教会や宮殿が建てられましたが、都市インフラが整備されるほどの活力は生まれませんでした。したがってテヴェレ川の橋も、サンタンジェロ橋に装飾が加えられた以外は、洪水によって破壊された構造を修復するのがやっとという状態で、いくつかの橋が廃橋になりました。

ローマの都市機能が発展することになるのは、イタリアに統一国家が成立し、ローマがその首都となった1871年以降のことです。イタリアの統一を目的とした活動が活発になったのは19世紀のことで、いろいろな主張を掲げる政治集団が活動することになりますが、これらの活動を総称してリソルジメントと呼ばれました。党派間の対立抗争や外国からの干渉を受けながら、最終的にはサルディニア王国を中心にした統一が成り、立憲君主制を国是としたイタリア王国が成立しました。

政治的安定が見えた1880年代になると、ローマの首都としての改築、建設が活発になります。テヴェレ川でも1885年前後から新しい橋が着工され、数年の工期を経て、順次完成していきました。そしてその多くに新国家成立の立役者の名前が付けられました。

比較的早く完成したのは、軍事的英雄にちなんだガリバルディ橋（1888年）（写真-8：p.29）と古代ローマの地名が付けられたパラティーノ橋（1890年）で、前者には鉄製アーチ、後者には鉄製ラチス桁が用いられました。

初代王妃にささげられたマルゲリータ王妃橋（1891年）（写真-9：p.29）、2代目国王の名前のウンベルトⅠ世橋（1895年）（写真-10：p.29）、初代宰相の名前を冠したカヴール橋（1901年）（写真-11：p.29）が完成、そして初代国王の名前が与えられたヴィットリオ・エマヌエルⅡ世橋（写真-12：p.29）は1886年に着工されましたが、事故の影響などもあって遅れ、1911年に完成しています。これより少し前に民主的国家を目指した革命家を顕彰したジュゼッペ・マッツィーニ橋（1908年）（写真-13：p.29）が架けられました。

パラティーノ橋

スブリチオ橋

何れも石造アーチで、王国の権威を強調するような新古典主義的なデザインが採用されています。エマヌエルⅡ世橋ではふたつの橋脚の上に王国の理想を象徴するような群像彫刻が置かれ、橋端に建てられた高い塔の上にはブロンズ製の勝利の女神像が飾られています。

これらの石橋は白い石灰岩で化粧されていますが、マルゲリータ王妃橋は、スパンドレルに淡い褐色の石が使われ、穏やかな印象のデザインになっています。

1910年代初期に完成した橋としては、リソルジメント橋（1911年）（写真-14：p.29）があり、最先端の技術によるスパン100mの鉄筋コンクリートアーチ（RC）が採用されました。当時世界最長のRCアーチ橋であったと紹介されています。橋名にふさわしい構造が選択されたと考えられます。一方、古代の橋名を復活させたスブリチオ橋（1918年）は伝統的な石造アーチとレンガを組み合わせたデザインになっています。

古典主義的デザイン

1920年代になると、ムッソリーニが率いるファシスト党が政権を担うようになりました。その体制を象徴する橋が1929年に架けられました。本体は古代ローマの様式を思わせる石造アーチとレンガ壁から成り、中央には力を誇示する鷲のレリーフが付けられています。第二次大戦直後に改名され、橋にはファシストによって非業の死を遂げた社会主義者、ジァコモ・マッテオッティの名前がおくられました。

1939年に着工されたアメデオ・サヴォイア・アオスタ王子橋（プリンチペ・アメデオ橋）とアオスタ公橋（ドゥーカ・ダオスタ橋）はともに1942年に完成しています。いずれもサヴォイア王家の分家、アオスタ家の中でも軍事政権に協力的な人物の名前が付けられました。アオスタ公橋は当時フォロ・ムッソリーニと呼ばれたフォロ・イタリコのスポーツ施設へ直結する橋として架けられたもので、全長220m、幅員30m、センタース

ジァコモ・マッテオッティ橋

アオスタ公橋

パンには100mを超えるコンクリートアーチが適用されています。アメデオ王子橋は橋長110m、幅員20mで、近接するヴィットリオ・エマヌエルⅡ世橋などと調和するようにほぼ等スパンの3径間石造アーチが採用されました。

第二次世界大戦前に着工されながら工期が遅れていたテスタツィーオ橋（1948年）とフラミニオ橋（1951年）（写真-15：p.29）が戦後になって完成しました。フラミニオ橋の橋面には古代ローマの遺跡を再現するような彫刻や石柱が設置されています。

戦後、テヴェレ川の橋梁景観に目立った変化は見られませんでした。1960年のローマオリンピックに合わせて整備された東環状道路の一環として架けられたクイント塔橋（1960年）の後は、メトロ線と道路を併用したピエトロ・ネンニ橋（1980年）が開通しています。

2011年、テヴェレ川には久々に新橋が完成しました。2002年にオープンした複合音楽堂、パルコ・デッラ・ムジーカとフォロ・イタリコを結ぶ橋で、長さ190m、幅22mの規模の橋面を、歩車道境界に配置された2本の鋼製アーチが支えています。アーチ構面が外側に傾いた形状で、ほとんどが石造り調のテヴェレ川の橋の中にあっては異色の構造の橋です。橋名は作曲家アルマンド・トロヴァヨーリにちなんで名付けられました。

テヴェレ川の近代橋のデザインは基本的には石造り調の古典的なデザインから脱皮することはありませんでした。それはローマという都市が古代ローマの栄光を引き継ぎ、政治的権威や宗教的権威を表象し続けなければならない状況に置かれていたためであるといえるでしょう。

参考文献

1） Rabun Taylor：Tiber river bridges and development of the ancient city of Roma, June 2002, http://www3.iath.virginia.edu/waters/taylor_bridges.html
2） http://www.romaspqr.it/ROMA/Ponti-di-Roma.htm
3） http://www.annazelli.com/roma-ponti-di-roma-guida-turistica.htm
4） 塩野七生『すべての道はローマに通ず－ローマ人の物語Ⅹ』2001年12月、新潮社
5） Sergio Delli：I Ponti di Roma, 1992

18　アンダルシアの歴史を映す──セビーリャとコルドバの橋

グァダルキビール川とローマ橋

スペイン南部のアンダルシア地方は、さまざまな民族が通り過ぎ、その一部が定着して交じり合い、独特の風土をつくり出してきた魅惑的な地域です。

このアンダルシア地方を横断するように、東から西へ流れるグァダルキビール川は、イベリア半島では５番目に長い川で、流域面積はアンダルシア州の 2/3 にも達します。この川の流域にセビーリャとコルドバはあります。ふたつの町には、古代ローマ、イスラム、そしてカトリックと、それぞれの時代の文化やそれらが融合した魅力的な文化と具体的な遺産が残されています。

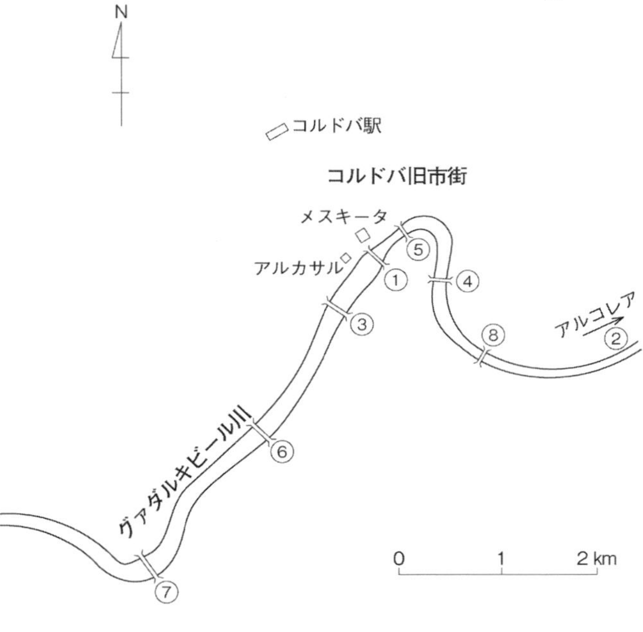

［セビーリャ］

番号	橋　　名	完成年
①	水門管理用道路の跳開橋	2011
②	キント･センテナリオ橋	1991
③	デリシァス橋	1990
④	アルフォンソＸⅢ世橋	1926（1998撤去）
⑤	レミディオス橋	1968
⑥	サン･テルモ橋	1931（1968改修）
⑦	イサベルⅡ世橋	1852
⑧	サンテシモ･クリスト･デ･ラ･エスピラシオン橋	1991
⑨	カルトゥーハ歩道橋	1992
⑩	バルケタ橋	1992
⑪	アラミーリョ橋	1992
⑫	アラミーリョ高架橋	1991
⑬	メトロ1号線橋梁	2008
⑭	サン･ファン橋	1930
⑮	ファン･カルロスⅠ世橋	1981（1991拡幅）
⑯	ソフィア王妃橋	1991
⑰	パトゥロシニオ橋	1982（1992拡幅）
⑱	カマス歩道橋	？
⑲	コルタ橋	1991

［コルドバ］

番号	橋　　名	完成年
①	ローマ橋	AD.1
②	アルコレア橋	1792
③	サン･ラファエル橋	1953
④	アレナール橋	1993
⑤	ミラフローレス橋	2003
⑥	アンダルシア橋	2004
⑦	アッバス･イブン･フィルニャス橋	2010
⑧	アンダルシア高速道路の橋	？
⑨	ペドゥロチョス川のローマ橋	紀元前後

セビーリャとコルドバの橋地図

古代ローマ帝国の支配がイベリア半島に及んでいた時代、コルドバとセビーリャにはメリダやマラガなどとともにローマ人の町がつくられ、各都市を結んだ道路が整備されました。

コルドバのローマ時代の遺構は市の中心部でも見ることができますが、何といってもグァダルキビール川に架かるローマ橋（写真−1：p.30）が有名です。ローマ橋は紀元1世紀の初め頃に建設されたと推定されており、ローマからアンダルシア地方を通って南西部の港町、カディスへ至るアウグスタ街道の一環であったと考えられています。その後、たびたび補修の手が加えられ、今日まで守り継がれてきました。現在の橋の規模は、幅員は9m、橋長が331mで、16のアーチによって支えられていますが、建設当時は17径間になっていたようです。ただ、オリジナルのアーチは北から数えて14、15番目のものしか残されていません。

コルドバの旧市街地は町ごと世界遺産に登録されています。それにつながるローマ橋はもちろん、その北側の「橋の門」と呼ばれる城門と南端のカラオーラの塔と呼ばれる楼閣もその中に含まれています。

コルドバにはもうひとつ、ローマ時代の石橋が残されています。旧市街地の北東端からおよそ2km離れたところに小さなアーチ橋（写真−2：p.30）があります。ペドゥロチョス川という小さな川を東西に渡るもので、長さはアプローチも入れておよそ30m、歩面幅は約5m、流れを渡る部分は最大スパン4.6mの3つの半円石造アーチによって支えられています。建設されたのは紀元前後で、コルドバからメリダへ至る街道筋にあたっていたと推測されています。

イスラムの支配下のコルドバとセビーリャ

711年、イベリア半島に侵入したイスラム勢力は、西ゴート族の王朝を滅ぼし、数年後には半島の半分以上を制圧します。そしてこの地方をアル・アンダルスと呼び、支配の拠点をコルドバに置きます。この地方はウマイヤ王朝のカリフから派遣された総督（アミール）によって支配されることになりました。

イスラム王国時代もグァダルキビール川に架かる橋は、ローマ橋が唯一のもので、何度も補修の手を加えられながら大切に守られてきました。

12世紀の初期には、北アフリカに興ったムラービト王朝が、12世紀後半にはムワッヒド王朝がアンダルシア地方を支配下におさめますが、それらの王朝のスペイン統治の拠点が置かれたセビーリャは繁栄し、イスラム文化が花開くことになりました。

1171年にセビーリャのグァダルキビール川に初めて橋が架けられました。その位置は現在のイサベルⅡ世橋のすぐ近くでした。長さ150mほどの船橋で、頑丈な木造の船を鎖で結び、それぞれは川底に碇で固定され、船の上に板が張られていました。川の干満差が1.5mほどあるため、両側には羊の革袋を利用した浮桟橋が置かれていました。

船橋は木の腐朽や洪水による損傷などのためにしばしば大きな補修が必要になりましたが、1852年にイサベルⅡ世橋が完成するまで維持されました。この橋は市の中心部とトリアナ地区を始め、西岸にある町や地方との交通を活発にすることになりましたが、一方ではここから上流へは大型船が遡れなくなりました。

キリスト教徒による反攻から近代化へ

繁栄したセビーリャもムワッヒド朝の衰退とともに、フェルナンドⅢ世に率いられたキリスト教軍の攻撃にさらされることになりました。船橋が軍船に衝突されて破壊され、西方面からの食糧供給が絶たれたこともあって、1248年にセビーリャはついに開城します。そして、イスラム勢力の最後の砦になったグラナダ王国も遂には1492年に開城を余儀なくされ、イベリア半島におけるイスラム勢力はその拠点を失うことになりました。

この年はコロンブスが「新大陸」を発見した年でもありました。新大陸の発見からまもなく、その開拓者の基地がセビーリャに設けられ、国王の許可を得た船がここから出帆していきました。結果として大量の金銀がセビーリャに持ち込まれることになり、スペインの黄金時代の到来とともにセビーリャに繁栄がもたらされました。

16世紀以降のスペインの政治状況は複雑で不安定なものでした。王統の不安定、外国からの干渉と軋轢、左右の政治勢力の多様化と対立抗争、植民地の独立闘争への対応などの内憂外患が長らく続きました。

セビーリャのグァダルキビール川に本格的な橋、イサベルⅡ世橋（写真−3：p.30）が架けられたのは1852年のことです。この橋が、セビーリャでは現存する最も古い橋です。橋長は約155m、幅は約16mで、低水路の3径間には鋳鉄製のアーチ、左岸側の高水敷には1径間の石造アーチが配されています。

鋳鉄アーチのスパンはいずれも約45mで、スパンドレルの部分にしだいに径が小さくなる円形の繋ぎ材が入れられているのが特徴です。この橋の設計者は2人のフランス人で、パリのセーヌ川に架けられていたカルーセル橋がモデルになりました。なお鋳鉄部はすべてセビーリャの鋳物工場でつくられました。

橋名は当時の君主、イサベルⅡ世にちなんで付けられましたが、地元では西岸の地名からトリアナ橋と呼ばれる方が多いようです。交通量の増加にともなって何度も補修、補強の手が加えられてきました。そして1977年にはアーチの内側に2列の扁平な鋼箱桁が入れられ、ほとんどの荷重はこの桁が受け持つようになっています。

コルドバの歴史地区から10kmほど東にアルコレア橋（写真-4：p.30）というグァダルキビール川を渡る橋があります。長さは約340mで、20の石造アーチが連ねられ、1792年に完成しています。この位置には古くローマ時代から橋が架けられていたともいわれています。

この橋をめぐって重要な戦争がありました。1808年、ナポレオンのフランス軍がスペインに攻め入った時、スペイン民衆の義勇軍がこの橋で迎え撃った戦いがありました。そして1868年には当時の軍の中枢部がイサベルⅡ世女王の退位を求めてクーデターを起こした際、王党派の軍との間でこの橋をめぐる戦闘が行われました。

グァダルキビール川の改修と近代的跳ね橋

セビーリャを流れるグァダルキビール川の流路には、20世紀になって大きな改変が加えられました。20世紀前期には河川港の機能を改善するためにイサベルⅡ世橋から下流部の流路を真っすぐにして岸壁を整える工事が行われ、この部分はアルフォンソXⅢ世運河と呼ばれることになりました。さらに、1948年にはカルトゥーハの野を掘り割って放水路がつくられました。これによってセビーリャの中心部と港への洪水の影響が大幅に軽減されることになりました。

20世紀にはセビーリャでふたつの大きなイベントが開催されました。最初のものは1929年の中南米博覧会で、次は1992年の万国博覧会です。ふたつの博覧会に先立って公園や道路の整備が計画され、時期を合わせてグァダルキビール川の橋も建設されました。

1926年にアルフォンソXⅢ世橋が、次いで1930年に現在のグァダルキビール川の本流にサン・ファン橋が、1931年にイサベルⅡ世橋の下流にサン・テルモ橋が完成しています。これら3橋はいずれも橋の一部が跳開橋（bascule）になっていました。

現在は港の機能が下流へ移ったために可動橋の役割を終えています。アルフォンソXⅢ世橋は1998年に撤去され、サン・テルモ橋は1968年に中央径間がコンクリートのラーメン橋に架け換えられました。そして、サン・ファン橋は今も地元の連絡橋として使われていますが、可動部を跳ね上げることはないのでしょう。

第二次世界大戦中から戦後にかけてセビーリャでは旧市街から川を挟んで西側に新しい町が開発されました。そこへの連絡のために新しい橋、現在のレミディオス橋が完成したのは1968年のことです。幅員が29mの広い橋で、主構造は変断面のコンクリートの連続桁になっています。

万国博と新しい橋

1992年にはセビーリャで万国博が開かれ、バルセロナではオリンピックも開催されました。この年には、1492年にコロンブスが新大陸に到達してから500年の記念行事も行われ、スペイン国民の気分を大いに盛り上げることになりました。

セビーリャ万博開催にともなってグァダルキビール川に6つの新しい橋が架けられました。このうち、最も上流と下流に架けられたアラミーリョ橋とキント・センテナリオ橋はセビーリャの外周環状道路（E-30）を形成しています。

アラミーリョ橋（写真-5：p.30）は万博会場への北の進入路ともなりました。この橋の上部工は巨大なハープを連想させるユニークな形の斜張橋です。川と逆方向に倒した高さ約142mの塔と川を一跨ぎしている長さ200mの桁を、13×2本のケーブルで結んで重量的にバランスさせています。この橋は斬新な構造設計で世界的に有名なサンチャゴ・カラトラバ氏の設計によるものですが、この形は翼を上にかかげて飛ぶ鳥の形から着想

サン・テルモ橋

アラミーリョ高架橋

したと説明しています。また、この橋から西へ続くアラミーリョ高架橋はハの字に開いた橋脚を並べた独特の形になっています。この断面形状は角を立てた牛の頭からヒントを得たとしており、氏は構造物の形状を自然の中にある形から着想を得ると説明していました。

万博会場に直結していたバルケタ橋（写真–6：p.30）は、基本的には 1 本アーチのニールセン・ローゼ形式ですが、アーチの両端が二股に分かれたユニークな形状になっています。アーチスパンは 168m、幅員は 30m で、現在は万博跡地につくられたテーマパークや先端工業団地へのアプローチになっています。

サンテシモ・クリスト・デ・ラ・エスピラシオン橋（写真–7：p.30）という長い橋名は訳すと、終末の聖キリスト橋となるでしょう。万博会場への南からのアプローチになりましたが、セビーリャ中心部と西方面の都市とを結ぶ高速道路に直結する幹線道路につながっています。

主構造の鋼製アーチはスパンが 130m、橋長は 223m、幅員は 30m の規模をもっています。設計はホセ・ルイス・マンザナレス・ハポン氏で、歩道上に凹凸のあるテントが掛けられたデザインが特徴です。

橋の名前は、近くにある教会の奉仕団体にちなんでいます。セビーリャで毎年春に開催されるセマナ・サンタという祭りに参加する教会単位の信徒団体の名前で、その人たちがかつぐパソと呼ばれる山車に乗せられる像がキリスト磔刑の姿であることを表しています。

カルトゥーハ歩道橋は、長さが 215m、幅 11m の非対称の 2 径間の鋼桁橋です。万博の時は国王のパビリオンに直結する橋として建設されましたが、現在は車も通れるようになっています。

セビーリャは河口から 80km ほどさかのぼったところに位置しますが、アンダルシア地方の物流基地として重要な港になっています。このため下流には一本の橋も架けられておらず、現在、船種によっては 1 万トン級の船も入港できるようです。

万博に合わせて新グァダルキビール川にも 4 つの橋が新設または拡幅されました。北からコルタ橋、パトゥロシニオ橋、ソフィア王妃橋、ファン・カルロスⅠ世橋ですが、いずれもプレストレストコンクリート構造で、特に目立ったデザイン的特徴はありません。コルタ橋とファン・カルロスⅠ世橋は環状線 E–30 の一環になっており、他の橋も高速道路のネットワークの一部として機能しています。

キント・センテナリオ橋は直訳すると 500 年橋となります。その主橋梁部はセンタースパン 265m のオーソドックスな 3 径間の斜張橋です。このあたりはセビーリャ港の範囲にあるため、45m の桁下高が確保されています。この橋が公道の橋としては、グァダルキビール川の最下流の橋になります。この橋から下流にはセビーリャ港の水位を調節するために水門と閘門が設けられており、2011 年に供用が開始されました。それに併設された管理用道路の 2 つの跳開橋が最も下流の橋になりますが、現在は一般の車は通ることができません。

キント・センテナリオ橋の上流にデリシァス橋が 1990 年に架けられました。中央が両開きの跳開橋になっており、この橋の完成を機にアルフォンソ XIII 世橋

キント・センテナリオ橋

アルフォンソⅩⅢ世運河の水門と管理用道路可動橋

デリシァス橋

が撤去されました。

コルドバ近郊の開発と新しい橋

コルドバではイスラム勢力の追放後は、インフラ整備も進まず、町に近接する橋もローマ橋が唯一のものでしたが、20世紀になって都市としての発展が始まり、コルドバにようやく1953年に新しい橋が架けられました。旧市街の周りを囲んでいた城壁が取り除かれ、その西側の跡地を利用して、緑地を大きくとった幹線道路がつくられましたが、その延長上にサン・ラファエル橋が架けられました。これによってグァダルキビール川右岸地域の開発が促されることになりました。

8つのRCアーチが連ねられており、全長は217m、幅員は18.5mです。フランコ将軍の統治時代で、橋の両側に将軍による橋の完成をたたえるプレートがはめ込まれていましたが、今は取り払われています。

1993年に完成したアレナール橋はミラフローレス地区と新しいスポーツ施設や市場・商業センターなどが整備されているアレナール地区を結ぶ橋です。幅は21m、220mを3径間で渡る連続箱桁橋で、銅で被覆された構造用鋼とコンクリートを合成した革新的な構造であると説明されていますが、詳しいことはわかりません。

サン・ラファエル橋

アレナール橋

21世紀なって新しい橋が次々と完成しています。2003年に架けられたミラフローレス橋は旧市街から新しい住居地区のミラフローレス地域へ渡る橋です。上部工は2径間の下路式2主桁橋で、耐候性鋼が用いられているように見えます。幅員は10mほどですが、長さ20mもある舟形断面の大きな橋脚に支えられています。

2004年にコルドバの環状道路の西側部分の一環となるアンダルシア橋が完成しました。市の西南部で開発が進む工業団地と高速道路を直結させ、西方向にあるコルドバ空港へのアクセスを改善するために建設されました。主橋梁部は長さ210mの2径間斜張橋で、塔とそれを支える橋脚を一体としたデザインに特徴があります。

アンダルシア橋の下流に2010年に架けられたアッバス・イブン・フィルニャス橋（写真-8：p.30）はアンダルシア橋を補完して、市周辺の都市間高速道路との連携を高める役割を担っています。橋長は365mで、スパン132.5mのふたつのアーチ橋が流水部を渡っています。

アーチ橋の基本構造はニールセン・ローゼ形式です。そのアーチは堤防側では道路を跨ぐように2本になっていますが、中央へ向かって幅が狭められ、橋脚上では1本にまとめられています。

橋の名前は、9世紀にこの地で活躍した、哲学者で科学者のフィルニャスにちなんで付けられました。フィルニャスは世界に先駆けて飛行体を考案したことで知られ、この橋の近くに空港が開港したこともあって選ばれたようです。その功績を称えるために橋の中央部に飛行体をイメージした巨大なモニュメントが設置されています。この橋の設計者は、土木技師のホセ・ルイス・マンザナレス・ハポン氏です。ハポン氏は、セビーリャのサンテシモ・クリスト・デ・ラ・エスピラシオン橋の設計者でもあります。

ハポンとは日本のことで、この姓をもつ人達はセビー

アンダルシア橋

リャから10kmほど下流のコリア・デル・リオなどの町に1,000人ほどが住んでいます。ここは1613年に伊達正宗が派遣した支倉常長が率いる遣欧使節団の一行が一時的に滞在した町で、使節団が帰国したときに数人がとどまったとされ、その人たちがハポン姓のルーツであるといわれています。

参考文献

1） http://es.wikipedia.org/wiki/Puentes_de_Sevilla
2） http://es.wikipedia.org/wiki/Categor%C3%ADa:Puentes_de_C%C3%B3rdoba_（Espa%C3%B1a）
3） http://www.cordobapatrimoniodelahumanidad.com/lospuentes.php

Column-II　フォース鉄道橋：スコットランド・エディンバラ近郊（写真-Ⅱ：p.31）

フォース鉄道橋の傍らに立つと、その大きさはもちろん、部材の多さ、複雑さに圧倒されてしまいます。鉄道橋の写真を撮る時には上を走る列車を入れるのが定番ですが、列車の姿があまりにも小さく、絵になりません。

19世紀後半にはイギリスの鉄道建設は最盛期を迎え、スコットランドの中心都市、エディンバラから北へ延長する計画が進められますが、いくつかの深く、広い湾を越える必要がありました。いくつもの困難な条件を乗り越えて、フォース湾を越える鉄道橋の建設が始まったのは1882年のことです。基礎となるケーソンの設置が完了したのが1886年、全工程を終えて開通したのは1890年3月でした。

橋の全長は2,530m、海上部には4径間のカンチレバートラス（ゲルバートラス）が適用されていますが、その全長は1,630m、中央部の2径間の支間長は521mで、両端の跳ね出し部の長さは207mになっています。トラスの頂上までの高さは110m、線路面までの高さは海上からおよそ48mです。トラス部の組み立ては3ヵ所の橋脚部を頂上まで組み立てた後、そこからヤジロベエ式に順次部材が延ばされていきました。その間海上に支保工は立てられませんでした。

この橋はトラス形式の橋としては今なお世界で第2位の径間長を誇っています。

この橋の最大の特徴は、上部工に全面的に鋼が用いられたことです。この時代は鋼の量産化が始まったばかりの頃で、鋼の使用に踏み切ったのは設計・施工を担ったファウラーとベーカーの決断によるものでした。使用された鋼材は5万トン以上にもなりました。

設計にあたってこの地方の強い風の影響を考慮したため、橋脚幅が広く、外側に踏ん張ったような形状になりましたが、このときの風荷重の考え方が後の橋の設計の標準になりました。

この鉄道橋は開通以来130年にもなりますが、今なお1日200本の列車を通しています。一方、これだけの構造物を維持していくためには多大の労力が必要です。この橋にはいつ行ってもどこかにシートが掛けられているという話を聞きます。部分的な部材の取換えや再塗装の作業が絶えず続けられているためでしょう。

19　地形と舟航を克服した——ニューキャッスル・タイン川の橋

北イングランドの基点都市

北部イングランドの中核都市であるニューキャッスルの南側をタイン川が流れています。ニューキャッスルの正式名はニューキャッスル・アポン・タインといい、現在はメトロポリタン・バラという行政単位になっています。その中心地区と対岸のゲーツヘッドを結んで、タイン川に沿って約 1.5km の間には 7 つの形式の異なる橋が架けられています。これらの橋の景観を楽しむには、11 世紀に建てられたキャッスルキープの屋上からと河畔に整備された遊歩道からがお勧めです。

ニューキャッスルの街の起源はローマ時代にさかのぼります。ローマがイングランドを支配していたハドリアヌス帝の時代、ここに前進基地が置かれ、タイン川沿いの港は物資供給の役割を担っていました。そしてケルト人の南下を防ぐために、ここを起点として現在のカーライルまでブリテン島を横断するように約 120km に及ぶ防塁が造られました。同時にその基地から対岸へはアエリウス橋と呼ばれた橋も架けられました。橋の名前はハドリアヌス帝のファミリーネームにちなんで付けられました。場所は現在の旋回橋のあたりで、石積の橋脚の上に木桁が並べられた構造であったと考えられています。

ローマ撤退後の橋の歴史ははっきりしませんが、12 世紀後半にほぼ同じ位置に橋が架けられ、1248 年の火災で崩壊した直後に石のアーチ橋が架けられました。橋の上に建物が乗った家橋であったようです。しばしば補修が行われましたが、1771 年の洪水で崩壊し、新しい石橋に架け換えられました。1781 年に完成した橋はジョージアン橋と名付けられ、9 つの石造アーチからなっていました。

この頑丈な石橋も、産業革命によってタイン川沿岸の工業化が進展し、大型船の遡上が必要となる中で、邪魔な存在になっていきました。

深い谷を越える橋

現存する最古の橋は、1849 年に完成したハイレヴェル橋（写真–4：p.31）です。全長は 408m、川を渡る部分は 6 径間から成り、各スパンは約 38m です。橋は二重構造で、上段は鉄道、下段は自動車と歩行者に利用されています。主構造は 4 列の鉄製のタイドアーチより成っていますが、アーチリブと上の鉄道桁を支える柱には鋳鉄が、道路桁を吊っているハンガーには錬鉄が使われており、圧縮部材と引張部材の材料が使い分けられています。

この橋は、ロンドンから北上してきた鉄道をゲーツヘッドからニューキャッスルへ延長し、さらにエディンバラへつなげるために計画されました。設計は鉄道の父といわれたジョージ・スティーブンソンの一人息子で、高名な土木技師、ロバート・スティーブンソンが手掛けました。ロバートは鉄道建設の技師として活躍し、多くの鉄道橋の設計も行っています。代表作としては他にコ

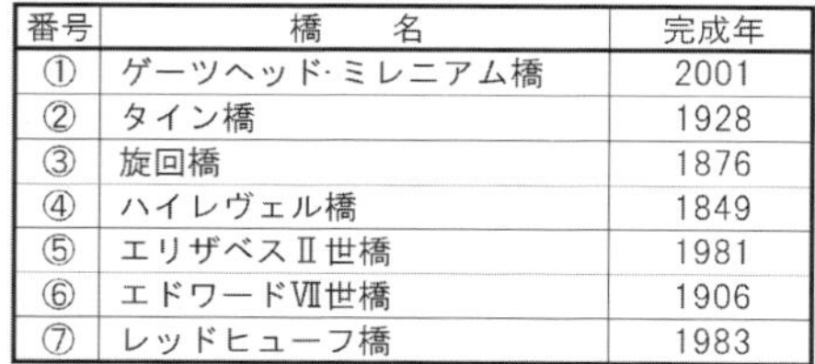

番号	橋　名	完成年
①	ゲーツヘッド·ミレニアム橋	2001
②	タイン橋	1928
③	旋回橋	1876
④	ハイレヴェル橋	1849
⑤	エリザベスⅡ世橋	1981
⑥	エドワードⅦ世橋	1906
⑦	レッドヒューフ橋	1983

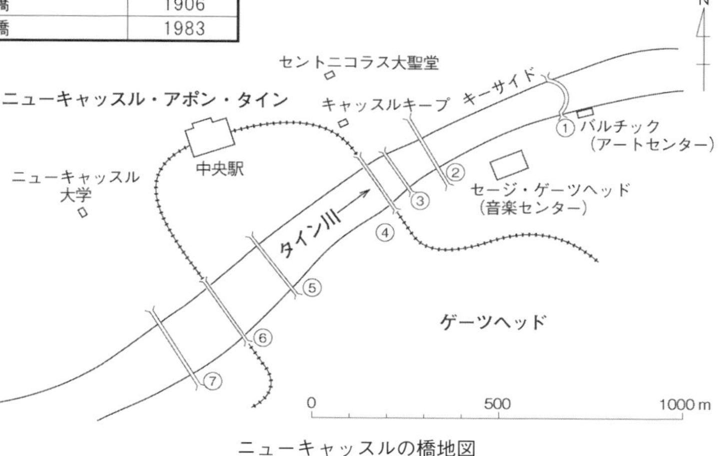

ニューキャッスルの橋地図

キャッスルキープから見たタイン川の橋

ンウィ鉄道橋、ブリタニヤ鉄道橋などが有名です。

ニューキャッスルとゲーツヘッドの間のタイン川は深さが 30m にもなる深い谷になっていますので、急勾配が苦手な鉄道には背の高い橋が必要でした。ハイレヴェル橋は高いがっちりとした石積の橋脚に支えられており、クリアランスは水面上約 26m、上段面の高さは約 34m になっています。後に架けられる橋の桁下空間はこの橋の高さが基準になりました。

橋の公式な開通は 1849 年 9 月 28 日ですが、特にセレモニーはなく、ヴィクトリア女王を乗せた列車が橋の上で一時停車しただけの簡単なものであったようです。道路は有料で運営され、通行料は 1937 年まで徴収されていました。

橋の老朽化とともに幾度も補修の手が加えられていますが、道路部分の損傷が大きく、最近の補修の後、歩道はそのままですが、車道は南行きのバスとタクシーの通行のみに制限されています。

ハイレヴェル橋の完成によって、ローマ時代に起源をもつジョージアン橋はローレヴェル橋と呼ばれるようになりました。大型船の遡上の妨げとなるため架け換えが検討され、沿岸の低いレヴェルでの交通との両立を図って可動橋が採用されました。1876 年に完成した鉄製の橋の全長は 170.7m、幅員は約 14.5m、6 径間からなり、中央部は長さ 85.6m の 2 径間のアーチ形状の連続トラスが中央の橋脚を軸にして回転するようになっています。その形から旋回橋（写真–3：p.31）と呼ばれています。

回転部は重量約 1,300t で、それを支える橋脚の基礎は鋳鉄製の円柱が用いられ、岩盤まで達しています。橋体を回転させることによって幅 31.4m の水路が確保されますが、この水路を通って 5,000t 級の船が川をさかのぼった記録があります。現在では運転回数が減り、週 4 回をめどに開閉が行われているようです。

ハイレヴェル橋を渡った列車はニューキャッスル中央駅へは東側から接近することになるため、エディンバラ方面へ向かうためには列車の方向を変えねばなりませんでした。各方面への列車運行の効率を上げるためには中央駅の西側から接近する鉄道橋が必要でした。それを改善するために新しい鉄道橋、エドワードⅦ世橋（写真–7：p.31）が 1906 年に架けられました。全長は 350m で、主要部分には 4 連のダブルワーレントラスが適用され、5 つのトラスが並べられています。水面を渡るところの 2 連のスパンは 91m になっています。

重工業都市として発展を続けていたタイン河畔の象徴となるタイン橋（写真–2：p.31）が 1928 年に完成しました。タイン川を一跨ぎする部分はスパン 161.8m の鋼ブレースドリブアーチ橋で、中路式になっています。製作はドーマン・ロング社で、同社が同時に製作していたシドニー・ハーバー橋は 1932 年に完成しています。

幅は 17.1m、4 車線と歩道がとられ、路面までの高さは約 28m、桁下高は 26m が確保されています。アーチの両側には大きな石造りの塔が建てられ、陸揚げされた物資の倉庫として使われる予定でしたが、使用されることはありませんでした。塔内にはエレベーターが設置され、河岸を訪れる人々に使われていましたが、現在は動いていないようです。アーチの頂部までの高さは約 55m、きれいな放物線を描く姿は、現在もタイン川河口部の景観をリードする構造物としての重要な地位を保っています。

この地域の地下鉄はニューキャッスルやゲーツヘッドなどを包含するタイン・アンド・ウェア州によって運営されていますが、路線延長の目的で 1981 年に架けられたのがエリザベスⅡ世橋（写真–5：p.31）です。主橋梁部は 3 径間のハウトラスで、中央径間長は約 165m です。

7つの橋のもっとも上流にあるのが、ニューキャッスル市街の中心部からゲーツヘッドの中心部へ向かう幹線道路（A189）のレッドヒューフ橋（写真-6：p.31）です。現在の橋は1983年に完成しましたが、主要部は3径間のPCコンクリート箱桁橋よりなり、最大スパンは約160mになっています。

都市の変貌を担う新しい橋

タイン橋の200mほど下流に自転者歩行者専用の橋、ゲーツヘッド・ミレニアム橋（写真-1：p.31）が2001年に完成しましたが、その構造が大変ユニークで、世界の橋梁界の話題をさらうものでした。橋の形式はアーチ橋ですが、主構のアーチから張り出された多数のロープが大きく湾曲した桁を吊る形になっています。これらが両端で径1.8mのシリンダーに固定され、船の航行があるときには、シリンダーに直結する腕木を油圧ジャッキで押すことによって橋全体を約40度回転させて、航路が確保されます。ふたつのアーチの重量がバランスしているため少ないエネルギーで橋体を回転できるのです。

橋の建設は西暦2000年のミレニアム事業の一環として企画され、設計に当たってはコンペが行われました。

その条件は、普段は4.5m、船の航行時には高さ25m、幅30mのクリアランスが確保されること、河岸に邪魔になる構造物を造らないこと、新しいミレニアムのスタートにあたってタイン川沿岸のシンボルとなること、川沿いにある他の橋とも調和し、現在の橋の景観を楽しめる場であること、技術的にも優れたものであること、などとなっていました。この条件を満たしたのがダブル・アーチを回転させる構造でした。

アーチのスパンは105m、短い端桁を加えると橋長は120mになります。アーチ部材は幅2～4m、高さ1.3～2mの扁平な四辺形断面になっており、桁高は1mに抑えられています。また、補剛桁が大きく湾曲しているため、かなり大きな面外変形が生じます。そのため上を歩くと揺れが大きく、いささか不安を覚えるのが唯一の欠点でしょうか。

アーチ部は、外観を重視してすべて溶接で組み立てられました。上部工全体を近くのヤードで組み上げて、3,500t吊のクレーン船で一括架設されました。

ミレニアム橋の建設を促進したのはゲーツヘッド市です。タイン川の河口部は毛織物業や石炭の積出し基地として栄え、産業革命以降は重工業、特に造船業が発展し、河岸地域は工業地帯として繁栄しました。しかし第二次大戦後、特に1970年代にはそれらの産業が急激に衰退し、産業構造の転換を余儀なくされました。タイン川沿岸部も新しい時代にふさわしい土地利用が模索され、市民や観光客が集える施設や場所が必要とされました。ニューキャッスル側にはそのような施設が誘致され、河岸沿いに遊歩道も整備されていきましたが、ゲーツヘッド側は遅れをとっていました。近年、川沿いにコンテンポラリーアートセンターや音楽センターが完成し、ニューキャッスル側との行き来をスムースにすることによってタイン川沿岸の再開発が進むと期待されています。

参考文献

1） 土木学会編『ヨーロッパのインフラストラクチャー』p.38、1997年5月、土木学会
2） http://www.bridgesonthetyne.co.uk/index.html
3） http://en.wikipedia.org/wiki/Category:Bridges_in_Tyne_and_Wear
4） http://www.portoftyne.co.uk/about-us/heritage-sites.php
5） John Johnson and Peter Curran, "Gateshead Millennium Bridge—an eye-opener for engineering," Proceedings of ICE: Civil Engineering, vol.156, pp.16-24, February 2003, Paper 12885

20　多彩な色と形式──ロンドン・テムズ川の橋

ロンドン橋の始まり

大ロンドンの範囲のテムズ川に架かる橋は、数え方にもよりますが、タワーブリッジからハンプトンコート橋までで31橋、水門などの他の施設に付属する歩道橋を別に数えますと35橋を超えることになります。これらの橋のほとんどは第二次世界大戦以前に架けられたもので、その多くは19世紀にさかのぼります。

そしてここで記述の対象としているのはタワーブリッジから上流の大ロンドンの範囲のおよそ40km内のことに限っています。

ロンドンの都市建設は紀元後43年頃からローマ人によって始められました。ローマ人はテムズ川沿岸の地を選んで、東西約1.5km、南北約1kmのロンディニウムという城壁都市を造りましたが、これが後のシティの原型となりました。テムズ川にはローマ人が来る前から先住のケルト人が架けた橋があったとされていますが、その位置は今のロンドン橋より少し下流にあったようです。5世紀まで続いたローマ時代にも橋は架けられていましたが、ずっと木橋でした。

ロンドン橋が石橋になったのは13世紀の初めのことです。ピーター・デ・コールチャーチという司祭の熱心な呼びかけによって始められた石橋の建設は33年にも及びました。橋の建設は単に交通インフラの整備という意味以上に宗教施設の建設という側面が強く、人々の宗教心の発露でもありました。そのため聖職者が重要な役割を果たしました。新しい石橋のほぼ中央には聖堂が設けられ、多くの人が入れる礼拝堂も備わっていました。

橋の建設費は、教会や信者からの寄付で賄われましたが、国王が特別税を設定して援助することもありました。ロンドン橋が完成したときにはピーター司祭はすでに亡くなっていましたが、その遺骸は橋上の礼拝堂の床下に埋葬されました。橋の南詰には防衛上の橋門が設けられ、橋の上には数多くの家屋が建てられ、商店街のような機能を備えていました。そして橋の維持管理費は橋上の家屋の賃料や橋の通行料でまかなわれました。その管理人は市長から任命される名誉職でもありました。

ロンドン橋の維持管理を行った組織は、現在もブリッジハウス財団（The Bridge House Estates）として存続しています。運用を通じて積み上げられた財産は多額に達しており、その下部組織であるシティブリッジトラストを通じてシティ範囲の橋の建設や財産権の買収も行い、最近では大ロンドンの範囲を越えて公共的な事業への寄付を行っています。そして近年完成したミレニアムブリッジの建設、管理の資金も提供しています。

街の拡大と橋の増加

大ロンドンの範囲では、現在のキングストン橋のところに13世紀には橋があったとする記録があり、それ以降も断続的であっても有料の木橋が架けられていたようです。

キングストン橋からロンドン橋の間には、1729年にパットニー橋が架けられるまでは全く橋は架けられておらず、多くの渡し場がありました。橋が計画されたこともありましたが、渡し船の経営者が反対、ロンドン市当局も積極的ではなく、計画は実現しませんでした。

17世紀のコレラの流行やロンドン大火の影響もあって、18世紀になると、ロンドン市街の膨張圧力が強まって川の南側へも居住地が一気に拡がっていくことになり、架橋の必要性が高まっていきました。そして、ウェストミンスター橋が1750年に架けられて以降、キュー橋（1758年）、ブラックフライアーズ橋（1769年）、バターシー橋（1771年）、リッチモンド橋（1777年）が開通しました。

その後はフランスとの戦争によって中断しましたが、19世紀に入ると、ヴォクソール橋（1816年）、ウォータールー橋（1817年）、サザーク橋（1819年）、ハマースミス橋（1827年）などが次々と完成していきました。

これらの橋の構造は、パットニー橋、キュー橋、バターシー橋は木橋、ウェストミンスター橋、ブラックフライアーズ橋、ウォータールー橋、サザーク橋は石造アーチ橋でしたが、ヴォクソール橋にはテムズ川では初めてとなる鋳鉄アーチが使われ、ハマースミス橋には錬鉄製のチェーンを用いた吊橋が採用されるなど、先進的な試みもなされています。これらの橋は通行料によって、渡し船に対する補償を含めた建設費と維持補修費をまかなう有料橋として運営されました。

この頃に架けられた橋はスパンが短かったため船の衝突や洪水による損傷を受け、しばしば補修をする必要がありました。そして幅も狭く、19世紀後半になって交通量が増大すると、使用に耐えなくなって次々と架け換えられていくことになります。しかし、1777年に架けられたリッチモンド橋（写真-1：p.32）は1938年に拡幅工事が行われましたが、建設当初の姿をよく伝えており、ロンドンのテムズ川では最も古い橋として大切に保存されています。

これらの橋に続いて古くから交通の要衝であったキングストン橋（写真-2：p.32）が1828年に、ロンドン橋が1831年に石造アーチ橋に架け換えられました。

ヴィクトリア時代の発展

次に橋の建設の波が来たのは19世紀後期のことです。チェルシー橋が1858年に新しく架けられたのをはじめ、ランベス橋（写真-3：p.32）が1862年に、アルバート橋（写真-4：p.32）とワンズワース橋が1873年に新しく完成しています。前の3橋はいずれもハマースミス橋に影響を受けた吊橋が採用されました。この内、アルバート橋だけはその優れたデザインの故に、中央に橋脚が設けられるなどさまざまな補強の手段がこうじられながら現在まで存続しているのは貴重です。この頃には橋の建設は公共事業として行われるようになり、有料橋の運営権をロンドン市などが買い取って公有化することによって橋の通行はやっと無料になりました。

イギリスでは産業革命の成果として19世紀には鉄道建設ブームが起き、各地で私資本による鉄道が次々と敷

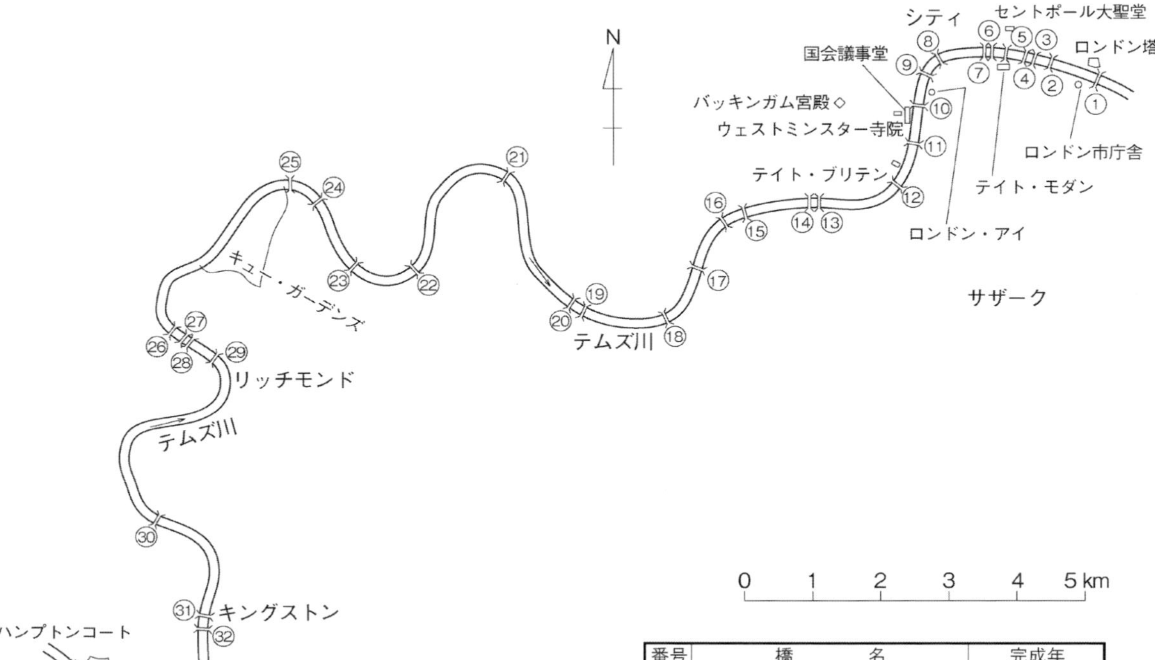

番号	橋名	完成年
①	タワーブリッジ	1894
②	ロンドン橋	1973
③	キャノンストリート鉄道橋	1866（1982改良）
④	サザーク橋	1921
⑤	ミレニアムブリッジ	2000
⑥	ブラックフライアーズ鉄道橋	1886
⑦	ブラックフライアーズ橋	1869
⑧	ウォータールー橋	1945
⑨	ハンガーフォード橋 及び ゴールデンジュビリー橋	1864 2002
⑩	ウェストミンスター橋	1862
⑪	ランベス橋	1932
⑫	ヴォクソール橋	1906
⑬	グロヴナー橋	1967
⑭	チェルシー橋	1937
⑮	アルバート橋	1873
⑯	バターシー橋	1890
⑰	バターシー鉄道橋	1863
⑱	ワンズワース橋	1940
⑲	フラム鉄道橋及び歩道橋	1889
⑳	パットニー橋	1886
㉑	ハマースミス橋	1887
㉒	バーネス鉄道橋及び歩道橋	1849
㉓	チズウィック橋	1933
㉔	キュー鉄道橋	1869
㉕	キュー橋	1903
㉖	リッチモンド水門及び歩道橋	1894
㉗	トウィッケナム橋	1933
㉘	リッチモンド鉄道橋	1848
㉙	リッチモンド橋	1777
㉚	テディントン水門及び歩道橋	1889
㉛	キングストン鉄道橋	1863
㉜	キングストン橋	1828
㉝	ハンプトンコート橋	1933

ロンドン・テムズ川の橋地図

設されていきました。ロンドンでも競うように新線が誕生し、ターミナル駅が建設されると同時に、テムズ川に新しい鉄道橋が架けられました。ロンドンには現在10橋の鉄道橋がありますが、いずれも1848年から1889年の間に架けられたもので、キャノンストリート鉄道橋とバーネス鉄道橋が大幅な改築を受けている以外はほとんどが建設当時の構造形を保っています。ロンドンの鉄道橋の上部工の形式は鉄製のラチスガーダー（写真–5：p.32）かアーチになっていますが、ほとんどに錬鉄が用いられているはずです。

この時代には既設の橋の修復や架け換えも活発に行われました。交通量が大幅に増大して橋を大きく拡げることが必要となり、同時に水上交通の障害をできるだけ取り除くために中心部の橋ではウェストミンスター橋（写真–6：p.32）が1862年に、ブラックフライアーズ橋（写真–7：p.32）が1869年に架け換えられています。その後、パットニー橋（1886年）、ハマースミス橋（1887年）（写真–8：p.32）、バターシー橋（1890年）も現在見る姿の橋になりました。19世紀中頃になると、錬鉄が普及し、引張力が働く部分に鉄材が使われるようになって長スパンの吊橋や桁橋も実現するようになりました。ウェストミンスター橋やブラックフライアーズ橋の主構造はアーチ橋ですが、錬鉄が使われました。

バーネス鉄道橋及び歩道橋

リッチモンド鉄道橋

バターシー橋

ロンドン・テムズ川の風景を象徴するタワーブリッジ（写真–9：p.33）が完成したのは1894年のことです。ロンドンの中心部の東の端に位置するこの橋は、西の端にそびえ立つネオゴシックの国会議事堂と対をなすヴィクトリア期を代表する建造物です。

ロンドン橋があるために大型船はさかのぼれず、ロンドンの港の中心はロンドン橋の下流部にありました。そこにはドックと呼ばれる大規模な舟入が造られ、荷役が行われていました。干満の影響や洪水による影響を避けるためでもありましたが、荷役労働者の組合が強い力を持っていたため、船主たちは安定した荷役を確保するために私的なドックを造っていったとされています。

ロンドン橋より下流、東側沿岸にも市街地が拡がって、橋の需要が高まっていましたが、ドックに入る船を妨げるため通常の橋を架けることは難しかったのです。そのために跳ね上げ式の可動橋が選ばれました。タワーブリッジの構成は、川中にふたつの大きな塔が建てられ、その中央が跳ね橋、両側は吊橋になっています。塔の頂部を結んで歩道橋が設けられており、橋が跳ね上げられたときに人が渡れるように配慮されたものですが、両側の吊橋からの引張力に対してバランスをとる役割もあります。塔のデザインは左岸にあるロンドン塔を意識したものですが、様式はヴィクトリア時代のネオゴシック様式になっています。両側の吊橋もそれにバランスするようなデザインになったのでしょう。

20世紀初頭には上流部のキュー橋（1903年）と中流部のヴォクソール橋（1906年）が現在の橋に架け換えられました。キュー橋は伝統的な石造アーチ橋になっていますが、ヴォクソール橋には近代的なスチール製の2ヒンジアーチが採用されました。結果として装飾性のない機能的なアーチ橋になったデザインに対して批判の声が上がったため、市当局は橋脚上に6体の彫刻を飾ることにしました。

キュー橋

チズウィック橋

ヴォクソール橋

トゥイッケナム橋

橋の近代化

第一次世界大戦によって中断されましたが、1920 年代以降もテムズ川の橋の近代化が進められました。この時代になると鉄筋コンクリート構造が普及し、鉄材としては鋼が普通に使われるようになっていました。1933 年には同じ幹線道路にあたるチズウィック橋とトゥイッケナム橋が新設され、ハンプトンコート橋（写真−10：p.33）が架け換えられました。主橋梁部の構造はいずれも 3 径間の鉄筋コンクリートアーチ橋ですが、ハンプトンコート橋は隣接するハンプトンコートの建物に合わせてスパンドレル部がレンガ張りになっています。トゥイッケナム橋は全体としてアール・デコ調のデザインで、拱頂と起拱部の外側にはブロンズ製の飾りが付けられ、橋脚上にニッチが設けられてそこに視点を集めるようになっていますが、具象の彫刻は飾られてはいません。チズウィック橋は、外装に白いポルトランド石が張られ、パラディオ様式といってもいいやや古いデザインになっています。

サザーク橋（写真−11：p.33）は 1921 年に架け換えられました。上部工は 5 径間鋼アーチで、橋脚から立ち上げられた、クラシカルなデザインをもつ屋根付きの石造りのバルコニーが橋の雰囲気をつくっています。

中流域で新しくなったチェルシー橋（1937 年）（写真−12：p.33）とワンズワース橋（1940 年）には近代的なデザインが採用されました。ともに約 200m を 3 径間で渡っていますが、チェルシー橋は自碇式吊橋、ワンズワース橋はゲルバー式の鋼桁橋と、テムズ川ではそれまで見ないような簡素なデザインになっています。

デザイン思潮の変化

簡素なデザインがロンドン中心部に持ち込まれたのがウォータールー橋（写真−13：p.33）のコンクリート桁です。ロンドン中心部の重要幹線にあたるこの橋は、1939 年から工事が始められましたが、ドイツ軍の爆撃によって一部が損傷し、大戦直後の 1945 年に完成しました。アーチのように見えますが、形式は 5 径間のカンチレバー工法による桁橋です。ポルトランド石によって外装されている他には何の装飾も見られない機能的なデザインになっています。ロンドンの人々には違和感を与えたかも知れませんが、近代化の流れとして受け入れられていったのでしょう。

ロンドンの最重要幹線の役割を担ってきたロンドン橋（写真−14：p.33）は、増大した交通需要に対応するため、1973 年に架け換えられました。旧橋を使いながら両側へ拡幅する工事によって、幅が約2倍の32.6mになりました。形式は3径間連続のプレストレストコンクリートの箱桁橋で、橋長は約262m、中央径間長は約104m、周辺の橋とは異なって、機能本位のデザインですが、高欄をミカゲ石にすることによって橋全体の統一感を生み出しています。

21世紀になって、ロンドンの中心部の橋で野心的な試みがなされました。ミレニアム事業の一環としてミレニアムブリッジ（写真−15：p.33）とゴールデンジュビリーブリッジという歩道橋が完成しました。

後者はハンガーフォード鉄道橋の両側に鉄道橋の橋脚の一部を利用しながら架けられた歩道橋で、斜張橋形式の構造を持っています。構造のアイデアの斬新さは評価できますが、旧橋とのバランスや周辺の景観との調和という点では違和感はぬぐいきれません。

ミレニアムブリッジは全長約330m、幅約4mの歩道橋で、基本構造は3径間の吊橋です。ケーブルを横に張って、床版を支える腕木を吊る形で、通常の吊橋の形とは違っていて、吊床版形式に近い構造になっています。右岸側に開設されたテイトモダン美術館と左岸側にあるセントポール大聖堂を結ぶ動線を造るために新しく架けられました。橋上やその周辺からの大聖堂の眺めを妨げないように、構造をできるだけ低くするために考案されたもので、新しい世紀にふさわしい斬新な構造であるといえるでしょう。

新世紀に入った2000年6月10日に華々しく開通されましたが、多くの人が渡ったところ、橋が横方向に大きく揺れたため、2日後には閉鎖されてしまいました。

橋が大きく揺れた第一の要因は、補剛桁の剛性が極めて低いことにあります。構造物にはそれぞれ揺れやすい固有の周期があってそれに合った力を加えますと揺れは大きくなります。例えば軍隊の行進のように大勢の人が同じ歩調で歩くと橋が大きく揺れることがあります。実際イギリスでも1831年に、軍隊の行進によって橋が大きく揺れて落橋する事故がありました。1873年に開通したアルバート橋の近くに軍隊の駐屯地があったため、橋のたもとに「軍隊は橋の上を行進するときには歩調を乱すこと」という注意書きが掲げられ、現在も残されています。

ゴールデンジュビリー歩道橋

橋の上に大勢の人が乗ったとしても、通常はバラバラに歩きますから橋が鉛直方向に大きく揺れることはありません。ところが横方向に少し揺れ出しますと人々は歩きにくさを感じて、揺れに同調して足を突っ張って安定を保とうとしますから、結果として横揺れを大きくしてしまうことになります。ミレニアムブリッジはこのような無意識の集団行動によって揺れが増幅されたと説明されています。

建設責任者は現場での実験や解析を繰り返し行って、床下に粘性ダンパーを介した斜材と腕木と床版の間に同調マスダンパーを入れ、橋脚、橋台と桁を直接間接に結ぶ粘性ダンパーを取り付けて振動を抑える工事を施し、約2年後に再開通させました。

ロンドンの橋の配色

ロンドンのテムズ川の橋は、上流と下流でその構造とデザインが大きく違っています。上流部の橋は石造かコンクリートのアーチ橋が多く、橋の表面はミカゲ石か石灰石で外装されており、鉄橋も地味な配色になっていて、落ち着いた雰囲気を醸し出しています。

ハマースミス橋から下流ではほとんどの橋が鉄製で、目立つ色が塗られています。具体的にみますと、ウェストミンスター橋の緑色は国会議事堂内の下院の議席の色が選ばれ、ひとつ上流のランベス橋の赤は上院の議席の色を参考にしたとされています。しかしそれぞれは単色ではなく、スパンドレルや紋章、照明柱などは別の際立った色が塗られています。

タワーブリッジは、ケーブルは明るいブルー、高欄などは濃い目のブルー、ケーブル間を結ぶ部材や高欄パネルなどは白、ケーブルのピンなどは赤というように細かく塗り分けられています。このようにカラフルな配色になったのは、女王在位25周年記念の1977年のことです。

ハマースミス橋は、グリーンを基調として塔や照明柱の装飾部分は金色に塗られています。アルバート橋では、塔は淡いブルーと黄、吊材は白、高欄パネルはピンクなど、パステル調のきめ細かな配色がなされ、はんなりとした雰囲気をつくっています。

ロンドンのテムズ川の橋は非常に華やかな色彩を持っています。それはパリのセーヌ川の橋と比べてみるとよくわかります。パリの市街地に架けられた橋は石橋が多いことにもよりますが、鉄製の橋のほとんどはくすんだ

グロヴナー橋

グリーンやグレーなどの地味な配色になっています。一方、ロンドンでは赤青黄の原色に近い色が多く使われ、橋の各部が多彩に塗り分けられているため、その鮮やかさは際立っています。このことがイギリスとフランスの文化、風土の違いを表しているともいえそうですが、それを論理的に説明するのは手に負えそうにありません。

大ロンドンの範囲のテムズ川の橋は、ほとんどが第二次大戦以前に完成しており、大部分が保存対象の文化財に指定されています。中でもリッチモンド橋とタワーブリッジがレベルⅠに、他はレベルⅡに分類され、古い橋を大切に保存していく姿勢が明確に示されています。反面、橋を大胆な色に塗ったり、超近代的な構造の橋を持ち込んだり、ロンドンの橋を理解するのは一筋縄ではいかないようです。

参考文献

1） Ruth & Jonathan Mindell "Bridge over the Thames" 1985/8, Littlehampton Book Services Ltd.
2） http://en.wikipedia.org/wiki/Category:Bridges_across_the_River_Thames
3） 出口保夫『ロンドン・ブリッジ』1984 年 10 月、朝日イブニングニュース社
4） Dallard et al, "The London Millennium Footbridge," The Structural Engineer, Volume79/ No 22, 20 November 2001

Column-III アイアンブリッジ：イングランド・シュロップシャー州（写真–Ⅲ：p.33）

イングランドの西部、セヴァーン川の上流域にあるコールブルクデールは今ではアイアンブリッジと呼ばれていますが、ここが産業革命の発祥の地になりました。ここに世界で初めて、構造体全てが鉄でつくられた橋が架けられました。

鉄の橋が生まれた背景は、この地で石炭を加工したコークスを用いた製鉄技術が開発され、鉄が大量に作られるようになったことです。18 世紀の初め、この地の事業家ダービーⅠ世はコークスを用いて良質な鉄を作ることに成功しました。鉄の品質を上げ、量産するには炉の温度を上げる必要がありますが、この頃、蒸気エンジンが実用化されたことによって作業効率が大幅に改善されました。こうして 18 世紀半ばにはこの地方がイギリス最大の鉄の生産地になりました。

鉄の橋のアイデアを出したのは建築家の T. プリチャードで、地元の製鉄事業者に賛同者も出ましたが、事業を積極的に推進したのは鉄生産の成功を引き継いだダービーⅢ世でした。完成した橋は、スパン 30.6m で流れを一跨ぎし、橋面の幅はおよそ 7.5m、合わせて 378 t の鉄が使われました。アーチ状の主構は 3 段になっていて、下段はアーチを形成していますが、上の 2 段は途中で床組材に連結されています。主構は 5 列配され、それらを縦横につなぐ部材はピンで接続されるか、部材が貫通している箇所では楔が打ち込まれて固定されています。

下段のアーチ部材は半割にして鋳込まれ、中央で継がれています。炉から出てくる銑鉄を直接型に入れて造られた鋳物ですが、その部材は長さが 20m を超え、重さは 6t にもなります。

橋の建設は 1777 年に始まり、架設は 1779 年に完了しました。アーチリブの外側や高欄の中央にこの年号の陽刻があります。そして橋が開通したのは 1781 年 1 月のことです。当初から有料橋として運営されました。

完成直後、セヴァーン川に大洪水が発生し、川沿いの町は大きな被害を受けましたが、鉄の橋は路面近くまで洪水にさらされたにもかかわらず、損傷は軽いもので、鉄の橋の信頼性が一層高まりました。

このあたりは地盤が弱く、橋台が川側へ移動して橋が少しせり上がるように変形しましたが、アーチは中央で継がれているため大きな曲げは発生しませんでした。その後、橋台部を軽くするために鉄アーチに入れ替えたり、近年では川底に鉄筋コンクリートを張る工事を行って、橋の変形が防止されました。

1934 年には、歴史的遺産に指定され、車の通行は禁止されました。この地方の繁栄は 19 世紀になると急激に失われ、今では片田舎といった風情の町になっていますが、鉄の橋は健全に保護され、この渓谷一帯が産業遺産の地として 1982 年に世界遺産に登録されました。

21　不易と流行——パリ・セーヌ川の橋

セーヌと一体化したパリ

セーヌ川はパリの都市空間の一部に組み込まれています。適当な川幅と河岸の広さのゆえにセーヌはパリ市民にとっては街の境界をなすものではなく、渡らねばならない対象でもありません。言わばその上に留まるべき空間になっています。パリの市街地の発展に応じて架けられた多くの橋が両岸を一体化する役割を果たしてきたのです。セーヌ川は全長 780km の大河で、パリ市はその中流域の 15km ほどに面しているに過ぎません。その間に現在、35 の橋が架けられています。市境を通る環状高速道路の橋を加えますと、37 橋になります。

パリは航路としてのセーヌ川と南北交易路の交点に生まれました。古代よりシテ島を核として輪を広げるように発展してきました。パリの歴史は、紀元前 3 世紀の中頃にケルトの一部族であるパリシィ人がシテ島に定住し始めたときから始まるとされています。その後、紀元前 1 世紀中頃にローマの支配地になって町が再建されました。そのときシテ島をはさんで右岸側に大橋（グラン・ポン)、左岸側に小橋（プチ・ポン）が架けられたようです。その後もパリのセーヌ川に架けられた主な

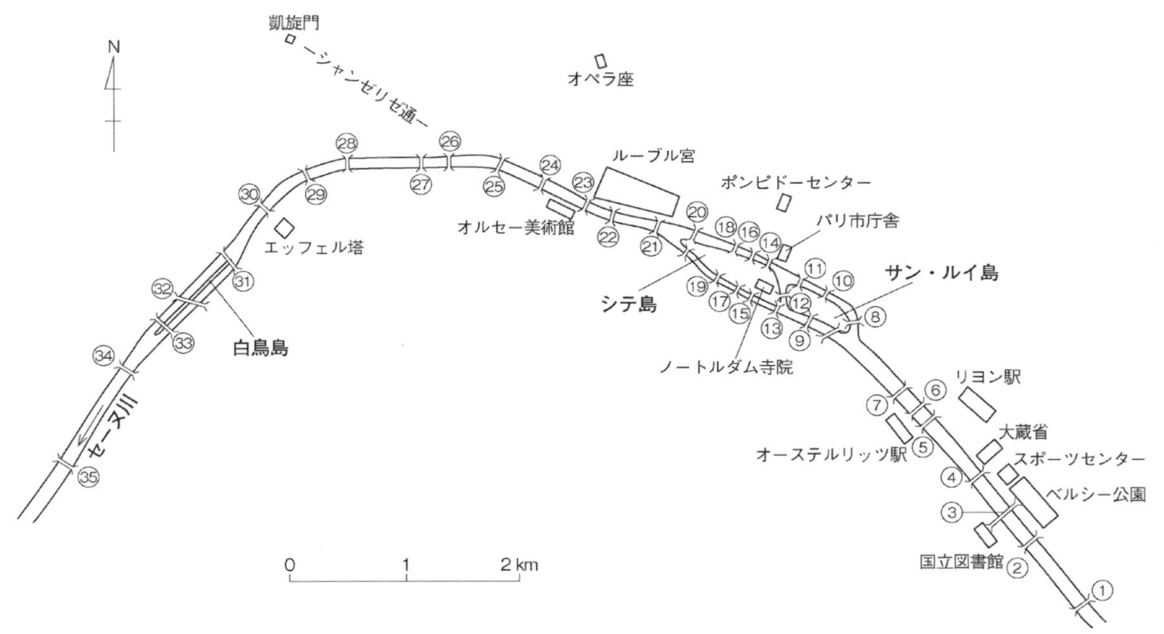

番号	橋　名	完成年	番号	橋　名	完成年
①	ナシオナル橋	1853（1953拡幅）	⑲	サン・ミッシェル橋	1857
②	トルビアック橋	1882（戦後修復）	⑳	ポン・ヌフ	1606
③	シモーヌ・ド・ボヴォワール橋	2006	㉑	ポン・デザール橋	1984
④	ベルシー橋	1863（1991拡幅）	㉒	カルーゼル橋	1939
⑤	シャルル・ド・ゴール橋	1996	㉓	ロワイヤル橋	1689
⑥	オーステルリッツ高架橋	1904	㉔	レオポール・セダール・サンゴール橋	1999
⑦	オーステルリッツ橋	1853	㉕	コンコルド橋	1791（1932拡幅）
⑧	シュリー橋	1877	㉖	アレキサンダーⅢ世橋	1900
⑨	トゥールネル橋	1928	㉗	アンヴァリッド橋	1856（1956拡幅）
⑩	マリー橋	1634（1670再建）	㉘	アルマ橋	1974
⑪	ルイ・フィリップ橋	1862	㉙	ドゥビリ橋	1900
⑫	サン・ルイ橋	1970	㉚	イエナ橋	1813（1934拡幅）
⑬	アルシュヴェシェ橋	1828	㉛	ビル・アケム橋	1906
⑭	アルコル橋	1856（1888改修）	㉜	パッシー高架橋	1900
⑮	ドゥーブル橋	1882	㉝	グリネル橋	1968
⑯	ノートルダム橋	1912	㉞	ミラボー橋	1896
⑰	プチ・ポン	1853	㉟	ガリリャーノ橋	1966
⑱	シャンジュ橋	1860			

パリ・セーヌ川の橋地図

橋は2橋だけだったようですが、いつの時代かグラン・ポンは今のシャンジュ橋のあたりに定着し、プチ・ポンとともにその橋詰は堅固な要塞で守られていました。

理由ははっきりしませんが、シャンジュ橋の上で両替所の営業が認められていたことがこの橋の名前の起こりとされています。少なくとも14世紀以降はこの橋の上に多くの両替商や貴金属商が店を連ねていました。

シテ島をはさんでしっかりした構造の2列の橋が揃うのは15世紀初頭のことのようです。2列、4つの橋、シャンジュ橋とサン・ミシェル橋、ノートルダム橋とプチ・ポンはいずれも橋上に家屋が建つ家橋でした。特に1512年に完成したノートルダム橋の上にはそれぞれに華麗な彫刻で飾られた商店付き住居が建ち並んでいました。

この頃には橋本体に石造アーチが用いられるようになりましたが、なお木橋が架けられることもありました。これらの橋はスパンも短く、船の衝突や洪水によって橋が崩れて多くの死傷者を出す事故も度々起こっています。また家屋の火事が橋に被害を及ぼすこともありました。都市の環境改善のために橋上の建物の撤去が命令されたのは1786年のことですが、建物が完全に姿を消したのは19世紀前期のことでした。

不易の橋

現存するパリの橋で最も古いのは、ポン・ヌフ（写真–1, 2：p.34）です。訳せば新橋です。1578年に定礎が行われましたが、三十年戦争などの影響で工事が遅れ、ようやくアンリⅣ世の時代の1606年に完成しました。

この橋が斬新であったのは、橋の上に家がなく、車道と分離して広い歩道が設けられていたことでした。橋本体は石造アーチで、橋脚から高欄まで一体的に切石積みで重厚な造りになっており、橋脚の上には深いバルコニーが設けられています。

ポン・ヌフの橋上では川面の空気の流れが感じられ、ルーブル宮などの広々とした眺望が確保されるなど、人々はいわば街の気を実感できました。歩道上では露天商や大道芸人などが衆目を集め、不特定多数の人々が目的を定めない散策を楽しむ、都市的な賑わいの場となりました。ポン・ヌフは16世紀に始まった都市改造、すなわちパリの都市ルネサンスを象徴する施設のひとつになったといえるでしょう。

ポン・ヌフに続いて17世紀には多くの石造アーチ橋が架けられました。サン・ミシェル橋（1617年）とシャンジュ橋が家橋として再建され、ドゥーブル橋とトゥールネル橋も石橋になりましたが、いずれも後に架け換えられました。今日まで当時の姿をとどめているのは、右岸とサン・ルイ島を結ぶマリー橋（1634年）と

マリー橋

ロワイヤル橋（1689年）（写真–3：p.34）の2橋です。

現在パリのセーヌ川に架かる橋の半数以上が19世紀に完成したものです。フランス大革命以降、政治的には激動の時代でしたが、社会変革も進み、産業革命も大いに進展した時代でした。橋の建設においても木と石の時代から鉄の時代へと移っていきました。しかしパリの橋に関する限り、なお多くの石橋が架けられました。この時代に架けられた石造アーチ橋は、後に架け換えられたものも含めますと15橋に及びます。

その先駆けとなったのがコンコルド橋（1791年）（写真–4：p.34）です。建設当初はルイⅩⅥ世橋と命名されましたが、政権が変わるたびに名前を変え、現在の名前が定着したのは1830年以降のことです。

この橋の建設を指導したのは、フランスにおける土木工学の発展に力を尽くしたルドルフ・ペロネです。ペロネが実践した石造アーチの技術革新によってスパンの長いアーチ橋の建設が可能になりました。それまでの石造アーチはローマ以来の伝統的な半円アーチに近い形状で造られていましたが、ペロネはより扁平な形のアーチを可能にしました。さらに建設時の工夫によってスパンに対して橋脚の厚さを薄くしました。そのためには橋台部にかかる大きな水平力に抵抗できるように基礎の改良が必要でした。

ちなみに、ポン・ヌフは最大スパンが19.6 mで、ライズスパン比は0.39と半円形に近いアーチですが、コンコルド橋は最大スパンが31.2 m、ライズスパン比は0.13となっています。ただし現在のポン・ヌフは1855年に橋面を低くする改修の手が加えられています。

こうして18世紀末以降の石造アーチ橋はスパンが長くなり、航行への妨げも少なくなりました。このため19世紀になっても周辺の石造建造物との景観上の調和を考慮して石橋を選択することができたのです。

中心部ではサン・ミシェル橋（1857年）（写真–5：p.34）、シャンジュ橋（1860年）（写真–6：p.34）、ル

イ・フィリップ橋（1862 年）などが、上流部ではナシオナル橋（1853 年）、ベルシー橋（1863 年）、オーステルリッツ橋（1853 年）が、下流部ではイエナ橋（1813 年）、アンヴァリッド橋（1856 年）などが相次いで完成しています。その他、すでに架け換えられましたが、ノートルダム橋（1853 年）、アルマ橋（1856 年）、ガリリャーノ橋（1865 年）もこの時代に石造アーチ橋として架けられました。

ベルシー橋

オーステルリッツ橋

イエナ橋

アンヴァリッド橋

新素材の適用

19 世紀に入ると、新しい素材である鋳鉄が注目され、さっそく 1804 年に完成したポン・デザール（芸術橋）（写真−7：p.34）に使用されました。パリでは最初の鉄の橋です。石橋ばかりであったセーヌ川にきゃしゃな鉄橋が出現したため、市民には奇異に感じられたようですが、平らな橋面に設えられた板張りの歩行者空間の心地よさが人々に受け入れられていきました。

次の王政復古の時代に採用された形式は吊橋でした。高い強度の鉄線を束ねたケーブルによって橋体を吊る構造がマルク・スガンなどによって実用化され、1820 年代から 30 年代にかけてセーヌ川にも少なくとも 5 橋が架けられました。航路を一跨ぎできるため歓迎されましたが、構造が不安定で、振動による落橋事故も発生したため、そのブームは短命に終わりました。

そして 1850 年代に石橋ブームが再来したことは上記の通りです。この時代はナポレオンⅢ世の時代で、1853 年に県知事に就任したオースマンによって都市計画に基づいたパリの大改造が行われました。オースマンが職にあった時代に今日私たちが目にすることができる優美な石造アーチ橋が次々と完成しているのは彼が進めた都市改造と軌を一にするものです。

産業革命の象徴ともいえる鉄の大量生産が可能となった 19 世紀後半からはセーヌにも鉄の橋が多く架けられるようになりました。この頃には強度の高い鋼の生産も始まっていましたが、欠点も指摘され、なお錬鉄も大量に使われていました。1889 年に完成したエッフェル塔に錬鉄が使われているのは当時の事情を表しています。構造の複雑な部材には、なお鋳鉄も使われていました。

水流が複雑で、船の航行も多いシテ島周辺の幾つかの橋がスパンを確保するために鉄の橋に架け換えられました。アルコル橋（1856 年、1888 年改修）、シュリー橋（1877 年）（写真−8：p.34）、ドゥーブル橋（1882 年）、ノートルダム橋（1912 年）などが現在の姿になりました。

ノートルダム橋

ビル・アケム橋

セーヌ川で初めての鋼製の橋はミラボー橋（1896年）（写真-9：p.35）です。3径間の3ヒンジバランスドアーチで、全長は173 m、中央スパンは99 m、極めて扁平なアーチになっています。2基の橋脚の両側には4体の海の神々を象徴する彫像が飾られています。このデザインは橋におけるアール・ヌーヴォーのさきがけとなるものといえるでしょう。

1900年のパリ万博開催に合わせて開通したアレキサンダーⅢ世橋（写真-10：p.35）はベル・エポックを象徴する橋といえるでしょう。友好関係にあったロシアの皇帝から贈られたものです。中央のスパンは約108m、外から見えるアーチなどは鋳鉄製ですが、内側の床組などには鋼が使われています。橋端の塔や高欄だけでなく、橋の側面も過剰なばかりの彫刻で飾られています。デザインはフランスのデザイナーが担当しましたが、当初の意図とは随分違ったものになってしまったようです。ロシア好みが強調されたのかも知れません。

これらの橋の建設にあたっては流水面、すなわち航路を一跨ぎするという条件が付けられたそうですが、それは当時としては鉄橋以外ではクリアできないものでした。この年代にはなお数橋の鉄製アーチが架けられました。1900年に国鉄のパッシー高架橋、万博会場へのアプローチにするべく、ドゥビリ橋が架けられています。

パリのメトロは1900年に開通しましたが、その専用橋としてオーステルリッツ高架橋（写真-11：p.35）が1904年に完成、道路橋の上に鉄道高架橋を乗せたビル・アケム橋が1906年に架けられています。前者の構造は3ヒンジアーチですが、基部は橋台に固定され、途中に3つのヒンジが入れられた珍しい形になっています。後者は白鳥島を挟んで同じような3径間鋼バランスドアーチが適用されており、上部のメトロ高架橋などにはアール・ヌーヴォー調のデザインが採用されています。

鉄橋の時代の次に訪れたのは鉄筋コンクリート橋の時代です。豊富な石灰岩を原料にするセメントと少ない鉄を有効に利用する鉄筋コンクリート（RC）の技術はフランスを中心に発展しました。セーヌの橋においても第一次大戦と第二次大戦の間に建設された橋には鉄筋コンクリートが使われています。

1928年に架け換えられたトゥールネル橋（写真-12：p.35）は、水路部を一跨ぎしている主アーチと両側の短いアーチとのバランスがほどよい感じになっています。RCの自在性が発揮された好例でしょう。そして左岸橋脚の上流側に建つ塔の上にパリの守護聖女ジュヌヴィエーヴの像が飾られていますが、橋のデザインと一体になっていて全く違和感がありません。

カルーゼル橋（1939年）は3径間連続のRCアーチですが、表面は白い石で化粧されています。石造アーチのコンコルド橋やイエナ橋などでは幅を広げる必要が生じたとき、拡幅部の形状を従来の石橋に合わせて鉄筋コンクリートで造り、外装は元通りに復元されました。

パリ・セーヌ川の橋は時代の要請に応じて拡幅もされ、新しい技術を取り入れて架け換えも行われてきました。しかし、一貫していることは街の景観との調和が優先されていることでしょう。なお多くの石橋が残されていることはもちろん、RC構造が採用されても石造のように外装されていますし、鉄製構造が用いられても橋台や橋脚に古い石造のデザインを残す工夫がなされています。また老朽化が進んだポン・デザールは1984年に再建されましたが、ほぼ旧来の姿が再現されました。そして現在9橋が歴史的建造物に指定されています。

パリ・セーヌ川の橋にはたくさんの彫刻が飾られています。橋がまさに野外彫刻博物館になっています。橋本体は架け換えられても、彫刻は復元されているものが多く、設置された時代背景やそのテーマを知ることは橋の歴史を深く知ることにつながるでしょう。

流行の橋

パリでも1960～70年代には世界の趨勢に歩調を合

わせた、あまり変化の無い鋼製の桁橋が架けられました。アルマ橋（1974年）、グリネル橋（1968年）はスチフナーを外側に見せない連続感を強調した仕上げになっています。旧橋の基礎の一部を利用しようとしたためか、スパン配置がバランスを欠いているように見えます。しかし橋本体と高欄や照明灯などとのデザイン上の統一が取れているのはさすがです。

サン・ルイ橋（1970年）は同種の1スパンの鋼桁橋になっています。周辺の風景に適合していないように見えますが、船の衝突で崩壊した過去の記憶も含めて、橋も時代に応じたデザインがあることを市民は受け入れているのでしょう。

パリでは20世紀後半にグラン・プロジェと総称されるいくつもの新しいプロジェクトが進められました。それと呼応するように斬新な橋が架けられており、古い石橋の存在とともに都市の魅力に厚みを加えています。各時代に応じて優れたデザインが追求された結果、まさに不易と流行のバランスが生み出されたといえるでしょう。

シャルル・ド・ゴール橋（1996年）（写真−13：p.35）は左岸のオーステルリッツ駅と右岸のリヨン駅を直結しています。橋の本体は2本の鋼箱桁ですが、張り出されたブラケットも一体に船底状の底板で覆われ、すっきりとした外観に仕上げられています。ふたつの橋脚では2カ所ずつ十数本の太いパイプが上部工を支えています。夜になると中にライトが点き、かがり火のような幻想的な雰囲気を醸し出す心憎い演出がなされています。

グリネル橋

アルマ橋

オルセー美術館と対岸のチュイルリー庭園を結んで架けられていたソルフェリーノ橋が1999年に新しい歩道橋に生まれ変わりました。橋名も新たにセネガル大統領の名前にちなんで、レオポール・セダール・サンゴール橋（写真−14：p.35）と名付けられました。左岸道路の歩道部と庭園を直結し、橋面上からスロープで両方の河岸公園にも降りることができるように巧みにつくられていて、橋の上にゆとりの空間が生み出されています。全幅15mの二重の橋面をスパン106mのふたつの鋼製アーチが支えています。このアーチは支点上では一体ですが、中央では2列に分かれています。この方が構造上有利になるのか、単にデザイン上の理由なのかはわかりません。

パリの東部、新しい国立図書館とベルシー公園を結ぶ位置に新しい歩道橋、高名な女性哲学者の名前が冠されたシモーヌ・ド・ボヴォワール橋（写真−15：p.35）が2006年7月に完成しました。全長は300mほどあり、河岸公園はもちろん両側の一般道路も越えて、図書館前の広場と対岸の公園を直接結んでいます。幅12mという広い橋面は板張りで、うねるように起伏が付けられ、途中で両側道路の歩道部にも接続され、階段やエレベーターによって河岸公園へも降りることができます。

川を渡っている主要部の構造は2列よりなり、基本的には圧縮力を受け持つ扁平なアーチと引張力を受け持つ吊材の組み合わせで成り立っているように思われます。それが途中で交差して剛結されており、それらはさらに鉛直材によって剛結されていますので、相当複雑な構造形になっています。主要部の全長は190m、中央のレンズ状の106mの部分は工場で作られて、現地まで船で運ばれてきて、現場で溶接接合されました。

圧縮材は箱型構造で、外形がおよそ500 × 1,000mm、ウェブ厚は約40mmもあります。また、引張材が、厚さ約150mm、幅約1,000mmの一枚板になっていて、それが突合せ溶接で継がれ、両岸では120度ほどに曲げられて、橋台に定着されているという大胆な構造になっているのには驚かされます。

橋の色

セーヌ川の橋の色は概して地味です。アレキサンダーⅢ世橋のような金ぴかの橋に目を奪われがちですが、これは稀な例で、ほとんどの鉄の橋はグレーか、くすんだグリーンのような、抑えた色調になっています。パリ市域の橋の約半数が石橋ですからその色調は自ずから決まってくるのでしょう。

かつてセーヌの橋を市の担当者に案内してもらっていたとき、橋の色の決め方を質問したところ、冗談ではあるがと前置きして次のように答えてくれました。

ある橋の色を決めるにあたっていろいろな分野の専門家から異なる意見が出てなかなかまとまりませんでした。そこで、提案された色を全て混ぜ合わせてみたらどうかということになり、混ぜ合わせて、それを大統領夫人に見てもらったところ、大変いい色だという意見であったので、それに決められたというのです。フランス人らしいユーモアですが、色を決めることはどこでも難しいことのようです。

参考文献

1) 『セーヌに架かる橋』1991年、東日本旅客鉄道
2) 泉満明『橋を楽しむパリ』1997年7月、丸善
3) 小倉孝誠『パリとセーヌ川』2008年5月、中央公論新社
4) 小林一郎『風景の中の橋』1998年5月、槙書房
5) 土木学会編『ヨーロッパのインフラストラクチャー』pp.117-119、1997年5月、土木学会
6) イヴァン・コンボー著、小林茂訳『パリの歴史』2002年7月、白水社
7) 木村尚三郎『パリ』1992年2月、文藝春秋
8) http://fr.wikipedia.org/wiki/Liste_des_ponts_de_Paris

Column-IV　ガール水道橋（ポン・デュ・ガール）：フランス・ガール県（写真-Ⅳ：p.35）

フランス南部、ニームの近くに古代ローマ時代の巨大な石造りの水道橋が残されています。このガール橋は、ローマの植民都市であったネマウスス、現在のニームへ水を送るために造られたものです。水道施設はウールの水源地から延長50kmにも及ぶものですが、その高低差は17mしかありません。途中でローヌ川の支流であるガルドン川の渓谷を越える必要があるために長さは300mを超え、高さ約50mの水路橋が架けられました。

石橋は3層からなり、1層目は長さが約140m、幅は6m強で、6連のアーチからなり、最大スパンは24.4mです。2層目は1層目と同じスパンですが、谷幅に合わせて長さは240m強で、11のアーチが連なっています。3層目は2層目のアーチの上にスパンごとに3～4の小さなアーチが乗せられています。現在およそ270m、35連のアーチが残っていますが、元は350mほどの長さがあったようです。頂部には幅約1.2m、高さ1.8mの水路が設けられており、かつては1日20万トンの水を流すことができたとされています。

石材は現場から700mほど離れたところから切り出されたライムストーン、やわらかで化石を含んだ石灰岩が使われています。黄色みがかった色が特徴で、光を浴びた橋全体を華やかに見せています。橋の構造は、ローマ時代に一般的であった半円アーチで、石材が空積みされていますが、上層の水路部には水漏れを防ぐために火山灰と焼石灰を混ぜたモルタルが充填されています。また、橋体を間近で見ると、側壁の石が所々飛び出ており、この上に足場やアーチを支える支保工が組み立てられたことが想像されます。

この水道橋は、古代ローマ時代のアウグストゥス帝の腹心で、ガリア地方の総督であったアグリッパによって紀元前19年に建設されたとされてきましたが、近年の研究では、紀元後1世紀半ば、40-60年に造られたとする説が出されています。

ガール水道橋はローマ帝国崩壊後、しだいに使われなくなって、荒れるに任されていましたが、18世紀頃からフランスの文化人や一部の為政者にその価値が評価されるようになり、修復の手が加えられるようになりました。そして1985年に世界遺産に登録され、その圧倒的なヴォリューム感が人びとに感動を与え、南フランス有数の観光スポットになっています。18世紀半ばに古代の橋に接して下流側に人道橋が架けられたために橋を身近に見学できるようになっていますが、古代の姿は上流側からしか見ることができません。

22　栄光の吊橋群──マンハッタンの橋

サークルラインに乗って

ニューヨークの橋を短い時間で見て回るには、サークルラインを利用するのが手っ取り早い方法です。ハドソン川のピア 83 を出て、マンハッタン島を反時計回りに約 3 時間をかけて一周しますので、主要な橋を見ることができます。

「自由の女神」を右手に見ながら船がイースト川に近づいてきますと、右手はるか向こうにヴェラザノ・ナローズ橋が見えるはずです。そしてしだいにブルックリン橋やマンハッタン橋のシルエットが大きくなってきます。

重厚な石造りの塔に支えられたブルックリン橋（1883 年完成）（写真−1：p.36）を目の当たりにしますと、ニューヨークに来たという実感がわいてきます。同じ巨大構造物であっても、ヨーロッパのゴシック様式の教会を見るのとはまた違って、近代技術の幕開けを果した先駆者への敬意が加わった感動を覚えます。

マンハッタン橋（1909 年）（写真−2：p.36）は曲線を効果的に取り入れた柔らかなデザインの塔がスレンダーな補剛桁を支えている、アール・ヌーヴォーを感じさせる吊橋です。撓み理論が初めて設計に取り入れられた橋であるとする解説がなるほどとうなずけます。

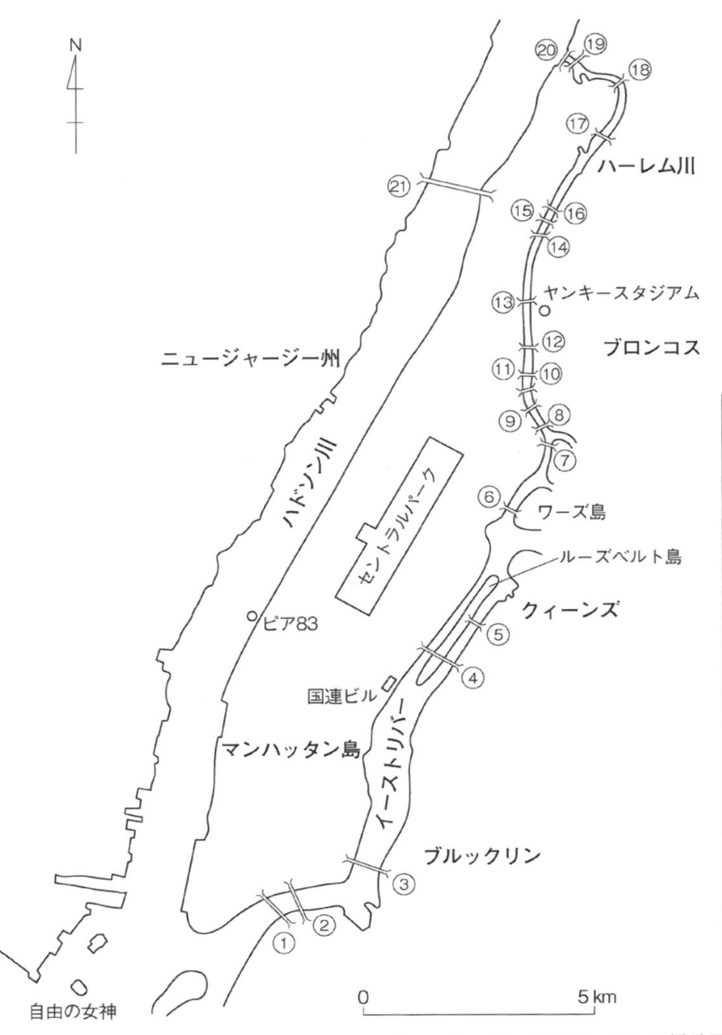

番号	橋　名	架設年
①	ブルックリン橋	1883
②	マンハッタン橋	1909
③	ウィリアムズバーグ橋	1903
④	クイーンズボロー橋	1909
⑤	ルーズベルト島橋	1955
⑥	フット橋	1951
⑦	ロバート･F･ケネディ橋	1936
⑧	ウィリス･アベニュー橋	1901
⑨	サード･アベニュー橋	1898
⑩	パーク･アベニュー橋	1956
⑪	マディソン･アベニュー橋	1909
⑫	145丁目橋	1905
⑬	マコムス･ダム橋	1895
⑭	ハイ･ブリッジ	1842 1927（改造）
⑮	アレキサンダー･ハミルトン橋	1963
⑯	ワシントン橋	1888
⑰	ユニバーシティ･ハイツ橋	1908
⑱	ブロードウェイ橋	1962
⑲	ヘンリー･ハドソン橋	1936
⑳	スパイテン･ダイビル橋	1900
㉑	ジョージ･ワシントン橋	1931 1962（増築）
	ヴェラザノ･ナローズ橋	1964 1969（増築）

ニューヨーク・マンハッタンの橋地図

イースト川のブルックリン橋とマンハッタン橋を望む

マンハッタン橋

クイーンズボロー橋

次のウィリアムズバーグ橋（1903 年）（写真–3：p.36）は武骨な印象を受ける吊橋です。完成当時はブルックリン橋をしのいで世界一の規模を誇った橋ですが、マンハッタン橋と比べると 5、6 年の差でなぜこれほどデザインの違いが生じたのか興味深いところです。

左手のエンパイア・ステート・ビルなどの摩天楼や河岸の国連ビルなどに目を移していますと、遠くにルーズベルト島を跨いで架かるクイーンズボロー橋（1909 年）（写真–4：p.36）が見えてきます。鉄骨が幾重にも組み合わされた巨大なカンチレバータイプの橋の姿は迫力があります。この橋は、上下床 10 車線をもち、日交通量が 20 万台に近いニューヨークの大動脈になっています。車に乗ってこの橋を通ると、まさに鉄のトンネルを潜る感じがします。しかし通る人には信頼感を与える構造であるといえるでしょう。この橋に並行してマンハッタンとルーズベルト島の間にはロープウェイが運行されており、ゴンドラから橋の姿を間近に見ることができます。そして、ルーズベルト島とクイーンズは大きな昇降式の可動橋・ルーズベルト島橋（写真–5：p.36）で結ばれて

サード・アベニュー橋（旋廻式）

パーク・アベニュー橋（昇開式）

います。

イースト川の橋はスパンの長い吊橋やトラス橋で、桁下もずい分高くなっていますが、ハーレム川に入りますと行く手に次々と桁下の低い可動橋が現れます（写真–6：p.36）。可動橋によってマンハッタンのアベニューやストリートがブロンクス地区の幹線道路につながっています。

ニューヨークでは今なお多くの可動橋が現役なのです。ハーレム川には 11 の可動橋がありますが、タイプは昇降式か旋廻式の 2 種類で、その半数以上が 100 年以上も前に造られたものです。現在でも 24 時間前に申請すれば開けてもらえるようですが、ほとんど動かされることはないようです。

ハーレム川を北へ進んでヤンキー・スタジアムを過ぎるあたりからは地形が一変して両岸が高くなっており、長いスパンのアーチ橋が川を一跨ぎしています（写真–7：p.36）。ハーレム川の分流点に旋廻式の可動橋、スパイテン・ダイビル橋（1900 年）がありますが、桁下が水面ぎりぎりなので遊覧船が通る時にも橋を旋廻させており、車が待機しているのが見えます。

ここを過ぎると、川幅が 1,000m 近いハドソン川に入り、視界が大きく開け、広い川幅と両岸の緑が雄大な景観をつくり出しています。

マンハッタン島の西側のハドソン川に架かる橋は、ジョージ・ワシントン橋（1931 年）（写真–8：p.36）しかありません。スパンが世界で初めて 1,000m を超えたこの橋は、現在もニューヨーク州とニュージャージー州を結ぶ最重要幹線の役割を果しています。

スパイテン・ダイビル橋（旋廻式）

遊覧船が橋に差しかかったとき、左岸側の塔のすぐ横の小さな赤い灯台が目に留まりました。以前、新聞の書評欄で、この灯台を主人公にした絵本の和訳が出版されたことを知り、興味を持ちました。その本の原題は“The little red lighthouse and great gray bridge”で、半世紀以上も前の 1942 年に発刊されたものです。

この赤い灯台のモデルになった「ジェフェリー岬灯台」は、ジョージ・ワシントン橋が完成すると、その役割を終え、1948 年には管理していた沿岸警備隊はその光を消し、売却のオークションを計画します。しかし、赤い灯台の物語に感動した子供達や彼らに賛同した人々が反対運動を起こしました。その結果、灯台はニューヨーク市に寄贈されることになり、現在は国の登録文化財として修復保存されています。

都市の発展と架橋

マンハッタン島を取り囲む川に初めて架けられた橋はハイ・ブリッジと呼ばれたハーレム川の水道橋でした。

工業化の進展や人口の増加にともなって、水の需要が急増したことや大規模な火災に対して消火活動が十分できなかった反省から、安定的に水を確保するために北方のクロトン川の水を引く送水管が敷設されることになり、1842 年に完成します。このときハーレム川に架けられたのがハイ・ブリッジです。当初は全て石造アーチ橋でしたが、1927 年に流水面部がスパン約 140 m の鋼製アーチ橋に架け換えられました。その後、役割を終えた水路橋は長い間放置されていましたが、遊歩道の一部としてリニューアルされ、2015 年に市民に開放されました。

イースト川に 4 つの長大橋が次々と架けられた 19 世紀末から 20 世紀初めは、ニューヨークの公共インフラが一気に整えられ、巨大都市への発展の方向性が定められた時代だったといえるでしょう。その代表的なものを列挙してみますと、1871 年に最初のグランド・セントラル駅が完成、1876 年にセントラル・パークが開園、1904 年には地下鉄が開業、1910 年にはペンシルバニア駅が完成しています。文化的施設では、1872 年にメトロポリタン美術館が開館、1886 年には「自由の女神」

ジョージ・ワシントン橋

ロバート・F・ケネディ橋（トライボロ橋）

像が完成、1911 年の公共図書館の開館などが続きます。

そしてマンハッタン島のみならず周辺地域の開発が進み、人口が急激に増加した結果、1898 年にはマンハッタン島を中心としたニューヨークとその周辺のブロンクス、クイーンズ、ブルックリン、スタテン島の独立していた市が合併して大ニューヨークが誕生、市の人口も一挙に 340 万人を超えることになりました。

大ニューヨークの誕生にはブルックリン橋の開通が貢献したことは間違いないでしょうし、そのことが後に続く 3 つの橋の架設を促進したと考えられます。

ほぼ同じ頃、ハーレム川にも多くの橋が架けられました。1888 年に川を一跨ぎする鋼製アーチのワシントン橋が完成、続いてマコムズ・ダム橋（1895 年）、サード・アベニュー橋（1898 年）、スパイテン・ダイビル橋（1900 年）など、1910 年までに 7 つの旋廻式可動橋が完成し、マンハッタンとブロンクスが緊密に結ばれることになりました。

マンハッタンの街並は 1811 年につくられた都市計画に基づいて造られていきました。およそ南北方向に細長く伸びたマンハッタン島の形に沿うように、南北方向の道路が 16 本配置され、それと直角方向に 155 本の通が設定されました。南北の通りはアベニュー（～番街）、東西の通りはストリート（～丁目）と呼ばれ、アベニューは幅約 30m でおよそ 280m 間隔に、ストリートは幅約 18m でおよそ 60m 間隔にするように決められました。

その第 1 ストリート（1 丁目）はホウストン通のすぐ北に残されていますが、ホウストン通より南側のロウワー・マンハッタンと呼ばれる地域は、17 世紀初めにオランダの植民地がつくられて以降、逐次街がつくられてきたため、道の方向も整っておらず、規則的な街路を当てはめることは難しかったのです。その後、時代に応じて道路の拡幅や整備が行われてきましたが、その配置は入り組んだままになっています。

ブルックリン橋とそれに続くウィリアムズバーグ橋、マンハッタン橋のマンハッタン側のアプローチ道路はそれぞれ方向が異なる道路に接続されており、島を貫くような直線道路にはなっていません。ブルックリン橋のアプローチ道路はシティ・ホール（市庁舎）にぶつかるような位置にあり、他の 2 橋もシビック・センター（官庁街）のすぐ北側に接近できるような位置にあります。このことは 20 世紀の初め頃まではロウワー・マンハッタンへの交通需要が非常に高かったことを示しています。

1909 年に完成したクイーンズボロー橋はセントラル・パーク南端に近い 60 丁目に接続されており、北側への街の発展を促すためにその位置が選ばれたと考えられます。これ以降、イースト川にはマンハッタンに直結する橋は架けられておらず、この時代に造られたインフラの規模がいかに大きかったかがわかります。

ブルックリン橋上の空中散歩

ブルックリン橋の 2 階部分にはボードウォークが設けられており、空中散歩を楽しむことができます。このボードウォークは、ジョン・ローブリングが橋のプランを作成したときから考慮されていて、その報告書には「晴天の日には余暇のある人や老幼、病人などが橋の上を散歩して、美しい風景やすみきった空気にふれることができる」、また「人間のひしめき合う商業都市において、そのようなプロムナードが計り知れない価値をもつ」と述べられています。

ブルックリン橋の設計にローブリングの案が採用されることが決定したのは 1869 年 5 月のことですが、彼自身はその 6 月、測量中に事故に合い、1 カ月後には帰

ブルックリン橋 2 階部分のボードウォーク

ローブリング一家の像（ブルックリン側アンカレッジ横）

らぬ人となってしまいます。その後を息子のワシントン・ローブリングが継いで技術的な指導を行いますが、1872年に基礎のニューマチックケーソンの工事中に潜函病にかかり、半身不随になってしまいます。しかしワシントンは不自由な身体に鞭打って、その後10年にわたって工事の指揮をとり続けました。その指示は夫人のエミリーによって現場に伝えられ、彼女自身も技術的な知識を身に付けて仲介の役割を立派に果しました。

この橋の技術的課題のひとつは、ケーブルのみならず補剛トラスにもスチールが使われたことでした。当時はまだ品質に不安のあったスチールを使うのには厳しい品質管理が必要とされました。

架橋事業は技術的な課題の克服ばかりでなく、その事業に参加している人々が利益追求に走ったことやジャーナリズムからの批判、中傷にも耐えなければなりませんでした。また、大幅に上った事業費の確保にも多大の努力を必要としました。辛苦の末、十数年の年月を要して完成した世界最大の吊橋は、一般の人からの歓迎を受けたことはもちろん、画家や詩人のインスピレーションを刺激し、この吊橋を題材にした絵画や詩などの芸術作品が数多く生まれています。

橋の撮影ポイントをもとめて橋の周辺を歩き回っているとき、ブルックリン側のアンカレッジの際に3人の人物の輪郭が鉄板で切り抜かれたモニュメントが目に入りました。ブルックリン橋の建設に身命を賭したローブリング一家の像であることはすぐにわかりましたが人目に付かない植え込みの中に素朴なモニュメントを思いがけず見付けたときには密やかな感動を覚えました。

吊橋のデザインと印象

ブルックリン橋の20年後に架けられたウィリアムズバーグ橋は塔も鋼製で、複雑な立体骨組み構造になっています。この間にアメリカの鉄鋼生産が大きく伸びた結果が反映されたものでしょうが、このデザインは「がに股で不細工」と揶揄され、完成当初からあまり評判がよくありませんでした。

その30年後に完成したジョージ・ワシントン橋は、近代建築の巨匠、ル・コルビュジエによって「世界で最も美しい橋だ。ケーブルと鋼製部材で構成されたこの橋は、逆アーチのように大空に輝いている。橋は祝福され、混沌とした都市では唯一の恩寵である。」「それらの構造は純粋で、確固として、整然としており、ついには、鋼製の構造物は笑っているようにも見える。」と絶賛されています。

ジョージ・ワシントン橋は、完成当時は補剛桁が上のデッキのみのまことにスレンダーな形になっていました。この思い切った構造によって設計者、オスマー・アンマンは橋梁史上にその名を残すことになりました。そしてこの橋が現在見るようなダブルデッキに改造されたのは30年余りも後のことです。

ウィリアムズバーグ橋とジョージ・ワシントン橋の塔は同じ立体骨組みのトラス構造を持っていますが、両者の評価になぜこれほどの差が出たのでしょうか。塔の高さを相対的に高くできたロケーションの差や構造設計の進歩によって補剛桁を薄くできたことも影響しているのでしょうが、最も大きな差は、塔の直線性ではないかと思われます。ウィリアムズバーグ橋の塔を桁の高さで折らずに直線にし、柱の幅の変化をもう少し少なくしていたら印象はかなり変わっていたことでしょう。

ニューヨークへ来たらぜひ見ておきたいのが、長らく世界最大の橋として君臨していたヴェラザノ・ナローズ橋（1964年、1969年増築）（写真–9：p.36）です。

塔が間近に見える海岸線に立ったとき、対岸が随分遠い、すなわち橋が長いと感じました。明石海峡大橋を間近で見たときに対岸の淡路島が随分近く感じたのとは違った印象でした。橋を見た当日は曇っていて、対岸がかすんでいたせいかも知れませんが、橋のデザインによるものだと思われます。塔がすっきりと直線で構成され、桁にも余分な部材が見えず、視覚の邪魔をするものがないデザインが橋の連続性を強調していて、それが橋を長く感じさせたのでしょう。

参考文献

1）トラクテンバーグ著、大井浩二訳『ブルックリン橋』1977年6月、研究社出版
2）Sharon Reier "The Bridges of New York," 1977, Dover Publications, NY
3）「αK（マンハッタンの橋）」1995年、川崎製鉄
4）川田忠樹『近代吊橋の歴史』2002年11月、建設図書

23　震災復興事業の遺産を継承する──隅田川の橋

明治期の鉄橋

明治 18 年（1885）7 月に起こった洪水によって隅田川の木橋に大きな被害がでました。過去の洪水にも比較的被害の少なかった千住大橋が流失し、その流木が吾妻橋の橋杭に引っ掛かって橋を倒壊させてしまいました。そしてさらに下流の橋にも被害を及ぼしました。

長いスパンが可能となる鉄橋の重要性が認識されましたが、一気に鉄橋にすることができず、最も被害が大きかった吾妻橋がまず最初に鉄橋に架け換えられました。

その後、明治 26 年（1893）には厩橋が鉄橋になり、明治 30 年（1897）に永代橋、明治 37 年（1904）に両国橋、そして明治 45 年（1912）には新大橋が鉄橋になりました。これらの鉄橋には隅田川を 3 径間で越えるトラスが採用されました。いずれも各部材がピンで接合されたプラットトラス形式で、引張力が発生する斜材にはアイバーが用いられたアメリカ式の構造になっていました。しかし、その構造形は少しずつ違っていて、最初の鉄橋、吾妻橋は横から見ると長方形の平行弦トラスでしたが、厩橋では各スパンのトラスが台形状になり、永代橋では上弦材が山型になり、両国橋では曲弦トラスになりました。そして新大橋では橋全体の上弦材が滑らかな曲線に見えるように工夫されていました。このようなトラス形状の変化はデザイン的な発展と捉えることもできます。

これら明治時代に架けられた鉄橋はすべて架け換えられてしまいました。

関東大震災による被災

大正 12 年 (1923) 9 月 1 日の正午前、関東地方は相模湾沖を震源とするマグニチュード 7.9 の大地震に襲われました。東京や横浜では揺れもさることながら直後に発生した火災によって多くの人命と家屋が失われました。

当時 15 区であった東京市の範囲だけで 69,000 人近い死者が出ましたが、66,000 人が火災による死亡でした。また、焼失家屋は 17 万棟近くにも達しました。

このとき、千住大橋から下流の隅田川には 7 橋が架けられており、うち 5 橋が鉄橋でした。このうち明治 45 年に完成した新大橋だけは床が鉄筋コンクリートで造られていましたので類焼を免れましたが、他の橋では床の全部または一部が木で造られていましたので、焼け落ちて橋の機能が十分果たせなくなりました。類焼の主な要因は、橋を渡って避難しようとした人たちが運んでいた荷物に引火して燃え上ったためとされています。

ちなみに、被災後も比較的健全であった両国橋の中央径間が亀島川の南高橋に再利用され、現存しています。また、震災時多くの人の命を助けた新大橋も、昭和 52 年に架け換えられましたが、その一部が明治村に移設されて保存されています。

震災復興計画による隅田川への架橋

震災復興計画の根幹となる道路事業では、広幅員の幹線は復興局、その他の街路については東京市が実施することになり、互いに連携しながら進められました。

隅田川の橋では東京市域の 9 橋が架け換え、新設の対象とされ、相生橋、永代橋、清洲橋、蔵前橋、駒形橋、言問橋のいわゆる隅田川六大橋が復興局の担当、両国橋、厩橋、吾妻橋の 3 橋を東京市が担当することになりました。復興局が担当した隅田川六大橋は設計開始から 1 年ほどの短期間で一部の工事が始められました。

相生橋を除いて、復興局と東京市が架けた隅田川の橋の特徴としては、主要部が低水敷を 3 径間で越えていること、鋼製であること、それぞれのデザインが異なっていること、などが上げられます。

3 径間にしたのは、川の中央部の舟運が頻繁であったことが第一の理由でしょうが、奇数径間の方が景観上のバランスが優れている点も考慮されたはずです。構造的には同じものがありますが、架橋地点の条件によって形状はそれぞれ異なることになり、バラエティーに富んだ川の風景がつくられることになりました。その最大の要因は設計にかかわった技術者が、基本的な約束を守りながらもそれぞれの思いを実現させようと努力した結果でしょう。技術者の間には他と同じデザインにはしないという暗黙の了解があったのかも知れません。

多様なデザイン形式の採用

復興橋梁の目玉の橋は永代橋と清洲橋であったことは異論のないところです。

復興橋梁の形式選定にあたっては、橋上の視線の妨げとなるトラスは考慮外とし、下路形式はできるだけ避けること、世界的に最も進歩した構造である鈑桁形式（充腹タイプ）を用いることが基本方針とされました。

しかし、永代橋と清洲橋の 2 橋の架橋地点は地盤が低く、船の航行も激しいためスパンをできるだけ広く、桁下をできるだけ高くする一方で、取付道路の盛土を少なくして橋面をできるだけ低くする必要があり、下路形式にせざるを得ませんでした。

中央スパンを90mほどにする必要があった両橋に適用する形式としてアーチと吊橋が選ばれました。永代橋（写真−1：p.37）の形式は中央径間のアーチ部材を側径間の桁につなげたバランスドアーチですが、桁部にピンが入れられています。そしてアーチ、桁ともにソリッドリブタイプ（充腹タイプ）になっています。また、中央のアーチの下端をタイで結び、タイ材にはアメリカで開発された高張力鋼のアイバーが使われているのも特徴です。

清洲橋（写真−2：p.37）には、ドイツ・ケルンのライン川に架けられた自碇式吊橋の縮小形が適用されました。その3径間連続となる補剛桁も充腹タイプになっています。そしてメインのケーブルには、永代橋のものと同じ高張力鋼のアイバーが使われました。

永代橋にアーチ形式を適用した理由として、伊東孝氏は、両橋の設計計算書に、「その地点は、荒川の河口で、視界が大きく開けている。そこには雄大で、かなり男性的なバランスドアーチ橋が望ましい。一方、落ち着いた風景の中にある清洲橋の地点には、アーチ橋と対照的な優しさを感じさせる吊橋を配した。（筆者意訳）」という趣旨の解説があることを指摘（『東京の橋』）し、隅田川の第一橋梁としての永代橋のデザイン的意味を強調して

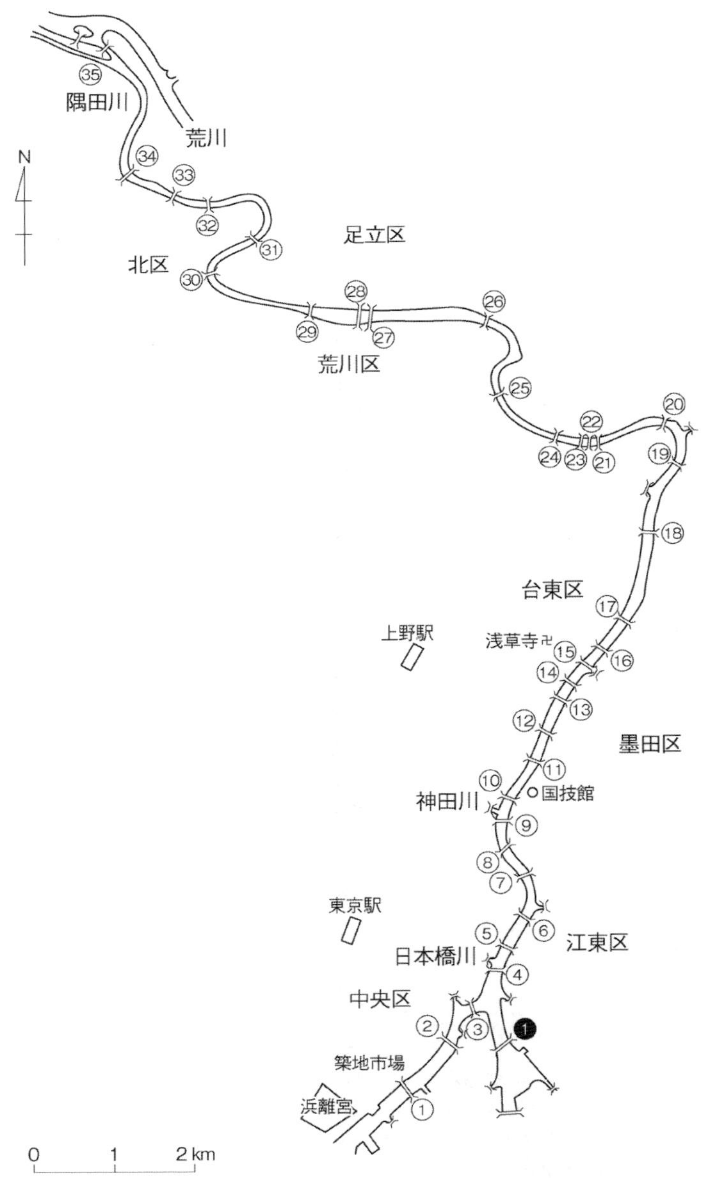

番号	橋　名	完成年
❶	相生橋	1999
①	勝鬨橋	1940
②	佃大橋	1964
③	中央大橋	1994
④	永代橋	1926
⑤	隅田川大橋 首都高速9号線	1979
⑥	清洲橋	1928
⑦	新大橋	1977
⑧	首都高速6，7号線	1971
⑨	両国橋	1932
⑩	総武線隅田川橋梁	1932
⑪	蔵前橋	1927
⑫	厩橋	1929
⑬	駒形橋	1927
⑭	吾妻橋	1931
⑮	東武鉄道隅田川橋梁	1931
⑯	言問橋	1928
⑰	桜橋	1985
⑱	白鬚橋	1931
⑲	水神大橋	1989
⑳	千住汐入大橋	2006
㉑	日比谷線隅田川橋梁	1962
㉒	つくばエクスプレス隅田川橋梁	1994
㉓	常磐線隅田川橋梁	1994
㉔	千住大橋上流側 下流側	1927 1973
㉕	京成本線隅田川橋梁	1931
㉖	尾竹橋	1994
㉗	日暮里舎人ライナー隅田川橋梁	2006
㉘	尾久橋上流側 下流側	1968 1979
㉙	小台橋	1995
㉚	首都高速中央環状線	2002
㉛	豊島橋	2002
㉜	新豊橋	2007
㉝	新田橋	1961
㉞	新神谷橋	1967
㉟	岩淵水門・旧 新	1924 1982

隅田川の橋地図

います。

蔵前橋、駒形橋、言問橋にはそれぞれ異なった形式が適用されています。蔵前橋は３径間の上路式２ヒンジアーチよりなっており、駒形橋（写真−3：p.37）は同じ構造形ですが、中央径間が下路式になっています。そして言問橋（写真−4：p.37）にはゲルバー式の鋼鈑桁が適用されました。これらの形式が決められた理由として当時の関係者は、橋は構造的にも眺望の点からも上路式が望ましく、蔵前橋と言問橋ではアプローチを高くすることができたので、上路式を採用し、駒形橋では橋台近くに幹線道路があって盛土が難しかったから、側径間のアーチを短くかつ扁平にして、中央径間を下路式にしたと説明しています。

蔵前橋では満載等分布荷重に対して橋脚への水平力がバランスするようにスパンやアーチライズが決められたとされています。蔵前橋では橋脚幅が比較的狭く、アーチ端のヒンジが横から見えるようになっていますが、駒形橋の橋脚幅は大きく、かつ半円形のバルコニーが付けられていて、アーチヒンジが隠されています。ヒンジ部の高さや大きさが異なると橋全体の連続感が損なわれることになりますので、デザイン上、意識をしてヒンジ部を隠すように工夫されたと考えられます。

言問橋の低水敷を渡る部分は３径間のゲルバー式の鋼鈑桁になっており、ダブルウエブの桁が４列配置されています。中央径間は67.2mあり、戦前の桁橋では日本最長スパンを誇ります。

以上の３橋では、言問橋はもちろんのこと、２橋のアーチにもソリッドリブタイプ（充腹タイプ）が適用されており、一貫した方針が貫かれています。

復興局施行の隅田川六大橋の工事は、相生橋が大正15年11月に完成したのを始め、言問橋が昭和３年２月に完成し２年余ですべて完了しています。復興局は、昭和５年３月に廃止されるまでの間に、この他にも百橋余の橋の建設を行っています。これらの橋は東京を近代都市へと脱皮させた記念碑となったばかりでなく、日本の橋梁技術の水準を飛躍的に高めることになりました。

東京市及び東京府施行の橋

復興局の六大橋に続いて東京市が両国橋、厩橋、吾妻橋の３つの橋を昭和５年から７年に架けています。それぞれの上部工の形式は、吾妻橋が上路式３径間２ヒンジアーチ、厩橋が下路式３径間タイドアーチ、両国橋が上路式３径間ゲルバー式鈑桁で、すべて鋼製、主構造がソリッドリブ（充腹）形式になっていることは六大橋と共通しています。

両国橋の橋長は164.5mで、言問橋の３径間部より長くなっていますが、中央径間は62.2mと少し短くなっています。これは旧橋の基礎をできるだけ利用するためにスパンが決められたためであると説明されています。このこともあって中央径間の支点上の桁高と中央部の桁高の比がかなり小さくなって、言問橋よりシャープな印象を与えるデザインになっています。

吾妻橋（写真−5：p.37）は３径間の上路式アーチですが、厩橋（写真−6：p.37）は３径間とも下路式のアーチになっています。アプローチの嵩上をできるだけ少なくするためにこのようなデザインになったと説明されていますが、蔵前橋と駒形橋の間にあって両橋と異なったデザインが選択されたとも考えられます。

震災復興事業は主として当時の東京市の範囲内で行われましたが、都市域が拡大しており、その範囲外においても都市計画の実行が求められていました。震災の前年、大正11年（1922）に東京都市計画区域が決められましたが、これに基づいて昭和７年には隣接区域が合併され、市の面積が一挙に６倍になり、大東京が誕生しました。その後昭和11年にも合併が行われ、現在の区部の範囲が決まりました。

これを前提にした都市計画が昭和２年に決められましたが、それに盛り込まれた道路が隅田川を渡る所に架

蔵前橋

両国橋

けられた５つの橋が東京府によって近代橋になりました。

木橋のままであった日光街道（国道４号）の千住大橋は昭和２年にスパン 88.4m の鋼アーチ橋になりました。大正３年に民間で架けられ、有料橋として運営されていた白鬚橋（写真−7：p.37）は震災直後の大正 14 年に東京府が買い取り、架け換えに着手、昭和６年に完成しています。上部工の形式は３径間の下路式バランスドアーチです。白鬚橋は東京初の環状道路である明治通りの一環になっており、震災復興事業の１つとしてもいいでしょう。

上記の２橋のアーチはトラス形状のブレースドリブアーチになっており、復興局と東京市で施工された橋とは異なっています。２橋は、独立した設計事務所を開いていた増田淳を顧問として迎え、設計されました。増田は全国の府県などの顧問として多くの橋の設計にかかわっていますが、ブレースドアーチを多く用いており、彼の意向が強く反映されたと考えられます。

千住大橋の上流部では尾久橋が昭和７年に、翌８年に小台橋、翌９年に尾竹橋がそれぞれゲルバー式の鋼鈑桁で架けられています。これらの架橋も復興関連事業といえるでしょう。

隅田川の最下流に架かる勝関橋（写真−8：p.37）の誕生は相当に難産であったようです。明治 44 年（1911）に市議会で調査費が認められ、大正４年（1915）には橋のタイプも決められましたが、第一次大戦の影響で中断、関東大震災後の都市計画に組み込まれましたが、橋の着工は見送られました。そして昭和５年に市議会で認められて事業がスタートしましたが、資金難もあってようやく昭和 15 年６月に完成しました。中央部が両側へ跳ね上がる跳開式の可動橋になっており、両岸側には大きなソリッドリブアーチが配されています。ちなみに勝関橋は昭和 46 年以降、「開かずの橋」になっています。

橋の数と戦後の変化

隅田川は岩淵水門から下流をいい、全長は 20 数 km に過ぎません。かつては荒川の主たる下流でしたが、新たな人工の川である荒川放水路が昭和５年に完成（通水は大正 13 年）してからは、岩淵水門で水量がコントロールされるようになり、洪水の危険度は大きく軽減されることになりました。

現在、隅田川には 25 本の一般の道路橋と７本の鉄道橋が架かっています。隅田川大橋と一体になった高速道路の橋を別に勘定しますと高速道路の橋が３本、そして電気、ガス、水道などのライフラインを渡す専用橋が３本あり、さらに隅田川派川の相生橋と岩淵水門の管理橋を加えますと、39 橋となります。

これらの橋の半数近くは関東大震災直後から昭和初期に架けられたものです。80 年以上も前に架けられた橋が現在の東京の交通の主要部を担っていることは震災直後に実施された建設が非常に質の高いものであったことの証明でもあります。

戦後隅田川の風景を一変させたのは、高速道路の高架橋でしょう。昭和 39 年に開催された東京オリンピック以降、その建設が本格化します。

舟運が急激に衰退して、打ち捨てられるようになっていた堀川の空間を利用して、ほとんど用地を購入することなく、新しい高架橋が造られました。見方を変えれば物流が船から車に変わったことを示す象徴的な出来事であったともいえるでしょう。しかし結果として都心にあって貴重な隅田川の水辺や緑地が損なわれることになりました。

両国橋から白鬚橋までの間の橋の状況はほとんど変わっていません。昭和 60 年に架けられた歩行者専用の橋である桜橋が唯一の新設の橋です。平面がＸ型で、中央に広場が設けられています。

両国橋から勝関橋の間には多くの新しい橋が架けられました。明治生まれの新大橋は昭和 52 年に架け換えら

千住大橋上流側

総武線隅田川橋梁

れ、2径間の斜張橋になり、大正生まれであった相生橋も平成11年に現在のトラス橋になりました。

東京オリンピックの直前に佃大橋が完成、高速道路が2カ所で川を横断することになり、その高速道路と一体になった隅田川大橋が昭和54年に完成しました。そして平成6年には2径間の斜張橋、中央大橋が竣工しています。さらに、勝鬨橋の下流に環状2号線の一環となる築地大橋が工事中です。上部工の基本形式は鋼3径間連続バランスドアーチ（中央径間145m）ですが、傾いたアーチリブが斜めのケーブルと鉛直材によって床面を吊る特異な形になっています。

白鬚橋から上流部の橋も大きく様変わりしました。周辺区の都市化の進展にともなって、豊島橋（昭和35年）、新田橋（昭和36年）が新しく架けられ、尾久橋が昭和43年と54年の工事の完成によって現在の橋になりました。

東京の都市計画道路の基本は放射線と環状線より成り立っていますが、環状7号線の一環である新神谷橋が昭和42年に完成しています。放射線をつくる千住大橋では旧橋に並行して新橋が昭和48年に架けられました。

戦前に架けられた尾竹橋、小台橋も平成6、7年に架け換えられ、豊島橋も平成14年に架け換えられています。そして水神大橋が平成元年に新設されましたが、4橋にはいずれも吊材をロープにしたアーチ形状のローゼ橋が採用されています。

近年、工場跡地などの再開発で、沿岸には新しい住宅地が生まれていますが、それへのアプローチで、防災避難路ともなる、千住汐入橋（平成18年）、新豊橋（平成19年）、が新設されました。

隅田川に架けられた震災復興橋梁のほとんどが健在で、技術的にも文化的にも貴重な財産になっています。そのうち清洲橋、永代橋、勝鬨橋が平成19年に重要文化財に指定されました。3橋に続いて貴重な橋梁群の文化財としての価値が認められ、長く保存活用されることが望まれます。

参考文献

1） 吉村昭『関東大震災』2004年8月、文藝春秋
2） 伊東孝『水の都、橋の都』pp.37−38　1994年6月、東京堂出版
3） 伊東孝『東京の橋』1986年9月、鹿島出版会
4） 中井祐『近代日本の橋梁デザイン思想』2005年7月、東京大学出版会
5） 白井芳樹「東京市施行隅田川震災復興橋梁の設計の考え方」土木史研究講演集 Vol.26 2006年6月、土木学会
6） 越沢明『東京の都市計画』1991年12月、岩波書店

桜橋

新神谷橋

新大橋

新豊橋

24　長大橋の宝庫──大阪湾の橋

3つの世界一と3つの日本一

「大阪湾は長大橋の宝庫」といえるでしょう。これほどさまざまな形式の長大橋が並んでいる地域は世界でも珍しいと思われます。

旧WTCビル（現大阪府咲洲庁舎）の展望台からは3つの世界一と3つの日本一の橋を見ることができます。天気が良ければ西のかなたに世界一の吊橋、明石海峡大橋を望むことができるでしょう。北に目を転じますと、世界最大の浮体式旋回橋の夢舞大橋、その少し右に世界でも珍しい本格的な1本ケーブルの吊橋の此花大橋が見えます。これが3つの世界一です。

東方向には大阪港の中心部が広がり、足下に世界では第3位、日本一のトラス橋の港大橋があります。その少し向こうに日本最長径間の桁橋、なみはや大橋があり、その右方向、港の奥まったところに近年まで日本最長であったアーチ橋、新木津川大橋が横たわっています。

高速道路大阪湾岸線

大阪湾は瀬戸内海の東の端に位置し、阪神地域と淡路島に囲まれた長さ約60km、幅約30kmの楕円形をした海域を指します。湾の出入り口は明石海峡と紀淡海峡に限られ、比較的穏やかな海になっており、それに面した大阪と神戸は古くから日本有数の港町として発展してきました。近年は大阪湾の北から東側の沿岸部では埋立造成が進められ、新しいベイエリア地域が生まれました。当初は臨海工業地帯を拡大することを目的に計画されましたが、しだいに近代的な港湾施設の他に住宅、学校、病院、スポーツ施設などの都市施設を充実させる開発が重視されるようになりました。

湾岸地域の発展のためには道路網の整備は欠かせません。その中心軸を形成するのが高速道路大阪湾岸線です。現在1本のルートとしてつながっているのは六甲アイランドから関西国際空港連絡橋までの約56kmの区間です。

湾岸線を中心軸にしてこれと直接間接に連携を持ち、新しい造成地や既成市街地を有機的に結ぶ道路網が形成されています。これらは港湾施設の上を通過しており、大型船の航路を確保するために多くの長大橋が必要になりました。

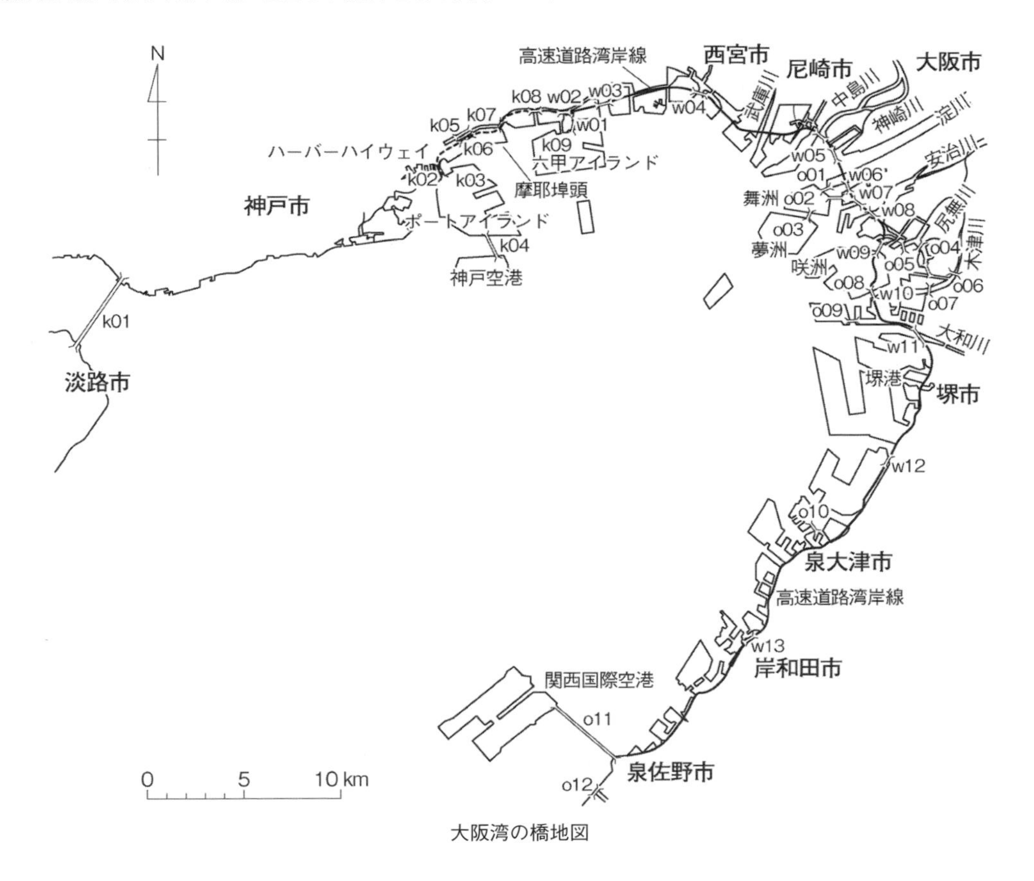

大阪湾の橋地図

これらの長大橋は昭和40年頃から建設が進められ、およそ30年間に次々と完成しており、まさに日本の高度成長期を象徴する建造物群ということができるでしょう。これらの橋梁群には桁橋、アーチ橋、トラス橋、斜張橋、吊橋など近代橋のあらゆる形式が含まれており、大阪湾は世界のトップレベルの橋梁技術の展示場になっているのです。

多彩な形式の長大橋

神戸、大阪港沖の土地造成は戦後の昭和30年代から再開されましたが、30年代後半には神戸では摩耶埠頭、大阪では南港南地区の土地利用が始まります。それにともなって新しい橋が架けられました。神戸の摩耶大橋（昭和41年）、大阪の南港大橋（昭和44年）の完成が長大橋時代の幕を開けたといってもいいでしょう。

摩耶大橋は我が国では3番目の斜張橋ですが、重交通が予想される場所への適用の先鞭を付けるものでした。南港大橋（東側）は戦後開発が進められてきた鋼床板桁が採用されましたが、軟弱地盤でかつ安定しない埋立地という条件を考慮して、ゲルバー式とされました。

摩耶大橋

南港大橋、南港水路橋

番号	橋　名	完成年
［兵庫県］		
k01	明石海峡大橋	1998
k02	神戸大橋	1970
k03	ポートピア大橋	1979
k04	神戸空港連絡橋 （神戸スカイブリッジ）	2006
k05	摩耶大橋	1966
k06	第二摩耶大橋	1975
k07	灘浜大橋	1992
k08	灘大橋	1983
k09	六甲大橋	1976
［大阪府］		
o01	常吉大橋	1999
o02	此花大橋	1990
o03	夢舞大橋	2002
o04	千歳橋	2003
o05	なみはや大橋	1995
o06	千本松大橋	1973
o07	新木津川大橋	1994
o08	南港大橋（東側／西側）	1969／1974
o09	かもめ大橋	1975
o10	泉大津大橋	1976
o11	関西国際空港連絡橋	1991
o12	田尻スカイブリッジ	1995
［高速大阪湾岸線］		
w01	六甲アイランド大橋	1992
w02	住吉浜大橋	1997
w03	東神戸大橋	1992
w04	西宮港大橋	1994
w05	中島川橋 神崎川橋	1991 1989
w06	正蓮寺川橋梁	1989
w07	梅町大橋	1988
w08	天保山大橋	1988
w09	港大橋	1974
w10	南港水路橋	1979
w11	大和川橋梁	1981
w12	新浜寺大橋	1991
w13	岸和田大橋	1993

昭和40年代後半になると、大阪南港や神戸ポートアイランドの造成工事が本格化、六甲アイランドの造成工事も始められました。その中で新しい人工島へのアプローチとなる橋、島どうしを結ぶ橋が次々と架けられることになります。

人工島へ渡る橋として、神戸大橋（昭和45年）（写真-1：p.38）と六甲大橋（昭和51年）（写真-2：p.38）が架けられました。神戸大橋は中央径間が217mのバランスドアーチ橋で、神戸港のシンボルになっています。六甲大橋は中央径間が220mの鋼斜張橋です。いずれの橋も島への交通量の増加を見越して2段床式になっています。

昭和49年には大阪港の中心部に港大橋（写真-3：p.38）が完成しました。この橋の完成は大阪湾岸線の建設の始まりを意味するものでもありました。大阪港のメイン航路を越えるため中央部で水面上約50m、幅約300m、その両側にも高さ20mほどの空間を確保することが求められました。主橋梁部には全長980m、中央径間510mの鋼ゲルバートラス橋が採用されました。トラス橋としては国内では最大規模を持っています。大阪港の中央に横たわる赤い巨大な姿は大阪港のシンボルになっています。

巨大な橋体を構成する鋼材には高張力鋼が大量に使われましたが、溶接性能の数々の実験や検証が行われました。また中央のふたつの橋脚の基礎には、40m角、高さ約35mの巨大なケーソンが沈められました。圧気を掛けながら沈めていくため、通常なら最大で4.5気圧にもなりますので、作業効率を考えて、10mほど水位を下げる工夫をして作業が進められました。

同じ頃、大阪港域では南港大橋の西側（昭和49年）、かもめ大橋（昭和50年）（写真–4：p.38）が完成しました。かもめ大橋は中央径間が240mの本格的なマルチケーブルの斜張橋で、優美なデザインが印象的です。

神戸ではハーバーハイウェイの一環となっている第二摩耶大橋（昭和50年）が架けられました。この橋の主橋梁部は連続鋼床板桁で、中央径間が210mと初めて200mを超える桁橋が誕生しました。これ以降も次々と新しい形式の橋が架けられ、日本最長スパンの記録が競うように塗り替えられていくことになりました。

40年代後半には神戸、大阪だけではなく、西宮、尼崎港や堺泉北港でも造成工事が進められました。そこには既成市街地との連絡のために多くの橋が架けられました。その1つ、泉大津大橋（昭和51年）は1本のアーチで桁を支える単弦ローゼ橋という珍しい形式が使われています。

大阪南港域では港大橋から南へ延びる湾岸線の建設が進められました。東西の南港大橋の間に単弦ローゼ橋の南港水路橋（昭和54年）が、さらに大和川橋梁（昭和56年）が完成して、湾岸線が堺市にまで延長されました。

大和川橋梁は、両岸の用地の条件から大和川を斜めに横断せざるを得ないこともあって、中央径間が355mの3径間連続の斜張橋が採用されましたが、当時日本最長の斜張橋でした。

灘大橋

大和川橋梁

神戸のポートアイランドと大阪の南港では新交通システムのポートライナーとニュートラムが昭和56年に開通、神戸大橋の東隣にポートピア大橋（昭和54年）が架けられ、ニュートラムは大阪湾岸線と一体構造の区間が長く、南港水路橋に吊るされる形で水路を渡っています。

大阪湾岸線の延伸と明石海峡大橋

昭和50年代後期には長大橋の建設は停滞した感があります。二度にわたるオイルショックの影響で、大型プロジェクトが抑制されたことが原因だったのでしょう。しかしその後回復し、昭和末から平成初年にかけて湾岸線を中心に新しい長大橋が次々と完成しました。

大阪港域では天保山大橋（昭和63年）（写真–5：p.38）が中央径間350mの斜張橋として完成したのを始め、淀川の河口部では、連続ラーメン構造の梅町大橋（昭和63年）、連続鋼床板桁の正蓮寺川橋梁（平成元年）、ニールセン・ローゼ型の鋼アーチ橋の神崎川橋（平成元年）と中島川橋（平成3年）などが架けられていきました。

神戸方面への西進部では中央径間が485mに達する斜張橋、東神戸大橋（平成4年）（写真–6：p.38）が完成、斜張橋の適用スパンを大幅に拡大することになりました。また六甲アイランド橋（平成4年）や西宮港大橋（平成6年）（写真–7：p.38）ではスパン200mを超える長大アーチが採用されています。

一方南進部では平成6年の関西国際空港の開港に向けて、連絡橋に接続する湾岸線の建設が加速されました。その中でいずれも中央径間が250mを超えるアーチ橋である新浜寺大橋（平成3年）と岸和田大橋（平成5年）（写真–8：p.38）が架けられました。空港連絡橋（写真–9：p.39）は全長が3,750m、上段が道路、下段が鉄道に利用されており、平成3年に一部の供用が開

田尻スカイブリッジ

新浜寺大橋

始されました。主橋梁部はスパン150mの3径間連続のワーレントラスが6つ連ねられています。

20世紀最後のビッグプロジェクトといえる明石海峡大橋（写真−10：p.39）が平成10年に開通しました。架設工事中の平成7年1月に兵庫県南部地震に見舞われて、中央径間が1m伸びて1,991mになりましたが、大きな支障もなく、計画通りにでき上がりました。もちろん世界最長の吊橋です。

明石海峡大橋の全長は3,911m、橋桁は2本のケーブルで吊られていますが、1本にかかる張力は62,500tに達します。ケーブルの全長は4,085m、径5.23㎜の高強度の鋼線が37,800本束ねられています。ケーブルは、高さ283mの2本の塔によって支えられており、両岸に設けられた巨大なアンカレイジに定着され、それらはしっかりとした地盤に固定されています。塔の自重も加えますと75,000tを支えている橋脚は、高さが約70m、直径が約80mの鉄筋コンクリートの塊です。

橋脚は、神戸層か明石層と呼ばれる地層を支持地盤にして造られていますが、水深がおよそ40m、潮流の速い海上でこの橋脚を造るときには設置ケーソンという巨

六甲アイランド大橋

灘浜大橋

大な鋼製の型枠が使われました。海底を巨大なグラブで削って平らにし、その上に工場で造ったケーソンを曳航して設置、底にコンクリートを打って、いわば大きな桶を造り、その中に橋脚が造られました。

桁、塔の設計にあたっては、想定される最大級の台風、地震に耐えられるよう基準が定められ、綿密な調査や精密な実験、計算が行われました。また各部の製作においても誤差ができるだけ小さくなるよう、例えば300m近い塔が建ち上がった時の頂上での誤差が6cm以下になることなどの厳しい基準が適用されました。

これより先に神戸の湾岸線を補完する道路としてハーバーハイウェイが平成5年に開通していますが、その一環となるラーメン形式の灘浜大橋（平成4年）が完成しています。この道路へ湾岸線からの連絡をよくするために住吉浜大橋（平成9年）も架けられました。

高速道路湾岸線は、六甲アイランドから西へ向かって明石海峡大橋のアプローチ道路につながれる計画になっていますが、現在はその一部が完成しているだけです。

基礎構造の発展 - 軟弱地盤対策

橋の長大化は上部工の発展のみによって実現するものではありません。大きいスパンの橋には、それをしっか

りと支える基礎がともなっていることが重要です。

港湾地域での架橋にあたっては、基礎の選定が重要なテーマになりました。南港大橋（東側）では、埋立地盤がまだ安定しない状態であったため剛性の高いケーソン基礎が選ばれ、ニューマチックケーソン内での作業に限界があるため、支持地盤は第一天満砂礫層とされました。しかし、ケーソン沈設中に幾度か土が吹き上がる現象が発生し、結果として基礎の変位を修正することができませんでした。そのため西側の橋では、当時開発が進められていた、先端を第二天満砂礫層まで到達させることができる鋼管矢板井筒基礎が採用されました。

港大橋の基礎にもケーソンが採用されています。沈設作業の限界から地下 30m ほどのいわゆる第一天満砂礫層で止めざるをえません。したがって 1,000m にも及ぶ長大構造物の範囲で不同沈下が起こる可能性がぬぐいきれなかったため、上部工に静定構造であるゲルバー式トラスが選ばれたと考えられます。

長期間にわたる構造物の安定を確保し、連続構造を選択するためには、洪積粘土層を抜いて基礎を層の厚い第二砂礫層にまで到達させることが望ましく、鋼管矢板井筒工法はその意味では画期的な工法でした。その後大阪港域に架けられた橋ではほとんどが鋼管杭を用いて第二砂礫層まで到達させています。

埋立地内では盛土の大きな沈下が予測され、杭にネガティブフリクション対策が必要とされました。その後の調査によって、さらに大阪層群上層にも沈下が生じる可能性が指摘され、橋脚の将来の変形に対応できるように桁をジャッキアップできる対策までこうじられるようになりました。このように埋立地上の橋では橋脚の変状を予想して対策を取っておくことが必要なのです。

神戸港域においては、大阪港域の地盤とはかなり違って、砂とシルトの互層が続いているため、支持層の選択が難しいのですが、ほとんどの長大橋の基礎には、深さ 30m ほどのケーソン基礎が採用されています。

関西国際空港連絡橋の地点では粘土と砂礫の薄い層が互層になっており、強固な支持層を設定することができないため基礎は摩擦杭として設計されています。

このように大阪湾の周辺の地盤は場所によってかなり違っており、その場に応じた基礎形式や工法の選択が重要な課題となりました。

旧淀川河口部と新人工島への架橋

大阪の港は古くから旧淀川の河口部に発展してきたこともあって、その沿岸では、接岸施設が今も利用されており、河口部に橋を架けるには船の妨げにならないように桁下の高い長大橋が必要でした。

木津川の河口部に架けられた新木津川大橋（平成 6 年）（写真−11：p.39）の主橋梁部は 3 径間のバランスドアーチですが、中央径間には 305m の日本最長（現在は第 2 位）支間が適用されました。尻無川の河口部のなみはや大橋（平成 7 年）（写真−12：p.39）は平面的に大きな S 字形になっており、主橋梁部に鋼床版桁が採用されました。その中央径間は 250m で、日本最長の桁橋です。また大正内港の入口を渡る千歳橋（平成 15 年）は非対称の 2 径間ブレースドリブアーチが適用されており、最大径間は 260m になっています。

大阪では廃棄物の処分場を海上に求めざるを得ません。大阪港の北港地区、現在の舞洲、夢洲ではその一部がゴミ焼却灰、建設残土、浚渫土などの処分地として利用されています。

それらの人工島を結ぶ橋として此花大橋（平成 2 年）と夢舞大橋（平成 14 年）が架けられました。此花大橋（写真−13：p.39）の主橋梁部は 1 本ケーブルで支えられた 3 径間連続の自碇式吊橋で、中央径間は 300m になっています。

夢舞大橋（写真−14：p.39）は夢洲と舞洲を結んでいますが、大阪港の主航路に支障が生じたときにも代替航路が確保できるように可動橋とされました。中央径間 280m のアーチ橋が水に浮いていて、いざという時には押し船で橋を回転させて航路が開けられるようになっています。

阪神淡路大震災後、ポートアイランド沖の人工島の造成が促進され、平成 18 年に神戸空港が開港しました。空港へは長さ 1,000m 強の連絡橋が架けられ、水上部は 7 径間連続桁、埋立地との接続部はゲルバー桁が適用されています。

明石海峡大橋をはじめ、このような長大橋の技術は次世代に継承されていないようです。近年長大橋の建設が

千歳橋

めっきり減って、若い後継者が建設を経験する場がなくなっています。設計の分野もそうですが、現場でのノウハウは経験によって培われるものです。20年も空白になると、残念ながらその技術は失われてしまうでしょう。

参考文献

1） 松村博「国土軸の整備と長大橋への挑戦」「地盤工学会関西支部創立50周年誌」pp.91-94、2008年11月

Column-V　通潤橋：熊本県上益城郡山都町（写真-V：p.39）

通潤橋には、当時の最高級の２つの技術が凝縮されています。この橋の目的は深い谷を越えて対岸に農業用水を送ることでした。そのためにいかに高く谷を越えるかという石橋の技術といかにロスなく水を送るかという送水管の技術が組み合わされました。

事業を主導したのは布田(ふた)保之助というこの地方の惣庄屋でした。工事を指揮したのは地元の大工で、石工棟梁は種山石工の流れを汲む地元の人です。工事には地元の矢部周辺の石工はもちろん、遠くは豊後や天領の天草からも参加しています。着工されたのは嘉永５年(1852)12月、竣工は嘉永７年７月末でした。

笹原川の取水口から白糸台地に直接水を送るには轟川の上25mのところを通す必要があり、そのためには直径50mに達する大アーチ橋を築かねばなりませんが、技術的に不安が大きく、また建設費も膨大なものになると考えられました。そこで石橋の規模を実績のある霊台橋程度に押さえて、残る高さの差を補うために逆サイフォンの利用が検討されました。この技術は日向国牧野村の吹上板樋や薩摩藩の大名屋敷にあった噴水などを見学して参考にしたといわれます。また宇土城下の轟泉(ごうせん)水道では主要部に馬門石(阿蘇のピンク石)を繰り抜いた石管が使われていますが、これらの技術も継承されたと考えられます。

アーチ部分は霊台橋より少し小さく、直径27.9mの半円よりなっています。このアーチをできるだけ高い位置に積むため基底部に鞘(さや)石垣と呼ばれる裾の広い石垣を築いてその上に乗せることにしましたが、この手法は熊本城の石垣を参考にしたといわれています。石材は付近の河や山から吟味して採取されました。

送水する石樋は、60㎝角ほどの中央に30㎝ほどの穴が刳り貫かれた石が準備され、それが三列配置されました。その所どころに松材を刳り貫いた管を入れ、石樋どうしの拘束を弱める工夫もされています。取水口は石樋底より7.6mの高さにあり、石樋はそれだけの水圧を受けることになります。吐水口は5.9m登ったところに設けられ、その差1.7m分だけ勢いよく水が吹き出します。通水量は一日およそ１万５千トンになります。

通潤橋はこのように民間の経済力と民間に蓄積された技術によって架けられたものです。土木技術は本来、民衆の夢を実現する構造物をつくるもので、まさに民衆が共有する文化に根ざしたものだったのです。

逆サイフォンの弱点はその最下部に泥や砂がたまって流れが悪くなることです。このため通潤橋では橋の中央部に泥吐きの穴を設け、差し込まれた木栓を抜いて管内の掃除を行います。この時期は、潅漑の必要がなくなる旧暦の八月一日、八朔(はっさく)の祭日と決められていました。この行事は「秋水落とし」といわれ、近郷からも大勢の見物客がつめかけたということです。現在も９月の第１週の土日に行われています。

25 水都・大阪を彩る――旧淀川の橋

淀川の大改修

かつての淀川下流部の本流は、ほぼ現在の旧淀川とその分流の流路にあたります。明治後期の十数年をかけて淀川放水路、現在の淀川下流部が開削されたことにより、大阪の中心部は洪水の危険が大幅に軽減されることになりました。

この事業は同時期に行われた築港、市電事業と共に大阪の基盤整備を一変させた大事業でした。これ以降、旧淀川への近代橋の建設が本格的になりました。大阪市の市電事業は明治 36 年（1903）に始まりましたが、十数年の間に 100km 近い線路が敷設され、急増する大阪市民の足が確保されました。この事業で、淀屋・大江橋、肥後・渡辺橋をはじめ、100 橋ほどが鉄橋になりましたが、実用本位の簡易な橋がほとんどでした。そんな中で技術的、意匠的に特筆すべき橋は大正 4 年（1915）に完成した大正橋と難波橋です。大正橋にはスパンが当時としては破格の 90m もある鋼アーチが採用されました。難波橋（写真−1：p.40）はスパン 20 ～ 25m ほどの鋼アーチが並べられましたが、石造りの豪華な装飾で飾られました。

両橋とも戦後架け換えられましたが、難波橋は外側の意匠部分が完成時に近い状態に復元されています。橋詰に 4 体の石造りのライオン像が据えられ、中之島へ降りる立派な階段とバルコニー、中之島の川際に建てられた石の塔、凝ったデザインの照明灯や石造りの高欄などクラシカルな装飾に包まれています。このような過剰ともいえる装飾が施されたのは、この橋が当時建設中であった中之島水上公園へのアプローチとなることを意識して設計されたためであると考えられます。

第一次都市計画事業と近代橋

旧淀川筋の現存する橋の中で最も古いものは、昭和 2

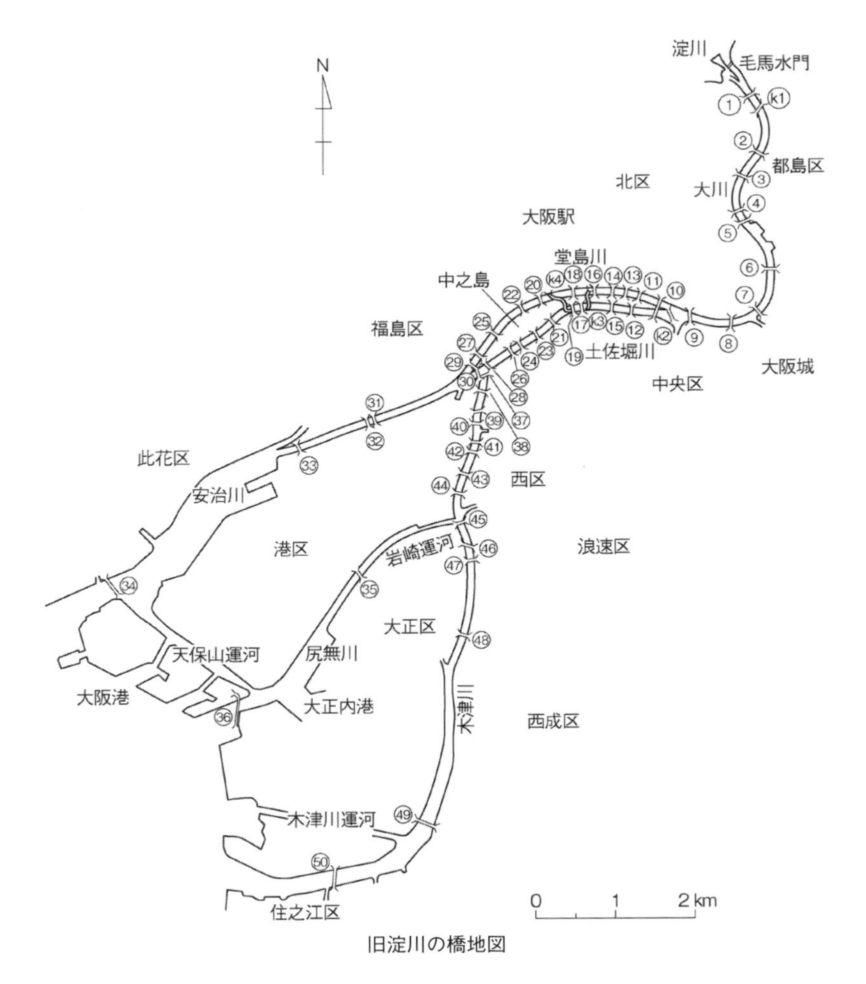

旧淀川の橋地図

年に完成した千代崎橋ですが、その後の大阪市第一次都市計画事業によって架けられた多くの橋が健在で、大阪市の中心部の交通を支えています。

番号	橋　名	完成年
①	毛馬橋	1960 (1969, 1979拡幅)
k1	阪神高速守口線	1966
②	飛翔橋	1984
③	都島橋	1956 (1979拡幅)
④	JR大阪環状線淀川橋梁	1932
⑤	源八橋	1936
⑥	桜宮橋	1930 (2006拡幅)
⑦	川崎橋	1978
⑧	天満橋 新天満橋	1935 1970
⑨	天神橋	1934
k2	阪神高速環状線	1967
⑩	難波橋	1915 (1975上部架換)
⑪	鉾流橋	1929
⑫	栴檀木橋	1985
⑬	水晶橋	1929
⑭	大江橋	1935
⑮	淀屋橋	1935
⑯	中之島ガーデンブリッジ	1990
k3	阪神高速環状線	1967
⑰	錦橋	1931
⑱	渡辺橋	1966
⑲	肥後橋	1966
k4	阪神高速池田線	1967
⑳	田蓑橋	1964
㉑	筑前橋	1932
㉒	玉江橋	1928 (1969拡幅)
㉓	常安橋	1929 (1969拡幅)
㉔	越中橋	1929 (1964嵩上)
㉕	堂島大橋	1927
㉖	土佐堀橋	1969
㉗	上船津橋 阪神高速神戸線	1982
㉘	湊橋 阪神高速神戸線	1982
㉙	船津橋	1963
㉚	端建藏橋	1909 (1922改造) (1963嵩上改造)
㉛	阪神電鉄なんば線	2009
㉜	安治川隧道	1944
㉝	安治川大橋	1963 (1970拡幅)
㉞	阪神高速湾岸線天保山大橋	1988
㉟	尻無川橋	1970
㊱	なみはや大橋	1995
㊲	昭和橋	1932
㊳	木津川橋	1966
㊴	木津川大橋 地下鉄中央線 阪神高速大阪港線	1966 1970
㊵	大渉橋	1929
㊶	松島橋	1930
㊷	伯楽橋	2006
㊸	千代崎橋	1927
㊹	大阪ドーム前歩道橋	1991
㊺	大正橋	1969 (1974拡幅)
㊻	大浪橋	1937
㊼	JR大阪環状線木津川橋梁	1928
㊽	木津川橋 阪神高速西大阪線	1970
㊾	千本松大橋	1973
㊿	新木津川大橋	1994

第一次都市計画事業は大正 10 年（1921）に始まり、第二次世界大戦が本格的になった昭和 10 年代中ごろまで続けられ、大阪市を近代都市に生れ変らせることになりました。この事業で 150 橋を超える橋が、耐震設計を基本にした近代的な橋に架け換え、または新設され、交通容量も飛躍的に増加するとともに、近代都市にふさわしい都市景観を生み出すことになりました。

上流から眺めてみますと、雄大な 3 ヒンジアーチの桜宮橋（昭和 5 年）、桁橋の曲線美を追求した天満橋（昭和 10 年）、中之島剣先の風景をつくる軽快なアーチの天神橋（昭和 9 年）、コンクリートアーチの上にヨーロッパ調の石の装飾が施された淀屋橋と大江橋（昭和 10 年）の他、鉾流（ほこながし）橋（昭和 4 年）、筑前橋（昭和 7 年）、常安橋と玉江橋の上流側（昭和 4 年）、堂島大橋（昭和 2 年）（写真−2：p.40）がほぼ架設時の状態を保っています。

木津川にはその分流点を一跨ぎする鋼アーチの昭和橋（昭和 7 年）の他、大渉橋（昭和 4 年）、松島橋（昭和 5 年）、千代崎橋の 3 橋が、いずれも 3 径間のゲルバー式鋼鈑桁として架けられました。さらに第二次都市計画事業によって、下流部では、82m のスパンをもつ大浪橋（昭和 12 年）が、上流部では源八橋（昭和 11 年）が完成しています。

桜宮橋（写真−3：p.40）の主橋梁部にはスパン 104m の戦前では日本最長のアーチが採用されました。このあたりは軟弱地盤が厚く堆積しており、基礎の変動も心配されたためアーチの中央にピンをもつ 3 ヒンジアーチとされました。実際、50 年後の計測では支間が約 35cm 拡がり、両岸で不同沈下も観測されたため大がかりな基礎の補強工事が行われました。桜宮橋のアーチを支える橋脚部の横には橋頭堡ともいうべき塔が 2 基建てられており、橋全体の印象を高めています。塔の中には橋面から公園敷に降りる階段が設けられています。

天満橋（写真−4：p.40）は「のびのびとした、鳥が翼を広げたような」と表現されたバランスの良いプロポーションをもつ桁橋です。橋の形式は 3 径間ゲルバー式の鋼鈑桁で、橋長 151m、中央支間 61m の桁橋は東京・隅田川の両国橋、言問橋に匹敵する規模をもっています。

天神橋（写真−5：p.40）は、中之島の上流端に架けられ、水の都ともいわれる大阪を代表する風景をつくっています。堂島川、中之島、土佐堀川を越える部分には軽快な 3 つの鋼アーチが配され、両岸の橋台部にはコンクリートアーチが置かれて景観的なバランスが取られています。

第一次都市計画事業の中で最も重要なものは御堂筋の建設でした。それまで幅が 5、6m しかなかった道を一気に拡げて幅約 44m の幹線道路がつくられました。両側にぎっしり立ち並んでいた民家の立退きは困難を極めたものと想像されます。

御堂筋に通じ、中之島の市庁舎と日銀大阪支店を挟んで架かる大江橋と淀屋橋（写真–6：p.40）の設計に際して意匠面に最も力が注がれたのは当然でしょう。両橋の意匠設計に関して土木事業としては珍しい懸賞募集が行われました。設計条件は、2橋とも同じ幅で、主構造は同じ構造の鉄筋コンクリートアーチとすること、付近の建築物や背景と調和し、両橋間の道路意匠も合わせて設計することでした。1等に選ばれたのは、「南欧中世期風」と評された作品で、このデザインを基にして両橋の設計が行われました。

この時の3等当選作品を基に設計されたのが田簑橋です。垢抜けした優美なデザインの橋でしたが、地盤沈下の影響で橋体に変動が生じたために戦後架け換えられてしまいました。

堂島大橋の主橋梁部は2ヒンジ鋼アーチですが、両岸にはコンクリートアーチの橋台が据えられています。その上は両側にかなり広くなっていて、3段の階段の上に高さ3mほどの石塔と高さ1m足らずの手水鉢のような石桶が置かれています。石塔の中央にはブロンズ製のメダリオンがはめ込まれていましたが、戦時中に取り外

玉江橋

されてしまったようです。石桶は噴水の仕掛けがあったようですが、今は機能していません。同年に完成した渡辺橋や肥後橋には四隅に、頂部に王冠のような飾りのある大きな石塔が建てられていました。

このようにこの時代の橋には橋詰を広くして、塔を建てたり、植え込みを作ったりするようなゆとりのある設計がなされました。そして大まかに見ますと、昭和5、6年頃までに完成した橋には比較的大きな装飾や彫刻などで飾られたものが多かったようですが、それ以降は比較的簡素で、構造形を強調したデザインの橋に変わって

千代崎橋

昭和橋

鉾流橋

大浪橋

源八橋

いったように思われます。天神橋、天満橋も簡素なデザインですし、栴檀木橋（昭和 10 年）は 5 径間のゲルバー式の鋼鈑桁が採用されましたが、高さが約 1m で通され、簡素なデザインになっていました。当時の設計者が「洗練された単純さ」を追求した具体的な成果であると考えられます。

現在水晶橋と錦橋と名付けられている広い橋面をもつ歩道橋は、かつては堂島川可動堰（昭和 4 年）と土佐堀川可動堰（昭和 6 年）と呼ばれた、川の水を浄化するための堰として建設されたものです。大川の水をせき止めて、東横堀川や西横堀川を通じて、多くの堀川に導き、滞留しがちな水に流れを作り出そうとする施設でした。現在はその役割を終え、歩道橋としての機能のみが残されています。

安治川隧道（昭和 19 年）は、舟運の頻繁な安治川の川底を横断する道路トンネルです。長さ 80m、幅 11m の 2 車線と歩道が確保され、車も専用のエレベーターで出入りすることになっていました。ただ現在は自転車と歩行者の利用のみに制限されています。構造は鉄骨コンクリート製の沈埋函を両岸のケーソン基礎が支えるもので、水中に沈められた橋といってもいいような施設です。戦局が厳しくなる中、材料の確保に苦労しながら完成にこぎつけました。

このように戦前の都市計画事業で架けられた橋は、今なお重要な幹線道路であるだけでなく、旧淀川筋の都市景観を彩る施設としてなくてはならない存在になっています。その代表的な橋である大江橋と淀屋橋は平成 20 年に重要文化財に指定されました。

戦後の橋の変遷と長大橋

戦後の都市計画道路の見直しにそって大川の都島橋と毛馬橋が新しく架け換えられました。都島橋（昭和 31 年、同 54 年拡幅）は大阪市東北部へ至る重要な市電路線で、4 径間の鋼ゲルバー桁が使われています。

毛馬橋（下流側：昭和 35 年、上流側：同 54 年）の下流側には 3 径間連続の合成桁が適用されました。鋼桁とコンクリート床版を一体として設計する合成桁は戦後、研究、実用化が進んだ形式ですが、連続桁に適用された先駆的な橋です。プレストレスの導入は支点降下と鋼棒を緊張することによって行われました。上流部の橋にはプレストレスしない合成桁が使われ、合成桁技術の進展を示しています。

戦前から進行していた地盤沈下は戦後さらに加速し、中之島の西側の橋々も 2m ほど沈下し、多くの橋で嵩上工事が施されました。地盤沈下の影響で橋体に変状をきたした田蓑橋は架け換えを余儀なくされました。中之島西端の端建蔵橋は嵩上や大幅な補強が行われ、船津橋（昭和 38 年）は全面的に架け換えられました。橋を嵩上するためには取付道路も大きく改造する必要がありますが、越中橋（昭和 4 年）ではそれが難しく、歩道橋にして階段で昇降するように改造されました。

肥後橋と渡辺橋（昭和 41 年）も嵩上が必要になっていましたが、下に地下鉄を通すことから全面的に架け換えられることになりました。また、常安橋と玉江橋（昭和 4 年）の旧橋は嵩上、計画幅員を確保するために下流側に新しい橋（昭和 44 年）が架けられました。湊橋

桜宮橋（新）

水晶橋

と上船津橋（昭和 57 年）は道路拡幅と高速道路を一体的に造る計画に沿って全く新しい橋になりました。

破格のスパンのアーチを誇った大正橋は、基礎が変状をきたしてスパンが 45cm も拡がり、橋体が危険になったため延命処置が施されましたが、都市計画道路の事業によって架け換えられることになりました。工事は旧橋を使いながら行われ、下流側は昭和 44 年に、旧橋撤去後上流側の工事が行われ、昭和 49 年に完成しました。この橋の下流側の高欄にはベートーベン作曲の交響曲第 9 番の「喜びの歌」の楽譜がデザインされています。

昭和 30 年代後半から始まった高速道路の建設には、主として堀川の敷地などが利用されました。堂島川の上空も環状線の一部として利用されたため、それに接続する道路が何本も大川の上を通ることになり、せっかくの水辺空間に蓋を掛けることになってしまいました。

旧淀川の下流部は大型船の舟運も頻繁で、木津川沿岸には多くの造船所があったために架橋は制限されていました。戦前には安治川には橋は一橋もなく、木津川では大浪橋より下流には橋はありませんでした。昭和 38 年に第 2 阪神国道（国道 43 号）の計画に沿って安治川大橋が架けられました。主橋梁部は 3 径間連続の鋼桁橋で、中央径間は 100m、桁下高は 17m が確保されています。昭和 45 年、万国博の直前に拡幅され、同時に尻無川と木津川を越える橋が完成、いずれも中央径間が 100m 近い長さをもっています。

昭和 40 年代以降、ベイエリアの開発、新人工島の埋立てが進み、それぞれの河口部にも橋の需要が高まってきました。その皮切りになったのが千本松大橋（昭和 48 年）（写真−7：p.40）です。主橋梁部には中央径間 150m の 3 径間連続鋼床板箱桁が採用されましたが、戦後の橋梁技術の発展を象徴するものでした。桁下高は最低でも 34m を確保した上に、アプローチ道路をできるだけコンパクトにする必要があったため、二重のラセン状の取付道路が考えられました。この構造は 12 径間連続の合成桁になっています。

そして、安治川の河口に高速道路・大阪湾岸線の天保山大橋（昭和 63 年）（24 章、写真−5：p.38）、木津川の下流に新木津川大橋（平成 6 年）（24 章、写真−11：p.39）、尻無川最下流部になみはや大橋（平成 7 年）（24 章、写真−12：p.39）など、橋梁技術の発展によってベイエリアの相互交通を可能にする長大橋が次々と架けられていきました。

JR 大阪環状線は昭和 36 年に開通しましたが、それまでの城東線、西成線、関西本線貨物支線（大阪臨港線）をつないでつくられました。当時、大阪臨港線を建設するのにあたって木津川と岩崎運河に橋が必要になり、現在大正駅を挟んで架かる巨大な鉄橋が昭和 3 年に完成しました。両橋ともスパン 95m のダブルワーレントラスという同じ形式で、川を一跨ぎしています。

JR 大阪環状線木津川橋梁

かつての城東線の一部であった淀川橋梁（昭和 7 年）の主橋梁部はふたつのワーレントラスよりなっています。そして、大阪環状線をつなげるために、安治川を渡る安治川橋梁（昭和 36 年）が架けられました。支間長 120m のランガー桁が安治川を一跨ぎしています。

自転車・歩行者専用の橋

都市には車にわずらわされずに散歩やサイクリングを楽しめる空間が必要です。そんな目的を持った橋も架けられるようになりました。中之島から毛馬までの旧淀川に沿って、水辺に親しめる公園が整備されています。その公園を縫って淀川まで自転車道が整備されました。

これにともなって、自転車・歩行者専用の橋がいくつか架けられましたが、その代表が川崎橋（昭和 53 年）（写真−8：p.40）です。

大川が南から西へ方向を変える川崎の地は、大阪城が望め、古来月見の名所として有名でした。大阪で有数の景勝の地に新しく橋を架けるにあたってはそのデザインに細心の注意が払われました。既設の橋との調和や河岸公園の中にあって新しい近代的な空間を生み出すというテーマから、2 径間の斜張橋が選ばれ、空間的に遊びや間が感じられるようなデザインが選択されました。

自転車道の整備によって、天神橋の中之島側に船のマストをイメージしたような吊形式のスロープがつくられましたが、これによって自転車だけでなく、乳母車も車いすの人も中之島公園に行けるようになりました。この他、城北川の大川からの分流点に春風橋（昭和 56 年）も架けられています。

また、大川沿いに立地していた各種の工場の移転が進められ、その跡に新しい住宅地がつくられましたが、それと最寄りの駅を結ぶ位置に歩行者のための橋が架けられました。そのひとつが飛翔橋（昭和 59 年）です。二重アーチという独特のデザインが特徴になっています。

大江橋と渡辺橋の間に新しく架けられた中之島ガーデンブリッジ（平成２年）は歩行者専用ですが、幅が 20m もあり、橋上でイベントでもできそうな広い橋で、中之島遊歩道に接続されています。

参考文献
1） 松村博『大阪の橋』1987 年 5 月、松籟社

Column-VI　錦帯橋：山口県岩国市（写真-Ⅵ：p.39）

通錦帯橋は稀有の橋といえるでしょう（写真：p.39）。錦帯橋を目の当たりにして感動を覚えるのは、困難な条件を克服するために生み出された構造の巧みさとそこから醸し出される美しさに魅せられるためです。

錦帯橋は、長州毛利藩の支藩、吉川 (きっかわ) 藩の城下町、岩国の武家町と町方の中心部を結ぶ重要な橋です。城下町の発展のために錦川へ不落の橋を架けることは藩主を始め岩国藩の人々にとっての悲願だったのです。

その願いが三代藩主吉川広嘉 (ひろよし) の時代にようやく実現します。しかし延宝元年 (1673) に完成した橋は翌年５月に流失してしまいます。原因は、洪水によって橋脚の石組みが崩れたためでした。直ちに橋は再建されましたが、このとき橋脚の石の間に千切 (ちぎり) を打込んで結合を強固にし、併せて橋脚周辺の河床の洗掘を防ぐために上下流 100m にわたって石敷がつくられました。このような周到な工事によって昭和 25 年の台風による洪水によって流失するまで 276 年の間、持ちこたえることができたのです。

現在の橋は平成 16 年 (2004) に架け換えられたものですが、形状は継承されています。橋長は約 200m、中央の３径間はスパンおよそ 35m の木造アーチになっています。錦帯橋のアーチの基本構造は、両側から 11 段の桁木を順次せり出し、中央の２段の棟木と一体に緊結されて構成されています。長さ、太さが限定された直線部材を重ね合わせて大きな断面のアーチを構築するには、各木材間が前後にずれないように力を伝達させる工夫が必要です。各桁の先端と後端に鼻梁と後梁という２本の横梁が主桁を切り込んで組み込まれており、24 本の木材が一体に働くようになっています。

この構造は甲斐の猿橋が参考にされたといわれています。深い谷を越える橋をつくるとき、片方を岸の岩盤や土の中に埋め込み、一方を張り出してその上に桁を乗せた刎橋（はねばし）と呼ばれる形式が用いられました。できるだけ長い距離を跨ぐために刎木をしだいに長くして何段にも重ねる方法が生み出されました。その刎木のずれを少なくするために横梁が構造上重要な役割を果たしています。刎橋の技術は、富山の愛本橋が寛文２年 (1662) には完成していたように、甲信越地方ではすでに開発されていましたので、甲斐の猿橋とは限らずそれらを参考にしたことは十分に考えられます。

錦帯橋は甲信越地方で発達した刎橋の技術の系譜を引くものと考えるのが妥当ですが、そこから一歩進めてアーチ構造を生み出したのは、技術上の大きな飛躍がありました。岩国藩の技術者の天才的ともいえるひらめきによって考案されたオリジナルな構造であると考えられます。ただこのアーチの技術は後に他の地方へ伝播することはありませんでした。まさに独創的で、孤高の橋といえるでしょう。

データ編

・表中の番号は、解説編に掲載した地図中の番号と対応しています。
・主なデータは2016年現在の情報です。

1 風雨橋 解説：pp.43-47

番号	郷名	橋　名	完成年	橋　長
①	林渓郷	程陽（永済）橋	1924（1983 修復）	4 径間 78m
②		合龍橋	1920	3 径間 53m
③		萬壽橋	1996 再建	1 径間 14m
④		頻安橋	明末 1984 修復	1 径間 18m
⑤		普済橋	清末 1989 修復	3 径間 48m
⑥		冠洞橋	？	5 径間 60m
⑦		無名	？	
⑧		亮寨橋	1910（1937 移設）	2 径間 50m
⑨		安済橋	？	
⑩	八江郷	八江橋	1979（1996 移設）	2 径間 41m
⑪		八斗橋	？	
⑫		関帝橋	1870（1985 改造）	1 径間 27m
⑬	独峒郷	鞏福橋	1908（1988 再建）	3 径間 66m
⑭		賜福橋	清代（1951 再建）	4 径間 66m
⑮		培風橋	1875	3 径間 65m
⑮		巴団橋	1910	2 径間 50m
⑰		盤貴橋	清代	2 径間 43m
⑱		独峒橋	1883	1 径間 13m

2 紹興の橋 解説：pp.48-52

［城内］

番号	橋　名	主要形状	文化財
1	八字橋	板橋	国
2	広寧橋	七辺形	省
3	東双橋	アーチ	
4	迎恩橋	七辺形	市
5	光相橋	アーチ	省
6	謝公橋	七辺形	市
7	古小江橋	アーチ	市
8	題扇橋	アーチ	市
9	大木橋	アーチ	市
10	宝珠橋	七辺形	市
11	府橋	アーチ	
12	凰儀橋	アーチ	市
13	拜王橋	五辺形	
14	大慶橋	アーチ	
15	咸寗橋	木・石板橋	

［城外］

番号	橋　名	主要形状	文化財
16	涇口大橋	アーチ	県
17	茅洋橋	アーチ	県
18	永嘉橋	五辺形	
19	縴道橋	板橋	国
20	太平橋	アーチ	省
21	安昌鎮・三枚橋	板橋	県
22	三江閘橋	桁橋	省
23	東浦鎮・新橋	アーチ	
	馬園橋	アーチ	
24	雲洋橋	三辺形	県
25	柯橋大橋（融光橋）	アーチ	県
26	永豊橋	アーチ	
27	接渡橋	アーチ	県
28	泗龍橋	アーチ	市
29	西跨湖橋	アーチ	県
30	浪橋	桁橋	
31	古虹明橋	桁橋	県
32	洞橋	三辺形	
33	栖鳬村・三接橋	板橋	市
	徐公橋	アーチ	市
34	福慶橋	アーチ	市
35	寨口橋	アーチ	県
36	林新橋	三辺形	

3 アンコール時代の石橋 解説：pp.53-57

ルート	番号	橋　名		橋　長	幅　員
1. 東南ルート	1	プラプトゥス橋	Spean praptos	[85m]	16m
	2	クポス橋	Spean Khpos		7.3m
	3	キロウ·タ·チハエン橋	Spean Kilou Ta Chhaen		6.8m
	4	スヴァイ橋	Spean Svay	22.4m	7.7m
	5	クモチ·タ·ハン橋	Spean Khmoch Ta Han	26.2m	8.5m
	6	フューム·オ橋	Spean Phum O	21.6m	8.8m
	7	タ·メアス橋	Spean Ta Meas	19.2m	8.8m
	8	トゥマ橋	Spean Thma	18.4m	8m
2. 東ルート ベンメリア より東へ	1	トゥノット橋	Spean Tnot	30.4m	6m
	2	テアップ·チェイ橋	Spean Teap Chey	16m	6m
	3	クメン橋	Spean Khmeng	28.8m	9.2m
	4	タ·オン橋			
	5	バク橋	Spean Bak	12m	9m
	6	クヴァオ橋	Spean Kvao	21.6m	7.4m
3. 北北西ルート	1	トップ橋（中央）	Spean Top（中央）	[全 180m]	16m
	2	クメン橋	Spean Khmeng		9.6m
4. 北西ルート	1	スレン橋	Spean Sraeng	30.4m	7.4m
	2	ストゥン·スレン橋	Spean Stung Sreng	80m 以上 [120m]	不明 [15m]
	3	メマイ橋	Spean Memai	50m 以上	8m
5. アンコール内	1	北門の橋			
	2	トゥマ橋	Spean Thma	[39m]	[12.5m]

注） 2007 年 12 月調査。[ ] 内の数字は文献 2), 3)参照

4 ソウル·漢江の橋 解説：pp.58-62

番号	橋　名		完成年	主要形式
①	江東(カンドン)大橋	강동대교	1991	PC 桁橋
②	九里岩寺(クリアムサ)大橋	구리암사대교	2014	鋼アーチ
③	広津(クァンジン) 橋	광진교	2003	鋼桁橋
④	千戸(チョンホ)大橋	천호대교	1976	PC 桁橋
⑤	オリンピック大橋	올림픽대교	1990	PC 斜張橋
⑥	蚕室(チャムシル)鉄橋	잠실철교	1979	鋼桁橋
⑦	蚕室(チャムシル)大橋	잠실대교	1972	鋼桁橋
⑧	清潭(チョンダム)大橋	청담대교	2001	鋼桁橋
⑨	永東(ヨンドン)大橋	영동대교	1973	鋼桁橋
⑩	聖水(ソンス)大橋	성수대교	1979 (1997 復旧)	鋼トラス
⑪	東湖(ドンゴ)大橋	동호대교	1985	鋼トラス＋鋼桁橋
⑫	漢南(ハンナム)大橋	한남대교	1970 (2001 拡幅)	鋼桁橋
⑬	盤浦(バンポ)大橋	반포대교	1982	鋼桁橋
	潜水(チャムス)橋	잠수교	1976	鋼昇開橋
⑭	銅雀(トンジャク)大橋	동작대교	1984	鋼トラス＋鋼桁橋
⑮	漢江(ハンガン)大橋	한강대교	1936 (1958 復旧, 1982 拡幅)	南：鋼アーチ、北：鋼桁橋
⑯	漢江(ハンガン)鉄橋 A	한강철교	1900 (1952 復旧)	鋼トラス
	漢江(ハンガン)鉄橋 B		1912 (1969 復旧)	
	漢江(ハンガン)鉄橋 C		1944	
	漢江(ハンガン)鉄橋 D		1994	

番号	橋　名		完成年	主要形式
⑰	元暁(ウォニョ)大橋	원효대교	1981	PC 桁橋
⑱	麻浦(マポ)大橋	마포대교	1970 (後拡幅)	鋼桁橋
⑲	西江(ソガン)大橋	서강대교	1999	鋼アーチ＋鋼桁橋
⑳	堂山(タンサン)鉄橋	당산철교	1983 (1986 修復)	鋼桁橋
㉑	楊花(ヤンファ)大橋	양화대교	1965 (1982 拡幅)	鋼桁＋RC 桁
㉒	城山(ソンサン)大橋	성산대교	1980	鋼トラス
㉓	加陽(カヤン)大橋	가양대교	2002	鋼桁橋
㉔	麻谷(マゴク)鉄橋	마곡철교	2010	鋼トラス
㉕	傍花(バンファ)大橋	방화대교	2000	鋼アーチ
㉖	新幸州(シネンジュ)大橋	신행주대교	1995	PC 斜張橋

5　シンガポール川の橋　解説：pp.63-66

番号	橋　名		完成年	主要形式
①	キムセン橋	Kim Seng Bridge	1954	PC 桁橋
②	ジャックキム橋	Jiak Kim Bridge	1999	鋼アーチ
③	ロバートソン橋	Robertson Bridge	2000	鋼アーチ
④	プラウ･サイゴン橋	Pulau Saigon Bridge	1997	?
⑤	アルカフ橋	Alkaff Bridge	1999	鋼トラス
⑥	クレメンソー橋	Clemenceau Bridge	1920	RC 桁橋
⑦	オード橋	Ord Bridge	1886	鉄トラス
⑧	リード橋	Read Bridge	1889	鉄桁橋
⑨	コールマン橋	Coleman Bridge	1990	RC 桁橋
⑩	エルギン橋	Elgin Bridge	1929	RC アーチ
⑪	カヴェナ橋	Cavenagh Bridge	1869	鉄吊橋
⑫	アンダーソン橋	Anderson Bridge	1910	鋼アーチ
⑬	エスプラネード橋	Esplanade Bridge	1997	RC アーチ
⑭	ヘリックス橋	The Helix	2010	鋼桁橋
⑮	マリーナベイフロント橋	Marina Bayfront Bridge	2009	PC 桁橋
⑯	ベンジャミン･シェアーズ橋	Benjamin Sheares Bridge	1981	PC 桁橋
−	タンジョン･ルウ吊橋	TanjongRhuSuspension	1998	鋼吊橋
−	ヘンダーソン･ウェーブ	HendersonWaves	2008	鋼桁橋

6　エスファハーン･ザーヤンデ川の橋　解説：pp.67-70

番号	橋　名		完成年	主要形式
①	ヴァヒド橋	Pol-e Vahid	1976	
②	マルナン橋	Pol-e marnan	17c 前半	レンガ・石アーチ
③	フェレッチ橋	Pol-e Felezi	1950s	鋼桁橋
④	アザー橋	Pol-e Azar	1976	
⑤	スィ･オ･セ橋 (アラーヴェルディ･カーン橋)	Si o Seh Pol (Pol-e Allāhverdi Khan)	16c 末	レンガ・石アーチ
⑥	フェルドウスィ橋	Pol-e Ferdowsi	1980s	アーチ
⑦	ジューイー橋	Pol-e Joui	1654	石アーチ
⑧	ハージュ橋	Pol-e Khāju	1655	石アーチ
⑨	ボゾルメー橋	Pol-e Bozorgmehr	1970s	
⑩	ガディア橋	Pol-e Ghadir	2000	PC 桁
⑪	シャフレスターン橋	Pol-e Schahrestan	3c〜7c？(11c 修復)	レンガ・石アーチ

7 イスタンブールの橋 解説：pp.71-75

番号	橋	名	完成年	主要形式
m1	ボスポラス橋	Boğaziçi Köprüsü	1973	鋼吊橋
m2	ファーティフ·スルタン·メフメット橋	Fatih Sultan Mehmet Köprüsü	1988	鋼吊橋
m3	ガラタ橋	Galata Köprüsü	1994	鋼跳開橋
m4	アタチュルク橋	Atatürk Köprüleri	1940	鋼桁橋
m5	旧ガラタ橋		1912	鋼浮橋
m6	ハリチ橋	Haliç Köprüsü	1974	鋼桁橋
m7	ハリチ地下鉄橋	Haliç Metro Köprüsü	2009	鋼斜張橋
m8	ヤウズ·スルタン·セリム橋	Yavuz Sultan Selim Köprüsü	2016	鋼吊橋
s1	チョバンチェシュメ橋	Çobançeşme Köprüsü	9世紀？	石アーチ
s2	クチュクチェクメチェ橋	Küçükçekmece Köprüsü	不明	石アーチ
s3	ハラミデレ橋（カピアース橋）	Kapıağası (Haramidere) Köprüsü	1563？	石アーチ
s4	スルタン·シュレイマン橋 （ビュユクチェクメチェ橋）	Sultan Süleyman (Büyükçekmece) Köprüsü	1567	石アーチ
s5	スルタン·シュレイマン橋（シリヴリ橋）	Sultan Süleyman (Silivri) Köprüsü	1568	石アーチ
k1	ウズン水路橋（ギョクトゥルク水路橋）	Uzun (Göktürk) Kemer	1564	石アーチ
k2	エーリ水路橋	Eğri Kemer	1564	石アーチ
k3	エヴヴェルベント水路橋（パシャ谷水路橋）	Evvelbent (Paşadere) Kemeri	1564	石アーチ
k4	マーロヴァ水路橋	Mağlova Kemeri	1564	石アーチ
k5	ギュゼルジェ水路橋	Gözlüce Kemeri	1564	石アーチ
k6	ヴァレンス水路橋	Valens Kemeri	378	石アーチ

8 サンクト·ペテルブルクの橋 解説：pp.76-80

番号	橋	名	河川名	完成年	主要形式
①	イオアノフスキー橋	Иоанновский мост	ネヴァ川派川	1951	石アーチ、鋼桁
②	リティニィ橋	Литейный мост	ネヴァ川	1879（1967架換）	鋼跳開橋
③	トロイツキー橋	Троицкий мост	ネヴァ川	1903	鋼跳開橋
④	宮殿橋	Дворцовый Мост	ネヴァ川	1916	鋼跳開橋
⑤	ブラゴヴェシュチェンスキー橋	Благовещенский мост	ネヴァ川	2007	鋼跳開橋
⑥	ビルジェヴォイ橋	Биржевой мост	小ネヴァ川	1960	鋼跳開橋
⑦	プラーチェチニィ橋（洗濯橋）	Прачечный мост	フォンタンカ川	1769	石アーチ
⑧	聖パンテレイモノフスキー橋	Пантелеймоновский мост	フォンタンカ川	1908	鋼アーチ
⑨	ベリンスキー橋	Мост Белинского	フォンタンカ川	1785（1859改造）	石アーチ
⑩	アニチコフ橋	Аничков мост	フォンタンカ川	1941（1908改造）	石アーチ
⑪	ロモノソフ橋	Мост Ломоносова	フォンタンカ川	1785（1913改造）	鋼桁橋(跳開橋)
⑫	レシュツコフ橋	Лешуков мост	フォンタンカ川	1997	鋼アーチ
⑬	イズマイロフスキー橋	Измайловский мост	フォンタンカ川	1788（1861改造）	石アーチ
⑭	エジプト橋	Египетский мост	フォンタンカ川	1956	鋼アーチ
⑮	上白鳥橋	Верхний Лебяжий мост	白鳥堀	1768（1928改修）	石アーチ
⑯	第一エンジニア橋	1-й Инженерный мост	モイカ川	1825（1955改造）	鋼アーチ
⑰	第二サドヴィ橋	2-й Садовый мост	モイカ川	1967	RC桁橋
⑱	小コニュシェニー橋	Мало-Конюшенный мост	モイカ川	1831（2001改装）	鋳鉄アーチ
⑲	クラスニィ橋	красный мост	モイカ川	1814（1954改造）	鋼アーチ
⑳	シニィ橋	Синий мост	モイカ川	1818（1844拡幅） （1930改修）	鋳鉄アーチ RCアーチ
㉑	イタリア橋	Итальянский мост	グリボエドフ運河	1955	鋼アーチ
㉒	銀行橋	Банковский мост	グリボエドフ運河	1826	鉄製吊橋

番号	橋名		河川名	完成年	主要形式
㉓	ライオン橋	Львиный Мостик	グリボエドフ運河	1826	鉄製吊橋
㉔	古カリンキン橋	Мало-Калинкин мост	グリボエドフ運河	1783（1908 改造）	鋼桁橋

9 ブダペストの橋 解説：pp.81-84

番号	橋名		完成年	主要形式
①	北鉄道橋	Újpesti vasúti híd	1913 開通（2008 架換）	鋼トラス
②	アールパード橋	Árpád híd	1950（1984 拡幅）	鋼桁橋
③	マルギット橋	Margit híd	1876（1948 復旧）	鋼アーチ
④	セーチェニ鎖橋	Széchenyi lánchíd	1849（1949 修復）	鋼吊橋
⑤	エルジェーベト橋	Erzsébet híd	1964	鋼吊橋
⑥	自由橋（サバチャーグ橋）	Szabadság híd	1896（1946 復旧）	鋼トラス
⑦	ペテーフィ橋	Petőfi híd	1952	鋼トラス
⑧	ラーコーツィ橋	Rákóczi híd	1995	鋼桁橋
⑨	南鉄道橋	Összekötő vasúti híd	1877（1953 再建）	鋼トラス

10 プラハの橋 解説：pp.85-89

番号	橋名		完成年	主要形式
①	ヴィシェフラド鉄道橋	Vyšehradský železniční most	1901	鋼アーチ
②	パラツキー橋	Palackého most	1878	石アーチ
③	イラーセク橋	Jiráskův most	1933	RC アーチ
④	軍団橋	Most Legií	1901	石アーチ
⑤	カレル橋	Karlův most	1402	石アーチ
⑥	マーネス橋	Mánesův most	1914	RC アーチ
⑦	チェフ橋	Čechův most	1908	鋼アーチ
⑧	シュテファーニク橋	Štefánikův most	1951	RC アーチ
⑨	フラーフカ橋	Hlávkův most	1962	RC アーチ、RC 桁
⑩	ネグレリー高架橋	Negrelliho viadukt	1850	石アーチ
⑪	リベンスキー橋	Libeňský most	1928	RC アーチ

11 ウィーンの橋 解説：pp.90-94

番号	橋名		河川名	完成年	主要形式
①	シェメレル橋	Schemerl Brücke, Brückenwehr	ドナウ運河	1898（1975 修復）	鋼トラス
②	河岸線鉄道橋	Uferbahn Brücke	〃	1950	鋼アーチ
③	郊外線鉄道橋	Vorortlinie-Donaukanal Brücke	〃	1978	PC 桁橋
④	ヌスドルフェル橋	Nußdorfer Brücke	〃	1964	PC 桁橋
⑤	ハイリゲンシュテッテル橋	Heiligenstädter Brücke	〃	1961	PC 桁橋
⑥	ドゥブリンゲル歩道橋	Döblinger Steg	〃	1911	鋼アーチ
⑦	ギュルテル橋	Gürtel Brücke	〃	1964	PC 桁橋
⑧	U6 ドナウ運河橋	U6-Donaukanal Brücke	〃	1994	PC 斜張橋
⑨	フリーデンス橋	Friedens Brücke	〃	1926	鋼桁橋
⑩	シーメンス·ニクスドルフ歩道橋	Siemens-Nixdorf Steg	〃	1991	鋼トラス
⑪	ローサウエル橋	Roßauer Brücke	〃	1983	PC 桁橋
⑫	アウガルテン橋	Augarten Brücke	〃	1931	鋼桁橋
⑬	ザルツトール橋	Salztor Brücke	〃	1961	PC 桁橋

番号	橋 名		河川名	完成年	主要形式
⑭	マリエン橋	Marien Brücke	ドナウ運河	1953	PC 桁橋
⑮	シュヴェーデン橋	Schweden Brücke	〃	1955	PC 桁橋
⑯	アスペルン橋	Aspern Brücke	〃	1951	鋼桁橋
⑰	フランツェンス橋	Franzens Brücke	〃	1948	鋼アーチ
⑱	連絡線鉄道橋	Verbidungsbahn Brücke	〃	1953	鋼アーチ
⑲	ロートゥンデン橋	Rotunden Brücke	〃	1955	鋼桁橋
⑳	スタディオン橋	Stadion Brücke	〃	1961	鋼桁橋
㉑	ノルト橋	Nord Brücke	ドナウ川	1964	鋼桁橋
㉒	ノルト歩道橋	Nord Steg	〃	1996	鋼桁橋
㉓	フロリドスドルフェル橋	Floridsdorfer Brücke	〃	1978	鋼桁橋
㉔	ノルト線鉄道橋	Nordbahn Brücke	〃	1957	鋼アーチ
㉕	U6 ドナウ川橋	U6-Donau Brücke	〃	1993	鋼桁橋
㉖	ブリギッテナウエル橋	Brigittenauer Brücke	〃	1982	鋼桁橋
㉗	ライヒス橋	Reichs Brücke	〃	1980	PC 桁橋
㉘	カイゼルミューレン橋	Kaisermühlen brücke	新ドナウ川	1993	鋼斜張橋
㉙	ドナウスタット橋	Donaustadt Brücke	ドナウ川	1997	複合斜張橋
㉚	プラター橋	Prater Brücke	〃	1970	鋼桁橋
㉛	ラデツキー橋	Radetzky Brücke	ウィーン川	1900	鋼桁橋
㉜	ツォランツ歩道橋	Zollamts Steg	〃	1900	鋼アーチ
㉝	小マルクセル橋	Kleine Marxer Brücke	〃	1900	鋼桁橋
㉞	ストゥベン橋	Stuben Brücke	〃	1900	鋼トラス
㉟	U6 高架橋	U6 Viaduct	道路	20c 初	鋼トラス

12 ベルリン・シュプレー川の橋 解説：pp.95-99

番号	橋 名		河川名	完成年	主要形式	文化財
①	ハンザ橋	Hansa Brücke	Spree	1953	上路鋼アーチ	
②	レーシング橋	Lessing Brücke	Spree	1983	中路鋼アーチ	文化財
③	モアビター橋	Moabiter Brücke	Spree	1894（1950 修復）	3 径間石アーチ	
④	ゲーリック歩道橋	Gericke Steg	Spree	1915（1950 修復） （1987 修復）	中路鋼アーチ	文化財
⑤	鉄道橋	Eisenbahnbrücke	Spree			
⑥	ルター橋	Luther Brücke	Spree	1892（1951 修復） （1979 修復）	3 径間石アーチ	文化財
⑦	カンツレラムツ歩道橋	Kanzleramts Steg	Spree	2000	RC フィーレンディール橋	
⑧	モルトケ橋	Moltke Brücke	Spree	1891（1986 修復）	5 径間石アーチ	文化財
⑨	グスタフ･ハイネマン 歩道橋	Gustav Heinemann Brücke	Spree	2005	鋼フィーレンディール橋	
⑩	クロンプリンツェン橋	Kronprinzen Brücke	Spree	1996	3 径間逆ランガー橋	
⑪	マリー･エリザベス･ ルーダース歩道橋	Marie Elisabeth Lüders Steg	Spree	2003	PC 箱桁	
⑫	マルシャル橋	Marschall Brücke	Spree	1882（1999 修復）	鋼方杖桁橋	文化財
⑬	鉄道橋	Eisenbahnbrücke	Spree			
⑭	ヴァイデンダム橋	Weidendammer Brücke	Spree	1923（1975 修復） （1985 修復）	3 径間鋼桁橋	文化財
⑮	エバート橋	Ebert Brücke	Spree	1934（1992 修復）	鋼桁橋	
⑯	モンビジュウ橋（南／北）	Monbijou Brücke	Spree / Spreekanal	（南）1904 /（北）2006	鋼桁橋 / 石アーチ	/文化財
⑰	鉄道橋	Eisenbahnbrücke	Spree			
⑱	フリードリッヒ橋	Friedrichs Brücke	Spree	1982（2014 拡幅）	1 径間 PC 桁（鋼桁）	
⑲	リープクネヒト橋	Liebknecht Brücke	Spree	1950	中央鋼ラーメン	

番号	橋	名	河川名	完成年	主要形式	文化財
⑳	ラートハウス橋	Rathaus Brücke	Spree	2012	合成桁	
㉑	ミューレンダム橋	Mühlendamm Brücke	Spree	1968	3 径間 PC 桁	
㉒	鉄道橋	Eisenbahnbrücke	Spreekanal			
㉓	ペルガモン橋	PergamonSteg	Spreekanal			
㉔	エイセルン橋	Eiserne Brücke	Spreekanal	1916 (1954 修復) (1998 修復)	鋼ブレイスドリブアーチ	文化財
㉕	シュロス橋	Schloß Brücke	Spreekanal	1824 (1997 修復)	石アーチ	文化財
㉖	シュロイセン橋	Schleusen Brücke	Spreekanal	1916 (2000 修復)	鋼桁橋	文化財
㉗	ユングフェルン橋	Jungfern Brücke	Spreekanal	1789? (1999 修復)	木鉄橋、石アーチ	文化財
㉘	ゲルトラウデン橋	Gertrauden Brücke	Spreekanal	(下) 1896 (2011 修復) (上) 1978	石アーチ 鋼桁橋	文化財
㉙	グリュンシュトラーセ橋	Grünstraßen Brücke	Spreekanal	1905 (1995 修復)	石アーチ	文化財
㉚	ロースシュトラーセ橋	Roßstraßen Brücke	Spreekanal	1912 (2000 修復)	レンガアーチ	文化財
㉛	インセル橋	Insel Brücke	Spreekanal	1912 (2000 修復)	3 径間レンガアーチ	文化財
㉜	ヤノウヴィッツ橋	Jannowitz Brücke (Waisenwitz Brück)	Spree	1954 (2007 修復) 1894 (1954 閉鎖)	鋼連続桁 3 径間石アーチ	
㉝	ミッチェル橋	Michael Brücke		1995	3 径間鋼連続桁	
㉞	シリング橋	Schilling Brücke	Spree	1874 (1912 拡幅) (1994 修復)	5 径間レンガアーチ	文化財
㉟	オーバーバウム橋	Oberbaum Brücke	Spree	1895 (1995 修復)	7 径間石アーチ	文化財
㊱	エルセン橋	Elsen Brücke	Spree	1968 (2009 修復)	3 径間連続 PC 桁	

13 ライン川中流域の橋 解説：pp.100-105

番号	橋	名	完成年	主要形式	最大スパン
①	コブレンツ·ズート橋	Koblenzer Südbrücke	1975	鋼床版桁橋	236m
②	ホルヒハイム鉄道橋	Horchheimer Brücke	1879 (1961 復旧)	鋼桁橋	113m
③	ファフェンドルフ橋	Pfaffendorfer Brücke	1953	鋼桁橋	105m
④	ベンドルフ橋	Bendorfer Brücke	1965	鋼床版桁橋	208m
⑤	ウルミッツ鉄道橋	Urmitzer Eisenbahnbrücke	1918 (1954 復旧)	鋼ラチス桁	188m
⑥	ライフェイゼン橋	Raiffeisen Brücke	1978	3径間鋼斜張橋	235m
⑦	コンラッド·アデナウアー橋	Konrad Adenauer Brücke	1972 (2005 補強)	鋼床版桁橋	230m
⑧	ケネディ橋	Kennedy Brücke	1949	鋼桁橋	196m
⑨	フリードリッヒ·エバート橋	Friedrich-Ebert Brücke	1967	3径間鋼斜張橋	280m
⑩	ローデンキルヘン橋	Rodenkirchener Brücke	1941 (1954 復旧) (1994 拡幅)	鋼吊橋	378m
⑪	ケルン·ズート橋	Kölner Südbrücke	1910	鋼アーチ	165m
⑫	ゼフェリン橋	Severins Brücke	1959	2径間鋼斜張橋	302m
⑬	ドイツ橋	Deutzer Brücke	1948	鋼床版桁橋	184m
⑭	ホーエンツォレルン橋	Hohenzollern Brücke	1911 (1958 復旧)	鋼アーチ	168m
⑮	ツォー橋	Zoo Brücke	1966	鋼床版桁橋	259m
⑯	ミュールハイム橋	Mülheimer Brücke	1951	鋼吊橋	315m
⑰	レバークーゼン橋	Rheinbrücke Leverkusen	1965	3径間鋼斜張橋	280m
⑱	フレー橋	Rheinbrücke Düsseldorf Flehe	1979	2径間鋼斜張橋	368m
⑲	ヨーゼフ·カルディナール·フリング橋	Josef-Kardinal-Frings Brücke	1951	鋼床版桁橋	206m
⑳	ハマー鉄道橋	Hammer Eisenbahnbrücke	1987	鋼アーチ	250m
㉑	クニー橋	Rheinknie Brücke	1969	2径間鋼斜張橋	320m
㉒	オーバーカッセル橋	Oberkasseler Brücke	1976	2径間鋼斜張橋	258m
㉓	テオドール·ホイス橋	Theodor Heuss Brücke	1957	3径間鋼斜張橋	260m
㉔	フルーハーフェン橋	Flughafen Brücke	2002	3径間鋼斜張橋	288m

14 アムステルダムの橋

解説：pp.106-110

番号	橋名		完成年	主要形式
1	ムント橋	Muntsluis	1915	鋼桁橋
8	ホイスジッテン橋	Huiszittensluis	1925	鋼桁橋
9	トーレン橋	Torenrsluis	1648	レンガ石アーチ
22			1925	鋼桁橋
30			1922	鋼桁橋
31			1735	レンガ石アーチ
32	カース橋	Kaassluis	1725	レンガ石アーチ
35	ヘンドリックヤコブススタッツ橋	HendrickJanzsStaetsbrug	1728	レンガ石アーチ
36	ルーカスヤンツシンク橋	LucasJanszSinckbrug	1769	レンガ石アーチ
57	パピールモレン橋	Papiermolensluis	1781	レンガ石アーチ
59	レッケレ橋	Lekkeresluis	1754	レンガ石アーチ
63	ニューウェ·ヴェケス橋	Nieuwe-Wercksbrug	1925	鋼桁橋
71	ドゥイフェス橋	Duyfjesbrug	1871	レンガ石アーチ
72			1872	レンガ石アーチ
73			1871	レンガ石アーチ
76	フランスヘンドリクスウートゲンス橋	FramsHendrikszOetgensbrug	1773	レンガ石アーチ
101	ニューアムステル橋	Nieuweamstelbrug	1903	鋼跳開橋
117			1927	鋼桁橋
146	オラニェ橋	Oranjebrug	1898	鉄跳ね橋
148	ドメル橋	Dommersbrug	1899	鉄跳ね橋
167			?	
222	アルミニューム橋	Aluminiumbrug	1896（1956 改造）	鉄跳ね橋
227	スタールミーステルス橋	Staalmeestersbrug	1888（以降修復）	木跳ね橋
236	ブルー橋	Blauwbrug	1884（1999 復旧）	鉄アーチ
237	ワルター·スースキンデ橋	Walter-Suskindbrug	（1972 架換）	木刎橋
242	マヘレ橋	Magerebrug	1871（以降修復）	木刎橋
246	ホーヘ橋	Hogesluis	1884	鋼跳開橋
283	ワールセイラント橋	Waalseilandbrug	1913	鋼桁橋
316	ザントフーク橋	ZandhoeksBrug	?	木跳ね橋
317	ペテマエン橋	PetemayenBrug	?	木跳ね橋
320	ドリーハーリンゲン橋	DrieharingenBrug	1983	木跳ね橋
321	スローテルデイケル橋	Sloterdijkerbrug	1845（1952 架換）	木跳ね橋
350	トロント橋	Torontobrug	1974	鋼跳開橋
400	ピートクラマー橋	PietKramerbrug	1921	鋼桁橋
401			1926	鋼桁橋
404			1928	鋼桁橋
423	ベルラーヘ橋	Berlagerbrug	1932	鋼跳開橋
1997				鋼トラス
1998	ピトン橋（大蛇橋）	PythonBrug	2001	鋼アーチ
2000	ヤン·スヘーフェル橋	JanSchaeferBrug	2001	鋼桁橋
2001	エネウス·ヘールマ橋	EnneusHeermabrug	2001	鋼アーチ
2013	ネスシオ橋	Nesciobrug	2006	鋼吊橋

15 ブリュージュの橋 解説：pp.111-115

番号	橋名		完成年	主要形式
①	スリューテル橋	Sluetelbrug	1331	石アーチ
②	レーウェン橋	Leeuwenbrug	1627	石アーチ
③	エゼル橋	Ezelbrug	17c	石アーチ
④	フラミン橋	Vlamingbrug	1331？	石アーチ
⑤	アウフスティネン橋	Augustijnenbrug	1391	石アーチ
⑥	トーレン橋	Torenbrug	1390	石アーチ
⑦	ホウデンハント橋	Goudenhandbrug	20c 初	石アーチ
⑧	ペールデン橋	Peerdenbrug	1642	石アーチ
⑨	ミー橋	Meebrug	1390	石アーチ
⑩	ブリンデ・エゼル橋	Blinde- Ezelbrug	1855	石アーチ
⑪	ネポムセヌス橋	Nepomucenusbrug	1357	石アーチ
⑫	フルートフース橋	Gruuthusebrug	1760	石アーチ
⑬	アーレンツホイス	Arentshuis	1662	石アーチ
⑭	ボニファシウス橋	Bonifaciusbrug	1910	石アーチ
⑮	マリア橋	Mariabrug	1856	石アーチ
⑯	ベギンホフ橋	Begijnhofbrug	1692	石アーチ
⑰	サスホイスの橋	Sashuisbrug	1895	石アーチ
⑱	ミンネワター橋	Minnewaterbrug	1739	石アーチ
⑲	コーニン橋	Koningbrug	1913	石アーチ
⑳	モレン橋	Molenbrug	1975 頃	石アーチ
㉑	シント・アンナ橋	Sint-Annabrug	1975 頃	石アーチ
㉒	ストロール橋	Stroolbrug	不明	RC 桁？
㉓	キャルメル橋	Carmersbrug	1975 頃	石アーチ
㉔	スナハールド橋	Snaggaardbrug	1975 頃	石アーチ
㉕	ドイネン橋	Duinenbrug	1975 頃	木刎橋、石アーチ
㉖	カテレィネ門橋	Katelijnebrug	不明	鋼旋回橋
㉗	ヘント門橋	Gentpoortbrug	不明	鋼跳開橋 石アーチ
㉘	十字架門橋	Kuitspoortbrug	不明	鋼跳開橋 石アーチ
㉙	カナダ橋	Canadabrug	？（1947 改装）	石アーチ
㉚	バルヘ橋	Bargebrug	不明	鋼アーチ
㉛	コンチェット橋	Conzettbrug	2002	鋼昇開橋

16 ヴェネチアの橋 解説：pp.116-120

番号	橋名		完成年	主要形式
①	リベルタ（自由）橋	Ponte della Liberta	鉄道:1846，道路:1933	石アーチ、RC アーチ
②	スカルツィ橋	Ponte Scalzi	1934	石アーチ
③	リアルト橋	Ponte Rialto	1592	石アーチ
④	アカデミア橋	Ponte dell Accademia	1986	木鉄混用
⑤	3アーチ橋	Ponte dei Tre Archi	（1794 修復）	石アーチ
⑥	グーグリエ橋	Ponte delle Guglie	1823	石アーチ
⑦	ゲットーの橋			鉄桁
⑧	マドンナ·デッロルト橋	Ponte dela Madonna dell'Orto		石アーチ
⑨	モーリ橋	Ponte dei Mori		石アーチ
⑩	サン·マルツィアーレ橋	Ponte San Marziale		石アーチ

番号	橋	名	完成年	主要形式
⑪	ジェズイーティ橋	Ponte dei Gesuiti		石アーチ
⑫	カヴァッロ橋	Ponte Cavallo		石アーチ
⑬	ロッソ橋	Ponte Rosso		石アーチ
⑭	パラディーソ橋	Ponte Paradiso		石アーチ
⑮	フェニーチェ橋	Ponte de la Fenice		石アーチ
⑯	ストルト（筋違）橋	Ponte Storto		石アーチ
⑰	ストルト（筋違）橋	Ponte Storto		石アーチ
⑱	ため息橋	Ponte Sospiri	17c 初	石アーチ
⑲	パーリア橋	Ponte Paglia		石アーチ
⑳	ヴィン橋	Ponte vin		石アーチ
㉑	最初の橋	Primo Ponte		木桁
㉒	アルセナール橋	Ponte del'Arsenal	1938 以降	木桁
㉓	ヴェネタ·マリーナ橋	Ponte Veneta Marina		石アーチ
㉔	ペサロ橋	Ponte Pesaro		石アーチ
㉕	テッテ（おっぱい）橋	Ponte Tette		石アーチ
㉖	ストルト（筋違）橋	Ponte Storto		石アーチ
㉗	サン·ポーロ橋	Ponte San Polo		石アーチ
㉘	スクオーラ橋	Ponte de la Scuola		石アーチ
㉙	フォスカリ橋	Ponte Foscari		石アーチ
㉚	カルミニ橋	Ponte dei Carmini		石アーチ
㉛	サン·バルナバ橋	Ponte San Barnaba		石アーチ
㉜	プーニィ（げんこつ）橋	Ponte dei Pugni		石アーチ
㉝	ロンゴ橋	Ponte Longo		石アーチ
㉞	コスティトゥツィオーネ橋	Ponte della Costituzione	2008	鋼アーチ

17 ローマ·テヴェレ川の橋 解説：pp.121-125

番号	橋	名	完成年	主要形式
①	トール·ディ·クィント橋	Ponte Tor di Quinto	1960	RC アーチ
②	フラミニオ橋	Ponte Flaminio	1951	RC アーチ
③	*ミルヴィオ橋	Ponte Milvio	BC109（1810s 改築）	石アーチ
④	ドゥーカ·ダオスタ橋	Ponte Duca d'Aosta	1942	RC アーチ
⑤	ムジーカ·アルマンド·トロヴァヨーリ橋	Ponte della Musica - Armando Trovajoli	2011	鋼アーチ
⑥	リソルジメント橋	Ponte Risorgimento	1911	RC アーチ
⑦	ジァコモ·マッテオッティ橋	Ponte Giacomo Matteotti	1929	石アーチ
⑧	ピエトロ·ネンニ橋	Ponte Pietro Nenni	1980	RC 桁橋
⑨	レジーナ·マルゲリータ橋	Ponte Regina Margherita	1891	石アーチ
⑩	カヴール橋	Ponte Cavour	1901	石アーチ
⑪	ウンベルトⅠ世橋	Ponte Umberto I	1895	石アーチ
⑫	*サンタンジェロ（聖天使）橋	Ponte Sant Angelo	130s（1892 改築）	石アーチ
⑬	ヴィットリオ·エマヌエルⅡ世橋	Ponte V. Emanuele Ⅱ	1911	石アーチ
⑭	プリンチペ·アメデオ橋	Ponte Principe Amedeo	1942	石アーチ
⑮	ジュゼッペ·マッツィーニ橋	Ponte Giuseppe Mazzini	1908	石アーチ
⑯	*シスト橋	Ponte Sisto	ローマ時代（1479 改築）	石アーチ
⑰	ガリバルディ橋	Ponte Garibaldi	1888（1958 改築）	鋼アーチ
⑱	*ファブリチオ橋	Ponte Fabricio	BC62（BC21 改築）	石アーチ
⑲	*チェスティオ橋	Ponte Cestio	AD4c（1892 改築）	石アーチ

番号	橋　　名		完成年	主要形式
⑳	＊ロット橋	Ponte Rotto	BC142（BC12 改築）	石アーチ
㉑	パラティーノ橋	Ponte Palatino	1890	鉄ラチス桁
㉒	スブリチオ橋	Ponte Sublicio	1918	石アーチ
㉓	テスタッツィオ橋	Ponte Testaccio	1948	RC アーチ
㉔	インドゥストリア橋	Ponte dell'Industria	1863	鉄トラス
㉕	＊ノメンターノ橋	Ponte Nomentano	BC2～1c（後改造）	石アーチ

注）＊印はローマ時代起源の橋

18 セビーリャとコルドバの橋 解説：pp.126-131

［セビーリャ］

番号	橋　　名		完成年	主要形式
①	水門管理用道路の跳開橋		2011	鋼跳開橋
②	キント・センテナリオ橋	Puente del V Centenario	1991	鋼斜張橋
③	デリシァス橋	Puente de las Delicias	1990	鋼跳開橋
④	アルフォンソXIII世橋	Puente de Alfonso XIII	1926（1998 撤去）	鋼跳開橋
⑤	レミディオス橋	Puente de Los Remedios	1968	RC 桁橋
⑥	サン・テルモ橋	Puente de San Telmo	1931（1968 改修）	鋼跳開橋 →RC 桁橋
⑦	イサベルII世橋	Puente de Isabel II	1852	鋳鉄アーチ
⑧	サンテシモ・クリスト・デ・ラ・エスピラシオン橋	Puente del Santisimo Cristo de la Expiracion	1991	鋼アーチ
⑨	カルトゥーハ歩道橋	Pasarrla de la Cartuja	1992	鋼桁橋
⑩	バルケタ橋	Puente de la Barqueta	1992	鋼アーチ
⑪	アラミーリョ橋	Puente del Alamillo	1992	鋼斜張橋
⑫	アラミーリョ高架橋	Viaducto del Alamillo	1991	RC 桁橋
⑬	メトロ１号線橋梁	Puente de la línea 1 del metro de Sevilla	2008	PC 桁橋
⑭	サン・ファン橋	Puente de SanJuan	1930	鋼跳開橋
⑮	ファン・カルロスＩ世橋	Puente Rey Juan Carlos I	1981（1991 拡幅）	PC 桁橋
⑯	ソフィア王妃橋	Puente Reina Sofia	1991	PC 桁橋
⑰	パトゥロシニオ橋	Puente del Patrocinio	1982（1992 拡幅）	PC 桁橋
⑱	カマス歩道橋	Pasarela de Camas	？	RC 桁橋
⑲	コルタ橋	Puente de la Corta	1991	PC 桁橋

［コルドバ］

番号	橋　　名		完成年	主要形式
①	ローマ橋	Puente Romano	AD.1	石アーチ
②	アルコレア橋	Puente de Alcolea	1792	石アーチ
③	サン・ラファエル橋	Puente de San Rafael	1953	RC アーチ
④	アレナール橋	Puente de Arenal	1993	合成桁橋
⑤	ミラフローレス橋	Puente de Miraflores	2003	鋼桁橋
⑥	アンダルシア橋	Puente de Andalucia	2004	PC 斜張橋
⑦	アッバス・イブン・フィルニャス橋	Puente de Abbas Ibn Firnas	2010	鋼アーチ
⑧	アンダルシア高速道路の橋	Autovia Andalucia	？	RC 桁橋
⑨	ペドゥロチョス川のローマ橋	Puente Romano sobre el arroyo Pedrochos	紀元前後	石アーチ

19　ニューキャッスル・タイン川の橋　解説：pp.132-134

番号	橋	名	完成年	主要形式
①	ゲーツヘッド･ミレニアム橋	Gateshead Millenniam Bridge	2001	鋼アーチ
②	タイン橋	Tyne Bridge	1928	鋼アーチ
③	旋回橋	Swing Bridge	1876	鉄旋回橋
④	ハイレヴェル橋	High Level Bridge	1849	鋳鉄アーチ
⑤	エリザベスⅡ世橋	Elizabeth Ⅱ Bridge	1981	鋼トラス
⑥	エドワードⅦ世橋	Edward Ⅶ Bridge	1906	鋼トラス
⑦	レッドヒューフ橋	Redheugh Bridge	1983	PC 桁橋

20　ロンドン・テムズ川の橋　解説：pp.135-140

番号	橋	名	完成年	主要形式
①	タワーブリッジ	Tower Bridge	1894	跳開橋、吊橋
②	ロンドン橋	London Bridge	1973	PC 桁
③	キャノンストリート鉄道橋	Cannon Street Railway Bridge	1866（1982 改良）	鉄桁橋
④	サザーク橋	Southwark Bridge	1921	鋼アーチ
⑤	ミレニアムブリッジ	Millennium Bridge	2000	吊橋
⑥	ブラックフライアーズ鉄道橋	Blackfriars Railway Bridge	1886	ラチス桁
⑦	ブラックフライアーズ橋	Blackfriars Bridge	1869	錬鉄アーチ
⑧	ウォータールー橋	Waterloo Bridge	1945	RC 桁
⑨	ハンガーフォード橋 及び ゴールデンジュビリー橋	Hungerford Bridge & Golden Jubilee Bridges	1864 2002	鉄トラス 斜張橋
⑩	ウェストミンスター橋	Westminster Bridge	1862	錬鉄アーチ
⑪	ランベス橋	Lambeth Bridge	1932	鋼アーチ
⑫	ヴォクソール橋	Vauxhall Bridge	1906	鋼アーチ
⑬	グロヴナー橋	Grosvenor Bridge	1967	鋼アーチ
⑭	チェルシー橋	Chelsea Bridge	1937	自碇式吊橋
⑮	アルバート橋	Albert Bridge	1873	吊橋
⑯	バターシー橋	Battersea Bridge	1890	鋳鉄アーチ
⑰	バターシー鉄道橋	Battersea Railway Bridge	1863	鉄製アーチ
⑱	ワンズワース橋	Wandsworth Bridge	1940	ゲルバー式鋼桁
⑲	フラム鉄道橋及び歩道橋	Fulham Railway Bridge & Foot bridge	1889	錬鉄ラチス桁
⑳	パットニー橋	Putney Bridge	1886	RC アーチ
㉑	ハマースミス橋	Hammersmith Bridge	1887	吊橋
㉒	バーネス鉄道橋及び歩道橋	Barnes Railway Bridge & Footbridge	1849	鋳鉄アーチ
㉓	チズウィック橋	Chiswick Bridge	1933	RC アーチ
㉔	キュー鉄道橋	Kew Railway Bridge	1869	錬鉄ラチス桁
㉕	キュー橋	Kew Bridge	1903	石アーチ
㉖	リッチモンド水門及び歩道橋	Richmond Lock ＆ Footbridge	1894	鉄製アーチ
㉗	トゥィッケナム橋	Twickenham Bridge	1933	RC アーチ
㉘	リッチモンド鉄道橋	Richmond Railway Bridge	1848	鋳鉄アーチ
㉙	リッチモンド橋	Richmond Bridge	1777	石アーチ
㉚	テディントン水門及び歩道橋	Teddington Lock ＆ Footbridge	1889	鉄製アーチ
㉛	キングストン鉄道橋	Kingston Railway Bridge	1863	鋳鉄アーチ
㉜	キングストン橋	Kingston Bridge	1828	石アーチ
㉝	ハンプトンコート橋	Hampton Court Bridge	1933	RC アーチ

21 パリ・セーヌ川の橋 解説：pp.141-146

番号	橋	名	完成年	主要形式
①	ナシオナル橋	Pont National	1853（1953 拡幅）	石アーチ、RCアーチ
②	トルビアック橋	Pont de Tolbiac	1882（戦後修復）	石アーチ
③	シモーヌ・ド・ボヴォワール橋	Passerelle Simone de Beauvoir	2006	鋼鋳トラス
④	ベルシー橋	Pont de Bercy	1863（1991 拡幅）	石アーチ、RCアーチ
⑤	シャルル・ド・ゴール橋	Pont Charles de Gaulle	1996	鋼箱桁
⑥	オーステルリッツ高架橋	Viaduc d'Austerlitz	1904	鋼アーチ
⑦	オーステルリッツ橋	Ponte d'Austerlitz	1853	石アーチ
⑧	シュリー橋	Pont de Sully	1877	鉄アーチ
⑨	トゥールネル橋	Pont de la Tournelle	1928	RC アーチ
⑩	マリー橋	Pont Marie	1634（1670 再建）	石アーチ
⑪	ルイ・フィリップ橋	Pont Louis Philippe	1862	石アーチ
⑫	サン・ルイ橋	Ponte Saint Louis	1970	鋼桁橋
⑬	アルシュヴェシェ橋	Ponte de l'Archeveche	1828	石アーチ
⑭	アルコル橋	Pont d'Arcole	1856（1888 改修）	鉄アーチ
⑮	ドゥーブル橋	Pont au Double	1882	鉄アーチ
⑯	ノートルダム橋	Pont Notre Dame	1912	鋼アーチ他
⑰	プチ・ポン	Petit Pont	1853	石アーチ
⑱	シャンジュ橋	Pont au Change	1860	石アーチ
⑲	サン・ミッシェル橋	Pont Saint Michel	1857	石アーチ
⑳	ポン・ヌフ	Pont Neuf	1606	石アーチ
㉑	ポン・デザール橋	Pont des Arts	1984	鋼アーチ
㉒	カルーゼル橋	Pont du Carrousel	1939	RC アーチ
㉓	ロワイヤル橋	Pont Royal	1689	石アーチ
㉔	レオポール・セダール・サンゴール橋	Passerelle Leopold-Sedar-Senghor	1999	鋼アーチ
㉕	コンコルド橋	Pont de la Concorde	1791（1932 拡幅）	石アーチ、RCアーチ
㉖	アレキサンダーⅢ世橋	Pont Alexandre Ⅲ	1900	鋼アーチ
㉗	アンヴァリッド橋	Pont des Invalides	1856（1956 拡幅）	石アーチ
㉘	アルマ橋	Pont de l'Alma	1974	鋼桁橋
㉙	ドゥビリ橋	Passerelle Debilly	1900	鋼アーチ
㉚	イエナ橋	Pont d'lena	1813（1934 拡幅）	石アーチ、RCアーチ
㉛	ビル・アケム橋	Pont de Bir-Hakeim	1906	鉄アーチ
㉜	パッシー高架橋	Viaduc de Passy	1900	鉄アーチ
㉝	グリネル橋	Pont de Grenelle	1968	鋼桁橋
㉞	ミラボー橋	Pont Mirabeau	1896	鉄アーチ
㉟	ガリリャーノ橋	Pont du Garigliano	1966	鋼桁橋

22 マンハッタンの橋 解説：pp.147-151

番号	橋	名	架設年	主要形式	最大スパン
①	ブルックリン橋	Brooklyn Bridge	1883	鋼吊橋	486m
②	マンハッタン橋	Manhattan Bridge	1909	鋼吊橋	448m
③	ウィリアムズバーグ橋	Williamsburg Bridge	1903	鋼吊橋	488m
④	クイーンズボロー橋	Queensboro Bridge	1909	鋼トラス	360m
⑤	ルーズベルト島橋	Roosevelt Island Bridge	1955	鋼昇開橋	127m
⑥	フット橋	Foot Bridge	1951	鋼昇開橋	95m
⑦	ロバート・F・ケネディ橋	Robert F. Kenedy Bridge	1936	鋼吊橋、鋼昇開橋	421m

番号	橋　名		架設年	主要形式	最大スパン
⑧	ウィリス·アベニュー橋	Willis Ave. Bridge	1901	鋼旋回橋	92m
⑨	サード·アベニュー橋	Third Ave. Bridge	1898	鋼旋回橋	91m
⑩	パーク·アベニュー橋	Park Ave. Bridge	1956	鋼昇開橋	116m
⑪	マディソン·アベニュー橋	Madison Ave. Bridge	1909	鋼旋回橋	91m
⑫	145丁目橋	145th Street Bridge	1905	鋼旋回橋	91m
⑬	マコムス·ダム橋	Macombs Dam Bridge	1895	鋼旋回橋	126m
⑭	ハイ·ブリッジ	High Bridge	1842 1927	石造アーチ 鋼アーチに改造	137m
⑮	アレキサンダー·ハミルトン橋	Alexader Hamilton Bridge	1963	鋼アーチ	154m
⑯	ワシントン橋	Washington Bridge	1888	鋼アーチ	155m
⑰	ユニバーシティ·ハイツ橋	University Heights Bridge	1908	鋼旋回橋	81m
⑱	ブロードウェイ橋	Broadway Bridge	1962	鋼昇開橋	93m
⑲	ヘンリー·ハドソン橋	Henry Hudson Bridge	1936	鋼アーチ	244m
⑳	スパイテン·ダイビル橋	Spuyten Duyvil Bridge	1900	鋼旋回橋	88m
⑳	ジョージ·ワシントン橋	George Washingtin Bridge	1931 1962	鋼吊橋 下層部増設	1,067m
	ヴェラザノ·ナローズ橋	Verrazano Narrows Bridge	1964 1969	鋼吊橋 下層部増設	1,298m

23 隅田川の橋 解説：pp.152-156

番号	橋　名	完成年	主要形式
❶	相生橋	1999	鋼トラス
①	勝鬨橋	1940	鋼跳開橋
②	佃大橋	1964	鋼桁橋
③	中央大橋	1994	鋼斜張橋
④	永代橋	1926	鋼アーチ
⑤	隅田川大橋 首都高速９号線	1979	鋼桁橋
⑥	清洲橋	1928	鋼吊橋
⑦	新大橋	1977	鋼斜張橋
⑧	首都高速６，７号線	1971	鋼桁橋
⑨	両国橋	1932	鋼桁橋
⑩	総武線隅田川橋梁	1932	鋼アーチ
⑪	蔵前橋	1927	鋼アーチ
⑫	厩橋	1929	鋼アーチ
⑬	駒形橋	1927	鋼アーチ
⑭	吾妻橋	1931	鋼アーチ
⑮	東武鉄道隅田川橋梁	1931	鋼トラス
⑯	言問橋	1928	鋼桁橋
⑰	桜橋	1985	鋼桁橋
⑱	白鬚橋	1931	鋼アーチ
⑲	水神大橋	1989	鋼アーチ
⑳	千住汐入大橋	2006	鋼桁橋
㉑	日比谷線隅田川橋梁	1962	鋼トラス
㉒	つくばエクスプレス隅田川橋梁	1994	鋼トラス
㉓	常磐線隅田川橋梁	1994	鋼トラス
㉔	千住大橋上流側 下流側	1927 1973	鋼アーチ 鋼桁橋
㉕	京成本線隅田川橋梁	1931	鋼トラス
㉖	尾竹橋	1994	鋼アーチ
㉗	日暮里舎人ライナー隅田川橋梁	2006	鋼桁橋
㉘	尾久橋上流側 下流側	1968 1979	鋼桁橋
㉙	小台橋	1995	鋼アーチ
㉚	首都高速中央環状線	2002	鋼桁橋
㉛	豊島橋	2002	鋼アーチ
㉜	新豊橋	2007	鋼アーチ
㉝	新田橋	1961	鋼桁橋
㉞	新神谷橋	1967	鋼桁橋
㉟	岩淵水門・旧 新	1924 1982	鋼桁橋

24 大阪湾の橋

解説：pp.157-162

［兵庫県］

番号	橋　　名	完成年	主要形式	主要橋長	最大スパン
k01	明石海峡大橋	1998	吊橋	3911m	1991m
k02	神戸大橋	1970	バランスドアーチ	319m	217m
k03	ポートピア大橋	1979	単弦ローゼ	522m	250m
k04	神戸空港連絡橋 (神戸スカイブリッジ)	2006	連続鋼床版箱桁他	1188m 1015m	160m
k05	摩耶大橋	1966	斜張橋	210m	139m
k06	第二摩耶大橋	1975	連続鋼床版箱桁	360m	210m
k07	灘浜大橋	1992	連続ラーメン橋	400m	220m
k08	灘大橋	1983	ニールセンローゼ	370m	186m
k09	六甲大橋	1976	斜張橋	400m	220m

［大阪府］

番号	橋　　名	完成年	主要形式	主要橋長	最大スパン
o01	常吉大橋	1999	斜張橋	341m	249m
o02	此花大橋	1990	モノケーブル自碇式吊橋	540m	300m
o03	夢舞大橋	2002	旋回式浮体橋	410m	280m
o04	千歳橋	2003	ブレースドリブアーチ	365m	260m
o05	なみはや大橋	1995	連続鋼床版箱桁	580m	250m
o06	千本松大橋	1973	連続鋼床版箱桁	324m	150m
o07	新木津川大橋	1994	バランスドアーチ	495m	305m
o08	南港大橋（東側） （西側）	1969 1974	ゲルバー式鋼床版箱桁	275m	125m
o09	かもめ大橋	1975	斜張橋	442m	240m
o10	泉大津大橋	1976	単弦ローゼ	175m	173m
o11	関西国際空港連絡橋	1991	鋼トラス	150m*18	150m
o12	田尻スカイブリッジ	1995	PC 斜張橋	338m	169m

［高速大阪湾岸線］

番号	橋　　名	完成年	主要形式	主要橋長	最大スパン
w01	六甲アイランド大橋	1992	アーチ	217m	215m
w02	住吉浜大橋	1997	連続トラス	342m	171m
w03	東神戸大橋	1992	斜張橋	885m	485m
w04	西宮港大橋	1994	ニールセンローゼ	254m	252m
w05	中島川橋 神崎川橋	1991 1989	ニールセンローゼ ニールセンローゼ	160m 150m	157m 148m
w06	正蓮寺川橋梁	1989	連続鋼床版箱桁	535m	235m
w07	梅町大橋	1988	連続鋼ラーメン橋	390m	160m
w08	天保山大橋	1988	斜張橋	640m	350m
w09	港大橋	1974	ゲルバートラス	980m	510m
w10	南港水路橋	1979	単弦ローゼ	167m	163m
w11	大和川橋梁	1981	斜張橋	653m	355m
w12	新浜寺大橋	1991	ニールセンローゼ	256m	254m
w13	岸和田大橋	1993	バランスドアーチ	445m	255m

25 旧淀川の橋 解説：pp.163-168

番号	橋　　名	河川名	完成年	主要形式
①	毛馬橋	大川	1960 （1969, 1979 拡幅）	鋼合成桁
k1	阪神高速守口線	大川	1966	
②	飛翔橋	大川	1984	鋼アーチ
③	都島橋	大川	1956（1979 拡幅）	鋼桁（鋼アーチ）
④	JR 大阪環状線淀川橋梁	大川	1932	鋼トラス
⑤	源八橋	大川	1936	鋼桁
⑥	桜宮橋	大川	1930（2006 拡幅）	鋼アーチ
⑦	川崎橋	大川	1978	鋼斜張橋
⑧	天満橋 新天満橋	大川	1935 1970	鋼桁 鋼床版桁
⑨	天神橋	堂島川、土佐堀川	1934	鋼アーチ
k2	阪神高速環状線	堂島川、土佐堀川	1967	
⑩	難波橋	堂島川、土佐堀川	1915 （1975 上部架換）	鋼桁
⑪	鉾流橋	堂島川	1929	鋼桁
⑫	栴檀木橋	土佐堀川	1985	鋼床版桁
⑬	水晶橋	堂島川	1929	RC アーチ
⑭	大江橋	堂島川	1935	RC アーチ
⑮	淀屋橋	土佐堀川	1935	RC アーチ
⑯	中之島ガーデンブリッジ	堂島川	1990	鋼桁
k3	阪神高速環状線	堂島川、土佐堀川	1967	
⑰	錦橋	土佐堀川	1931	RC アーチ
⑱	渡辺橋	堂島川	1966	鋼桁
⑲	肥後橋	土佐堀川	1966	鋼桁
k4	阪神高速池田線	堂島川、土佐堀川	1967	
⑳	田蓑橋	堂島川	1964	鋼桁
㉑	筑前橋	土佐堀川	1932	鋼桁
㉒	玉江橋	堂島川	1929（1969 拡幅）	鋼桁
㉓	常安橋	土佐堀川	1929（1969 拡幅）	鋼桁
㉔	越中橋	土佐堀川	1929（1964 嵩上）	鋼桁
㉕	堂島大橋	堂島川	1927	鋼アーチ
㉖	土佐堀橋	土佐堀川	1969	鋼桁
㉗	上船津橋 阪神高速神戸線	堂島川	1982	鋼桁
㉘	湊橋 阪神高速神戸線	土佐堀川	1982	鋼桁
㉙	船津橋	堂島川	1963	鋼桁
㉚	端建蔵橋	土佐堀川	1909（1922 改造） （1963 嵩上改造）	鋼桁
㉛	阪神電鉄なんば線	安治川	2009	
㉜	安治川隧道	安治川	1944	RC
㉝	安治川大橋	安治川	1963（1970 拡幅）	鋼桁
㉞	阪神高速湾岸線天保山大橋	安治川	1988	鋼斜張橋
㉟	尻無川橋	尻無川	1970	鋼桁
㊱	なみはや大橋	尻無川	1995	鋼床版桁
㊲	昭和橋	木津川	1932	鋼アーチ
㊳	木津川橋	木津川	1966	鋼桁

番号	橋　　名	河川名	完成年	主要形式
㊴	木津川大橋 地下鉄中央線 阪神高速大阪港線	木津川	1966 1970	鋼桁
㊵	大渉橋	木津川	1929	鋼桁
㊶	松島橋	木津川	1930	鋼桁
㊷	伯楽橋	木津川	2006	鋼桁
㊸	千代崎橋	木津川	1927	鋼桁
㊹	大阪ドーム前歩道橋	木津川	1991	鋼桁
㊺	大正橋	木津川	1969（1974 拡幅）	鋼合成桁
㊻	大浪橋	木津川	1937	鋼アーチ
㊼	JR 大阪環状線木津川橋梁	木津川	1928	鋼トラス
㊽	木津川橋 阪神高速西大阪線	木津川	1970	鋼桁
㊾	千本松大橋	木津川	1973	鋼床版桁
㊿	新木津川大橋	木津川	1994	鋼アーチ

橋名索引

え

お

か

き

く

け

こ

の

は

ひ

ふ

へ

ほ

ま

み

む

め

も

や

ゆ

よ

ら

あとがき

本書のタイトルに「世界の」と付けるのはおこがましい気がします。本書では25の地域を取り上げましたが、世界には今回取り上げることができなかった、多彩で優れた「橋並み」がもっと多くあることは自覚しています。ただ個人的な限界の中ではありますが、橋並みの豊かさを提示することはある程度はできたのではないかと思っています。

実際に橋づくりに携わっていた20年間を含めて、半世紀にわたって橋を意識して過ごしてきました。「橋オタク」をしてきたと言ってもいいでしょう。ときどき他の人から「橋の専門家」と紹介されることがありますが、抵抗感を感じます。自分は単なる橋好きであって、橋のどの分野をとってみても素人であるという意識が拭えません。本書をまとめる作業の中でもその意識がさらに強くなりました。橋の構造、デザイン、景観、そして街や地域の歴史や地理など、どの分野に関しても私よりはるかに多くの知識と見識を持った人がおられます。このような本をまとめる意義さえ疑うこともありましたが、素人なりに自分が楽しめるならそれでいいと言い聞かせながら作業を続けてきました。

いろいろな地域と橋の関係を記述するとともに、橋の写真をできる限り紹介できるものを目指して作業をしてきましたが、自ら橋を実際に見て、写真を撮ることを課してきましたので、随分時間がかかってしまいました。その間に新しい橋ができたり、架け替わったりして状況が変わったところもありました。時点修正をしてきたつもりですが、十分対応できていないところもあるはずです。

各地の橋の情報は、日本では手に入れづらいものです。現地へ行った際に書店などで得ることがありましたし、かなりの量をインターネットから得てきました。これらの情報の確からしさがどの程度のものか判断が難しいものが多くあり、できる限り複数の情報を得ることや地域の自治体に近い機関の情報にアクセスできるように努力した積りですが、十分ではないでしょう。それらの情報は現地語でしか発信されていないものも多く、理解するのに時間を費やしてしまいました。そのようなウェブページも参考文献として上げておりますが、以前アクセスできたページが移動していたり、消えているものもあり、十分に追跡できていないかも知れません。

本棚の片隅に「世界の橋」（森北出版）という1964年に発刊された写真集があります。橋の建設を担当していた頃には何度も見返して、刺激を受けてきました。デザイン上のヒントを得ましたし、これらの橋をいつかは訪れてみたいという気持ちを膨らませていました。拙著が橋に関わっている若い人たちを始め、橋好きの人々にそのような気持ちを引き出すようなものになることを願っています。

世界各地域の橋を写真と文で紹介したいという私の希望を鹿島出版会の橋口聖一さんにご相談をしたのは5年以上も前のことです。その間、鹿島建設株式会社の広報誌「KAJIMA」に連載する機会を与えていただき、出版物として成り立つ方法をご提案いただきました。そして編集にあたっても随分と手を煩わせることになりました。改めて深く感謝を申し上げます。

2017年2月

松村　博

著者紹介

松村　博（まつむら ひろし）

1944年 大阪市淀川区に生まれる
1969年 京都大学大学院工学研究科（土木工学専攻）修了
同年大阪市勤務、土木局橋梁課、計画局都市計画課を経て、大阪市都市工学情報センター理事長、阪神高速道路株式会社監査役などを歴任

主な著書：『八百八橋物語』『大阪の橋』『京の橋物語』（松籟社）、『橋梁景観の演出』『日本百名橋』『［論考］江戸の橋』（鹿島出版会）、『大井川に橋がなかった理由』（創元社）、など

世界の橋並み（せかいのはしなみ） **地域景観をつくる橋**（ちいきけいかんをつくるはし）

2017年3月20日　第1刷発行

著　者　松村　博（まつむら ひろし）

発行者　坪内文生

発行所　鹿島出版会
104-0028　東京都中央区八重洲2丁目5番14号
Tel. 03（6202）5200　振替 00160-2-180883

装幀：石原 亮　DTP：エムツークリエイト　印刷・製本：壮光舎印刷

ISBN 978-4-306-02485-4　C3051

本書の内容に関するご意見・ご感想は下記までお寄せください。
URL：http://www.kajima-publishing.co.jp
E-mail：info@kajima-publishing.co.jp

日本百名橋

松村 博 著

菊判・上製　294 頁　　定価（本体 3,800 円+ 税）

どんな橋も歴史的連続性をもっています。また将来にわたって伝えられていく物語が生まれる可能性を秘めています。橋という空間には不特定の人々の様々な思いや歴史が詰まっています。橋の魅力は、橋をつくり出した側の物語もさることながら、橋を使う人の思いや歴史が重ねられている点にあります。私たちは、規模は小さくても人々の思いがいっぱいに詰まった橋や個性的な橋を、日常生活において身近に見ることができます。この本は、日本の橋の多彩な魅力を紹介したものです。